马铃薯科学与技术丛书

马铃薯生长发育与环境

主　编　杨文玺

副主编　车树理　胡朝阳

U0250234

武汉大学出版社

马铃薯科学与技术丛书

总　主　编：杨　声

副总主编：韩黎明　刘大江

编委会：

主　任：杨　声

副主任：韩黎明　刘大江　屠伯荣

委　员（排名不分先后）：

王　英　车树理　安志刚　刘大江　刘凤霞　刘玲玲

刘淑梅　李润红　杨　声　杨文玺　陈亚兰　陈　鑫

张尚智　贺莉萍　胡朝阳　禹娟红　郑　明　武　睿

赵　明　赵　芳　党雄英　原霁虹　高　娜　屠伯荣

童　丹　韩黎明

图书在版编目(CIP)数据

马铃薯生长发育与环境/杨文玺主编. —武汉:武汉大学出版社,2015.9
马铃薯科学与技术丛书
ISBN 978-7-307-16332-4

Ⅰ.马…　Ⅱ.杨…　Ⅲ.①马铃薯—生长发育—研究　②马铃薯—植物
生长—环境—研究　Ⅳ.S532

中国版本图书馆 CIP 数据核字(2015)第 157179 号

封面图片为上海富昱特授权使用(ⓒ IMAGEMORE Co. , Ltd.)

责任编辑:鲍　玲　　　责任校对:李孟潇　　　版式设计:马　佳

出版发行:**武汉大学出版社**　　(430072　武昌　珞珈山)
　　　　　(电子邮件:cbs22@ whu. edu. cn 网址:www. wdp. com. cn)
印刷:武汉中科兴业印务有限公司
开本:787×1092　1/16　印张:16　字数:386 千字　　插页:1
版次:2015 年 9 月第 1 版　　　2015 年 9 月第 1 次印刷
ISBN 978-7-307-16332-4　　　定价:32.00 元

总　序

　　马铃薯是全球仅次于小麦、水稻和玉米的第四大主要粮食作物。它的人工栽培历史最早可追溯到公元前 8 世纪到 5 世纪的南美地区。大约在 17 世纪中期引入我国,到 19 世纪已在我国很多地方落地生根,目前全国种植面积约 500 万公顷,总产量 9000 万吨,中国已成为世界上最大的马铃薯生产国之一。中国人民对马铃薯有深厚的感情,在漫长的传统农耕时代,马铃薯作为赖以果腹的主要粮食作物,使无数中国人受益。而今,马铃薯又以其丰富的营养价值,成为中国饮食烹饪文化中不可或缺的部分。马铃薯产业已是当今世界最具发展前景的朝阳产业之一。

　　在中国,一个以"苦瘠甲于天下"的地方与马铃薯结下了无法割舍的机缘,它就是地处黄土高原腹地的甘肃定西。定西市是中国农学会命名的"中国马铃薯之乡",得天独厚的地理环境和自然条件使其成为中国乃至世界马铃薯最佳适种区,马铃薯产量和质量在全国均处于一流水平。20 世纪 90 年代,当地政府调整农业产业结构,大力实施"洋芋工程",扩大马铃薯种植面积,不仅解决了群众温饱,而且增加了农民收入。进入 21 世纪以来,实施打造"中国薯都"战略,加快产业升级,马铃薯产业成为带动经济增长、推动富民强市、影响辐射全国、迈向世界的新兴产业。马铃薯是定西市享誉全国的一张亮丽名片。目前,定西市是全国马铃薯三大主产区之一,建成了全国最大的脱毒种薯繁育基地、全国重要的商品薯生产基地和薯制品加工基地。自 1996 年以来,定西市马铃薯产业已经跨越了自给自足,走过了规模扩张和产业培育两大阶段,目前正在加速向"中国薯都"新阶段迈进。近 20 年来,定西马铃薯种植面积由 100 万亩发展到 300 多万亩,总产量由不足 100 万吨提高到 500 万吨以上;发展过程由"洋芋工程"提升为"产业开发";地域品牌由"中国马铃薯之乡"正向"中国薯都"嬗变;功能效用由解决农民基本温饱跃升为繁荣城乡经济的特色支柱产业。

　　2011 年,我受组织委派,有幸来到定西师范高等专科学校任职。定西师范高等专科学校作为一所师范类专科院校,适逢国家提出师范教育由二级(专科、本科)向一级(本科)过渡,这种专科层次的师范学校必将退出历史舞台,学校面临调整转型、谋求生存的巨大挑战。我们在谋划学校未来发展蓝图和方略时清醒地认识到,作为一所地方高校,必须以瞄准当地支柱产业为切入点,从服务区域经济发展的高度科学定位自身的办学方向,为地方社会经济发展积极培养合格人才,主动为地方经济建设服务。学校通过认真研究论证,认为马铃薯作为定西市第一大支柱产业,在产量和数量方面已经奠定了在全国范围内的"薯都"地位,但是科技含量的不足与精深加工的落后必然影响到产业链的升级。而实现马铃薯产业从规模扩张向质量效益提升的转变,从初级加工向精深加工、循环利用转变,必须依赖于科技和人才的支持。基于学校现有的教学资源、师资力量、实验设施和管理水平等优势,不仅在打造"中国薯都"上应该有所作为,而且一定会大有作为。因此提出了在我校创办"马铃薯生产加工"专业的设想,并获申办成功,在全国高校尚属首创。我校自 2011 年申办成功"马铃薯生产加工"专业以来,已经实现了连续3届招生,担任教学任务的教师下田地,进企业,查资料,自编教材、讲义,开展了比较系统的良种繁育、规模化种植、配方施肥、病虫害综合防治、全程机械化作业、精深加工等方面的教学,积累了比较丰富的教学经验,第一届学生已经完成学业走向社会,我校"马铃薯生产加工"专业建设已经趋于完善和成熟。

这套"马铃薯科学与技术丛书"就是我们在开展"马铃薯生产加工"专业建设和教学过程中结出的丰硕成果,它凝聚了老师们四年来的辛勤探索和超群智慧。丛书系统阐述了马铃薯从种植到加工、从产品到产业的基本原理和技术,全面介绍了马铃薯的起源与栽培历史、生物学特性、优良品种和脱毒种薯繁育、栽培育种、病虫害防治、资源化利用、质量检测、仓储运销技术,既有实践经验和实用技术的推广,又有文化传承和理论上的创新。在编写过程中,一是突出实用性,在理论指导的前提下,尽量针对生产需要选择内容,传递信息,讲解方法,突出实用技术的传授;二是突出引导性,尽量选择来自生产第一线的成功经验和鲜活案例,引导读者和学生在阅读、分析的过程中获得启迪与发现;三是突出文化传承,将马铃薯文化资源通过应用技术的嫁接和科学方法的渗透为马铃薯产业创新服务,力图以文化的凝聚力、渗透力和辐射力增强马铃薯产业的人文影响力和核心竞争力,以期实现马铃薯产业发展与马铃薯产业文化的良性互动。

本套丛书在编写过程中得到了甘肃农业大学毕阳教授、甘肃省农科院王一航研究员、甘肃省定西市科技局高占彪研究员、甘肃省定西市农科院杨俊丰研究员等农业专家的指导和帮助,并对最终定稿进行了认真评审论证。定西市安定区马铃薯经销协会、定西农夫薯园马铃薯脱毒快繁有限公司对丛书编写出版给予了大力支持。在丛书付梓出版之际,对他们的鼎力支持和辛勤付出表示衷心感谢。本套丛书的出版,将有助于大专院校、科研单位、生产企业和农业管理部门从事马铃薯研究、生产、开发、推广人员加深对马铃薯科学的认识,提高马铃薯生产加工的技术技能。丛书可作为高职高专院校、中等职业学校相关专业的系列教材,同时也可作为马铃薯生产企业、种植农户、生产职工和农民的培训教材或参考用书。

是为序。

2015 年 3 月于定西

杨声:
"马铃薯科学与技术丛书"总主编
甘肃中医药大学党委副书记
定西师范高等专科学校党委书记　教授

前　　言

　　马铃薯,俗称土豆、洋芋,富含膳食纤维,脂肪含量低,有利于控制体重增长、预防高血压、高胆固醇及糖尿病等。据了解,世界上有很多国家将马铃薯当作主粮。在我国,马铃薯也逐渐成为第四大主粮作物。《马铃薯生长发育与环境》是高等职业教育马铃薯生产加工专业规划教材之一,全书根据该专业培养所需要的马铃薯生物学知识,遵循马铃薯生长发育与环境相统一的原理,以马铃薯生长发育与环境的关系及在马铃薯生产上的应用为主线,将形态解剖、植物生理、土壤肥料等学科的知识有机地融合成综合化课程。任务是讲述马铃薯生长的基本原理、马铃薯生长发育的基本过程、马铃薯生长发育与环境条件(水分、肥料、土壤、空气、温度)的关系以及如何通过生长环境的改变影响马铃薯的生长发育进程,展示的是马铃薯生长发育的一般规律。

　　本书的主要内容包括:植物细胞、组织的形态结构;马铃薯器官的形态与结构;马铃薯的光合作用与呼吸作用;马铃薯生长发育的基础;马铃薯植株以及块茎的生长发育;马铃薯生长的土壤环境;马铃薯生长与水分、温度以及营养之间的相互关系。要求学生通过本课程的学习,能够掌握马铃薯生长发育的自然规律,掌握环境因素对马铃薯生长及块茎形成的影响,为马铃薯生产提供基础理论。因此,本书不仅可作为高职高专马铃薯生产加工专业的教材,也可作为马铃薯生产者、科技从业者和管理者的参考用书。

　　本书是马铃薯科学技术系列丛书(教材)之一,由定西师范高等专科学校杨文玺老师、车树理老师、胡朝阳老师编写完成。本书在编写过程中得到定西师范高等专科学校领导的大力支持,在此表示由衷的感谢。本书参阅和引用了国内同行专家和学者的诸多研究成果以及资料、图片、文献等,在此恳请谅解并一并致谢!

　　限于编者的水平,书中可能会有错误和遗漏之处,敬请各位同行和广大读者批评指正,不胜感激!

编　者

2015 年 3 月

目　　录

下篇　马铃薯的生长环境

上篇　马铃薯的生长发育

马铃薯在我国的不同地方,人们对它有不同的叫法。它的俗名有洋芋、土豆、山药、山药蛋、地豆、洋山药、地蛋、土卵、洋山芋、土芋、番芋、番人芋、香芋、洋番薯、荷兰薯、爪哇薯和番仔薯等,还有叫它鬼慈姑或番鬼慈姑的。但是,称它洋芋、土豆和山药蛋的最普遍。从它的不同叫法就可以看出,它在我国的生长种植,从南到北,从东到西,到处都有。

马铃薯(*Solanum tuberosum*),茄科茄属,一年生草本植物。因为生产上用它的块茎(通常称薯块)进行无性繁殖,因此又可视为多年生植物。据科学家考证,马铃薯有两个起源中心:马铃薯栽培种主要分布在南美洲哥伦比亚、秘鲁、玻利维亚的安第斯山山区及乌拉圭等地,其起源中心以秘鲁和玻利维亚交界处的的的喀喀湖盆地为中心区;野生种的起源中心则是中美洲及墨西哥,那里分布着具有系列倍性的野生多倍体种,即 $2n=24$,$2n=36$,$2n=48$,$2n=60$ 和 $2n=72$ 等种。

马铃薯的生长发育,包括营养器官(根、茎、叶)及繁殖器官(花、果实、种子)的发育都是以植物细胞作为基本单位。细胞具有精密的结构,是生长发育的结构基础,马铃薯体内所有的生理活动都是以细胞为单位完成的。马铃薯的生长发育是马铃薯进行各种生理变化的一个综合表现。生长是发育的基础,发育是生长的继续,二者都是通过细胞、组织和器官的分化来实现的。

第1章　细胞与组织

1.1　植物细胞

细胞是生物有机体的基本结构单位。除病毒外,一切生物有机体都是由细胞组成的。单细胞生物体只由一个细胞构成,而高等植物体则由无数功能和形态结构不同的细胞组成。

1.1.1　植物细胞的形状和大小

1.1.1.1　植物细胞的形状

植物细胞的形状是多样的,有球状体、多面体、纺锤形和柱状体等(图1-1)。

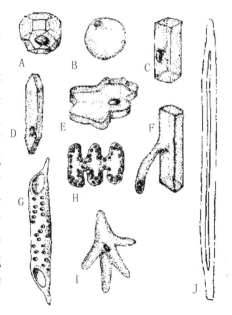

单细胞植物体或分离的单个细胞,因细胞处于游离状态,常常近似球形。在多细胞植物体内,细胞是紧密排列在一起的,由于相互挤压,大部分的细胞呈多面体。种子植物的细胞具有精细的分工,因此,它们的形状变化多端,例如,输送水分和养料的细胞(导管分子和筛管分子)呈长柱形,并连接成相通的"管道",以利于物质的运输;起支持作用的细胞(纤维),一般呈长棱形,并聚集成束,从而可加强支持的功能;幼根表面吸收水分的细胞,常常向着土壤延伸出细管状突起(根毛),以扩大吸收表面。这些细胞形状的多样性,都反映了细胞形态与其功能相适应的规律。

1.1.1.2　植物细胞的大小

图1-1　植物细胞的形状

一般讲来,植物细胞的体积是很小的。在种子植物中,一般的细胞直径为 $10\sim100\,\mu m$。由于细胞如此之小,因此,肉眼一般不能直接分辨出来,必须借助于显微镜。少数植物的细胞较大,如番茄果肉的细胞,由于储藏了大量水分和营养,直径可达1mm,几乎肉眼可以分辨出来。

1.1.2　植物细胞的结构

植物细胞由原生质体和细胞壁两部分组成。原生质体是由生命物质——原生质所构成,它是细胞各类代谢活动进行的主要场所,是细胞最重要的部分。细胞壁是包围在原生质体外面的坚韧外壳。

　　在光学显微镜下,原生质体可以明显地区分为细胞核和细胞质。细胞核呈一个折光较强、黏滞性较大的球状体,与细胞质有明显的分界。细胞质是原生质体除了细胞核以外的其余部分。它们二者都不是匀质的,在内部还分化出一定的结构,其中有的用光学显微镜可以看到,而有的必须借助于电子显微镜才能显得出来。人们把在光学显微镜下呈现的细胞结构称为显微结构,而将在电子显微镜下看到的更为精细的结构称为亚显微结构或超微结构。同样,细胞壁也有精细的构造。下面我们将具体地分别加以介绍。

1.1.2.1　原生质体

原生质体包括细胞膜、细胞质、细胞核等结构。

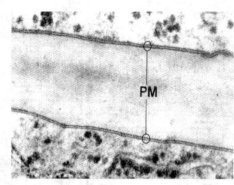

图 1－2　细胞膜的亚显微结构

1. 细胞膜

细胞膜是原生质体外围与细胞壁接触面的选择透性膜,又称质膜。由于它很薄,通常又紧贴细胞壁,因此,在光学显微镜下较难识别。如果采用高渗溶液处理,使原生质体失水而收缩,与细胞壁发生分离(即质壁分离),就可观察到质膜是一层光滑的薄膜(图 1－2)。

2. 细胞质

细胞质是细胞核外围的原生质,可分为胞基质和细胞器。胞基质是包围细胞器的细胞质部分,呈胶体状态,可进行胞质运动。

(1)细胞器

　　细胞器一般认为是散布在细胞质内具有一定结构和功能的亚细胞结构,包括质体、线粒体、内质网、高尔基体、液泡、溶酶体、核糖体、圆球体微体等。

　　质体　质体是一类与碳水化合物的合成与储藏密切相关的细胞器,它是植物细胞特有的结构。根据色素的不同,可将质体分成三种类型:叶绿体、有色体(或称杂色体)和白色体。

　　叶绿体是进行光合作用的质体,只存在于植物的绿色细胞中,每个细胞可以有几颗到几十颗(图 1－3)。叶绿体含有叶绿素、叶黄素和胡萝卜素,其中叶绿素是主要的光合色素,它

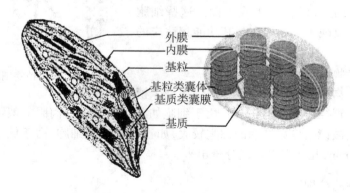

图 1－3　叶绿体的亚显微结构

能吸收和利用光能,直接参与光合作用。其他两类色素不能直接参与光合作用,只能将吸收的光能传递给叶绿素,起辅助光合作用的功能。植物叶片的颜色与细胞叶绿体中这三种色

素的比例有关。一般情况,叶绿素占绝对优势,叶片呈绿色,但当营养条件不良、气温降低或叶片衰老时,叶绿素含量降低,叶片便出现黄色或橙黄色。在农业上,常可根据叶色的变化,判断农作物的生长状况,及时采取相应的施肥、灌水等栽培措施。

线粒体 线粒体是一些大小不一的球状、棒状或细丝状颗粒,一般直径为 $0.5 \sim 1 \mu m$,长度是 $1 \sim 2 \mu m$,在光学显微镜下,需用特殊的染色,才能加以辨别(图1-4)。

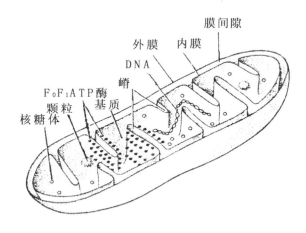

图1-4 线粒体三维结构图解

线粒体是细胞进行呼吸作用的场所,线粒体呼吸释放的能量,能透过膜转运到细胞的其他部分,提供各种代谢活动的需要,因此,线粒体被比喻为细胞中的"动力工厂"。

细胞中线粒体的数目,以及线粒体中嵴的多少,与细胞的生理状态有关。当代谢旺盛,能量消耗多时,细胞就具有较多的线粒体,其内有较密的嵴;反之,代谢较弱的细胞,线粒体较少,内部嵴也较疏。

内质网 内质网是分布于细胞质中由一层膜构成的网状管道系统,管道以各种形状延伸和扩展,成为各类管、泡、腔交织的状态(图1-5)。

内质网有两种类型,一类在膜的外侧附有许多小颗粒,这种附有颗粒的内质网称为粗糙型内质网,这些颗粒是核糖核蛋白体;另一类在膜的外侧不附有颗粒,表面光滑,称光滑型内质网。细胞中,两类内质网的比例及它们的总量,随着细胞的发育时期、细胞的功能和外部条件而变化。核糖核蛋白体也称核蛋白体或核糖体。

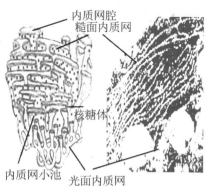

图1-5 内质网的结构示意图

内质网与细胞内和细胞间的物质运输有关。粗糙型内质网与蛋白质(主要是酶)合成有关,光滑型内质网主要合成和运输类脂和多糖,例如,在分泌脂类物质的细胞中,常常有广泛的光滑型内质网。在细胞壁进行次生增厚的部位内方,也可以发现内质网紧靠质膜,反映了内质网可能与加到壁上去的多糖类的合成有关。

高尔基体 高尔基体是由一叠扁平的囊(也称为泡囊或槽库)所组成的结构,每个囊由单层膜包围而成,直径是 0.5～1μm,中央似盘底,边缘或多或少出现穿孔。当穿孔扩大时,囊的边缘便像网状结构。在网状部分的外侧,局部区域膨大,形成小泡,通过缢缩断裂,小泡可从高尔基体囊上分离出去(图 1-6)。

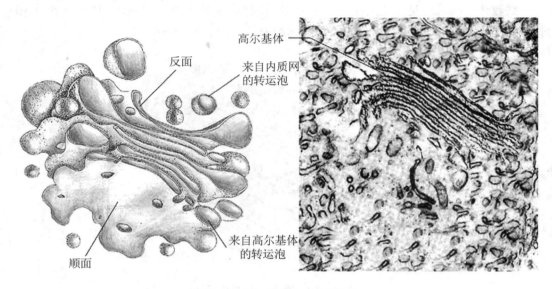

图 1-6　高尔基体的亚显微结构

　　高尔基体与细胞的分泌功能相联系。分泌物主要是多糖和多糖 - 蛋白质复合体。这些物质主要用来提供细胞壁的生长或分泌到细胞外面去。一个细胞内的全部高尔基体,总称为高尔基器。

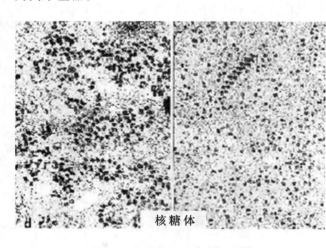

图 1-7　植物细胞中的核糖体

核糖核蛋白体　核糖核蛋白体简称为核糖体,是直径为 17～23nm 的小椭圆形颗粒(图 1-7)。它的主要成分是 RNA 和蛋白质。在细胞质中,它们可以游离状态存在,也可以附着于粗糙型内质网的膜上。此外,在细胞核、线粒体和叶绿体中也存在。

　　核糖核蛋白体是细胞中蛋白质合成的中心,氨基酸在它上面有规则地组装成蛋白质。所以,蛋白质合成旺盛的细胞,尤其在快速增殖的细胞中,往往含有更多的核糖核蛋白体颗粒。

　　液泡　液泡是被一层液泡膜包被,膜内充满着细胞液,它是含有多种有机物和无机物的复杂的水溶液。这些物质中有的是细胞代谢产生的储藏物,如糖、有机酸、蛋白质、磷脂等;有的是排泄物,如草酸钙、花色素等。液泡也积极地参与细胞中物质的生化循环,参与细胞分化和细胞衰老等重要的生命过程。

　　溶酶体　溶酶体是由单层膜包围的多形小泡,一般直径为 0.25～0.3μm。内部主要含有各种不同的水解酶类,如酸性磷酸酶、核糖核酸酶、组织蛋白酶、脂酶等,它们能分解所有的生物大分子,"溶酶体"因此而得名,溶酶体在细胞内对储藏物质的利用起重要作用,同时,在细胞分化过程中对消除不必要的结构组成,以及在细胞衰老过程中破坏原生质体结构也都起特定的作用。例如,在导管和纤维成熟时,原生质体最后完全破坏消失,这一过程就与溶酶体的作用密切有关。

圆球体　圆球体是膜包裹着的圆球状小体,直径为 $0.1\sim1\mu m$,染色反应似脂肪,用锇酸固定后成为或多或少深色的球体。它的膜只是单位膜的一半。膜内部有一些细微的颗粒结构。圆球体是一种储藏细胞器,是脂肪积累的场所,当大量脂肪积累后,圆球体便变成透明的油滴,内部颗粒消失。在圆球体中也检定出含有脂肪酶,在一定条件下,酶也能将脂肪水解成甘油和脂肪酸。因此,圆球体具有溶酶体的性质。

微体　微体是一些由单层膜包围的小体,直径约 $0.5\mu m$。它的大小、形状与溶酶体相似,二者的区别在于含有不同的酶。微体含有氧化酶和过氧化氢酶类。另外,有些微体中含有小的颗粒、纤丝或晶体等(图 1−8)。

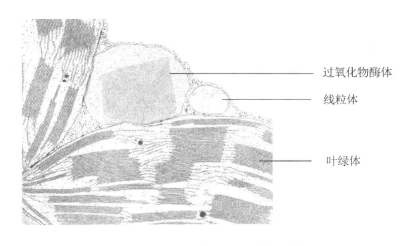

过氧化物酶体

线粒体

叶绿体

图 1−8　叶肉细胞内的过氧化物酶体

微管和微丝　微管和微丝是细胞内呈管状或纤丝状的二类细胞器,它们在细胞中相互交织,形成一个网状的结构,成为细胞内的骨骼状的支架,使细胞具有一定的形状,在细胞学上称它们为微梁系统。

(2)胞基质

电子显微镜下,看不出特殊结构的细胞质部分,称为胞基质。细胞器及细胞核都包埋于其中。它的化学成分很复杂,包含水、无机盐、溶解的气体、糖类、氨基酸、核苷酸等小分子物质,也含有一些生物大分子,如蛋白质、RNA 等,其中包括许多酶类。它们是使胞基质表现为具有一定弹性和黏滞性的胶体溶液,而且它的黏滞性可随着细胞生理状态的不同而发生改变。胞基质不仅是细胞器之间物质运输和信息传递的介质,而且也是细胞代谢的一个重要场所,许多生化反应,如厌氧呼吸及某些蛋白质的合成等就是在胞基质中进行的。同时,胞基质也不断为各类细胞器行使功能提供必需的原料。

3.细胞核

　　所有高等植物的生活细胞中都具有细胞核。通常一个细胞只有一个核,但有些细胞也可以是双核或多核的,例如,乳汁管具多核,绒毡层细胞常具双核。

　　细胞核的位置和形状随着细胞的生长而变化,在幼期细胞中,核位于细胞中央,近球形,并占有较大的体积。随着细胞的生长和中央液泡的形成,细胞核同细胞质一起被液泡挤向靠近壁的部位,变成半球形或圆饼状,并只占细胞总体积的一小部分。也有的细胞到成熟时,核被许多线状的细胞质索悬吊在细胞中央。然而不管是哪种情况,细胞核总是存在于细胞质中,反映出二者具有生理上的密切关系(图1-9)。

　　细胞核具有一定的结构。当观察生活细胞时,可以看到细胞核外有一层薄膜,与细胞质分界,称为核膜。膜内充满均匀透明的胶状物质,称为核质,其中有一到几个折光强的球状小体,称为核仁。当细胞固定染色后,核质中被染成深色的部分,称为染色质,其余染色浅的部分称核液。

　　核膜是物质进出细胞核的门户,起着控制核与细胞质之间物质交流的作用。电子显微镜观察到核膜具有双层,由外膜和内膜组成。膜上还具有许多小孔,称为核孔(图1-10、图1-11)。这些孔能随着细胞代谢状态的不同进行启闭,所以不仅小分子的物质能有选择地

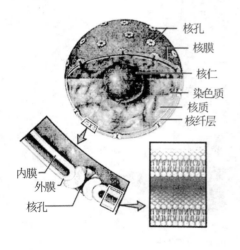

图1-9　细胞核结构模式图

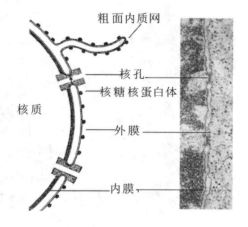

a.结构示意图　　b.透射电子显微镜下核膜结构

图1-10　核膜结构(李扬汉,1988)

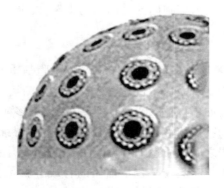

图1-11　核孔的结构

透过核膜,而且,某些大分子物质,如 RNA 或核糖核蛋白体颗粒等,也能通过核孔而出入,由此反映出细胞核与细胞质之间具有密切而能控制的物质交换,这种交换对调节细胞的代谢具有十分重要的作用。

核仁是核内合成和储藏 RNA 的场所,它的大小随细胞生理状态而变化,代谢旺盛的细胞,如分生区的细胞,往往有较大的核仁,而代谢较慢的细胞,核仁较小。

染色质是细胞中遗传物质存在的主要形式,在电子显微镜下显出一些交织成网状的细丝,主要成分是 DNA 和蛋白质。当细胞进行有丝分裂时,这些染色质丝便转化成粗短的染色体(图 1 – 12)。

图 1 – 12　染色体的形态

核液是核内没有明显结构的基质,含有蛋白质、RNA 和多种酶。

由于细胞内的遗传物质(DNA)主要集中在核内,因此,细胞核的主要功能是储存和传递遗传信息,在细胞遗传中起重要作用。此外,细胞核还通过控制蛋白质的合成对细胞的生理活动起着重要的调节作用,如果将核从细胞中除去,就会引起细胞代谢的不正常,并且很快导致细胞死亡。当然,细胞核生理功能的实现,也脱离不了细胞质对它的影响,细胞质中合成的物质以及来自外界的信号,也不断进入核内,使细胞核的活动作出相应的改变,因此,在细胞中,细胞核总是包埋在细胞质中的。

1.1.2.2　细胞壁

细胞壁是包围在植物细胞原生质体外面的一个坚韧的外壳。它是植物细胞特有的结构,与液泡、质体一起构成了植物细胞区别于动物细胞的三大结构特征。

细胞壁的功能是对原生质体起保护作用。此外,在多细胞植物体中,各类不同的细胞的壁,具有不同的厚度和成分,从而影响着植物的吸收、保护、支持、蒸腾和物质运输等重要的生理活动。有人将细胞壁比喻成植物的皮肤、骨骼和循环系统。

一般认为,细胞壁在本质上不是一种生活系统,它是由原生质体分泌的非生活物质所构成的,但是细胞壁与原生质体又保持有密切的联系。在年幼的细胞中,细胞壁与原生质体紧密结合,即使用较高浓度的糖溶液,也不能引起质壁分离。现在已经证明,在细胞壁(主要是初生壁)中也含有多种具有生理活性的蛋白质,它们可能参与细胞壁的生长、物质的吸收、细胞间的相互识别以及细胞分化时壁的分解等过程,有的还对抵御病原菌的入侵起重要作用。

1. 细胞壁的层次

细胞壁根据形成的时间和化学成分的不同分成三层:胞间层、初生壁和次生壁(图 1 – 13)。

①胞间层　又称中层,存在于细胞壁的最外面。它的化学成分主要是果胶,这是一种无定形胶质,有很强的亲水性和可塑性,多细胞植物依靠它使相邻细胞彼此粘连在一起。果胶

很易被酸或酶等溶解,从而导致细胞的相互分离。例如,某些组织成熟时,体内的酶分解部分胞间层,形成细胞间隙。如马铃薯、番茄等果实成熟时,果肉细胞的胞间层被溶解,致使细胞发生分离,果肉变软。

　　②初生壁　初生壁是在细胞停止生长前原生质体分泌形成的细胞壁层,存在于胞间层内侧。它的主要成分是纤维素、半纤维素和果胶。初生壁的厚度一般较薄,为 $1 \sim 3\mu m$,质地较柔软,有较大的可塑性,能随着细胞的生长而延展。许多细胞在形成初生壁后,如不再有新壁层的积累,初生壁便成为它们永久的细胞壁。

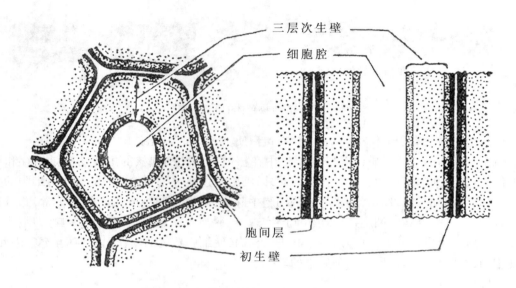

图 1 - 13　细胞壁的分层示意图(李扬汉,1988)

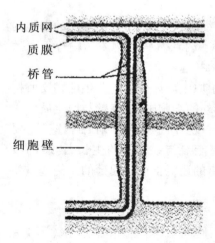

图 1 - 14　胞间连丝模式图

　　③次生壁　次生壁是细胞停止生长后,在初生壁内侧继续积累的细胞壁层。它的主要成分是纤维素,含有少量的半纤维素,并常常含有木质。次生壁较厚,一般为 $5 \sim 10\mu m$,质地较坚硬,因此,有增强细胞壁机械强度的作用。但是,不是所有的细胞都具有次生壁,大部分具次生壁的细胞,在成熟时原生质体死亡,残留的细胞壁起支持和保护植物体的功能。

　　2.纹孔和胞间连丝

　　细胞壁生长时并不是均匀增厚的。在初生壁上具有一些明显的凹陷区域,称为初生纹孔场。在初生纹孔场上集中分布着许多小孔,细胞的原生质细丝通过这些小孔,与相邻细胞的原生质体相连。这种穿过细胞壁,沟通相邻细胞的原生质细丝称为胞间连丝(图 1 - 14),它是细胞原生质体之间物质和信息直接联系的桥梁,是多细胞植物体成为一个结构和功能上统一的有机体的重要保证。

　　当次生壁形成时,次生壁上具有一些中断的部分,这些部分也就是初生壁完全不被次生壁覆盖的区域,称为纹孔。纹孔如在初生纹孔场上形成,一个初生纹孔场上可有几个纹孔。一个纹孔由纹孔腔和纹孔膜组成,纹孔腔是指次生壁围成的腔,它的开口(纹孔口)朝向细胞腔。腔底的初生壁和胞间层部分即称纹孔膜。根据次生壁增厚情况的不同,纹孔分成单纹孔和具缘纹孔两种类型,它们的基本区别是具缘纹孔的次生壁穹出于纹孔腔上,形成一个穹形的边缘,从而使纹孔口明显变小,而单纹孔的次生壁没有这样的穹形边缘(图1-15)。

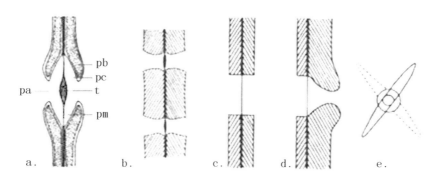

图1-15　纹孔的类型

　　细胞壁上的纹孔通常与相邻细胞壁上的一个纹孔相对,两个相对的纹孔合称纹孔对,纹孔对中的纹孔膜是由两层初生壁和一层胞间层组成。

　　细胞壁上初生纹孔场、纹孔和胞间连丝的存在,都有利于细胞与环境以及细胞之间的物质交流,尤其是胞间连丝,它把所有生活细胞的原生质体连接成一个整体,从而使多细胞植物在结构和生理活动上成为一个统一的有机体。

1.1.2.3　植物细胞的后含物

　　后含物是细胞原生质体代谢作用的产物,它们可以在细胞生活的不同时期产生和消失,其中有的是储藏物,有的是代谢废物。

　　后含物一般有糖类(碳水化合物)、蛋白质、脂肪及其有关的物质(角质、栓质、蜡质、磷脂等),还有成结晶的无机盐和其他有机物,如丹宁、树脂、树胶、橡胶和植物碱等。这些物质有的存在于原生质体中,有的存在于细胞壁上。许多后含物对人类具有重要的经济价值。

　　下面介绍几类重要的储藏物质和常见的盐类结晶。

1. 淀粉

　　淀粉是葡萄糖分子聚合而成的长链化合物,它是细胞中碳水化合物最普遍的储藏形式,在细胞中以颗粒状态存在,称为淀粉粒。所有的薄壁细胞中都有淀粉粒的存在,尤其在各类储藏器官中更为集中,如马铃薯的块茎,种子的胚乳和子叶中都含有丰富的淀粉粒。

　　淀粉是由质体合成的,光合作用过程中产生的葡萄糖可以在叶绿体中聚合成淀粉,暂时储藏,以后又可分解成葡萄糖,转运到储藏细胞中,由淀粉体重新合成淀粉粒。淀粉体在形成淀粉粒时,由一个中心开始,从内向外层层沉积。这一中心便形成了淀粉粒的脐点。一个淀粉体可含一个或多个淀粉粒。

　　淀粉粒在形态上有三种类型:单粒淀粉粒,只有一个脐点,无数轮纹围绕这个脐点;复粒淀粉粒,具有两个以上的脐点,各脐点分别有各自的轮纹环绕;半复粒淀粉粒,具有两个以上的脐点,各脐点除有本身的轮纹环绕外,外面还包围着共同的轮纹(图 1-16、图 1-17)。

图1-16 淀粉粒的类型及显微镜结构　　图1-17 马铃薯淀粉粒的显微镜结构

2. 蛋白质

细胞中的储藏蛋白质呈固体状态,生理活性稳定,与原生质体中呈胶体状态的有生命的蛋白质在性质上不同。

储藏蛋白质可以是结晶的或是无定形的。结晶的蛋白质因具有晶体和胶体的二重性,因此称拟晶体,以与真正的晶体相区别。蛋白质拟晶体有不同的形状,但常呈方形,例如,在马铃薯块茎上近外围的薄壁细胞中,就有这种方形结晶的存在,因此,马铃薯削皮后会损失蛋白质的营养。无定形的蛋白质常被一层膜包裹成圆球状的颗粒,称为糊粉粒。有些糊粉粒既包含有无定形蛋白质,又包含有拟晶体,成为复杂的形式。

3. 脂肪和油类

脂肪和油类是含能量最高而体积最小的储藏物质。在常温下为固体的称为脂肪,液体的则称为油类。脂肪和油类的区别主要是物理性质的,而不是化学性质的,它们常成为种子、胚和分生组织细胞中的储藏物质,以固体或油滴的形式存在于细胞质中,有时在叶绿体内也可看到。

脂肪和油类在细胞中的形成可以有多种途径,例如,质体和圆球体都能积聚脂类物质,发育成油滴。

4. 晶体

在植物细胞中,无机盐常形成各种晶体。最常见的是草酸钙晶体,少数植物中也有碳酸钙晶体。它们一般被认为是新陈代谢的废物,形成晶体后便避免了对细胞的毒害。

根据晶体的形状可以分为单晶、针晶和簇晶三种。单晶呈棱柱状或角锥状。针晶是两端尖锐的针状,并常集聚成束。簇晶是由许多单晶联合成的复式结构,呈球状,每个单晶的尖端都突出于球的表面。

晶体在植物体内分布很普遍,在各类器官中都能看到。然而,各种植物以及一个植物体不同部分的细胞中含有的晶体,在大小和形状上,有时有很大的区别。

晶体是在液泡中形成的。有的细胞(如针晶细胞)在形成晶体时,液泡内可先出现一种有腔室的包被,随后在腔室中形成晶体。因此,每个晶体形成后是裹在一个鞘内。

1.2　植物组织与组织系统

1.2.1　植物组织的概念及分类

高等种子植物由受精卵开始,不断进行细胞分裂、生长、发育、分化,从而产生了许多形态、结构、生理功能不同的细胞。这些细胞有机配合,紧密联系,形成各种器官,从而更有效地完成着有机体的整个生理活动。这些形态、结构相似,在个体发育中来源相同,担负着一定生理功能的细胞组合,称为组织。

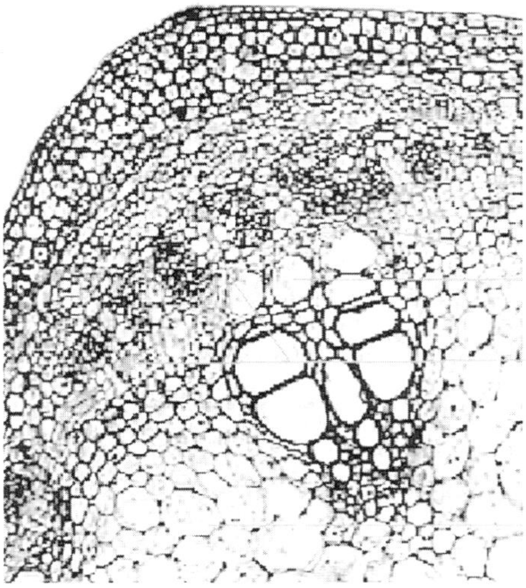

种子植物体内各种组织在发展上具有相对的独立性,但各组织之间也存在着密切的相互关系,它们共同协调完成植物体的生理活动。

种子植物的组织结构是植物界中最为复杂的,按照其所执行的功能的不同,可以分为六种组织,即分生组织、基本组织、机械组织、保护组织、输导组织和分泌结构(图1-18)。

保护组织
厚角机械组织

厚壁机械组织

输导组织

分生组织

基本组织

图1-18　植物的组织类型

1. 分生组织

在植物胚胎发育的早期,所有胚细胞都进行分裂。但当胚进一步生长发育时,细胞分裂就逐渐局限于植物体的特定部分。具有细胞分裂能力的植物细胞群称为分生组织。分生组织具有连续或周期性的分裂能力。高等植物体内的其他组织都是由分生组织经过分裂、生长、发育、分化而形成的。

根据分生组织在植物体中的分布位置不同,可划分为顶端分生组织、侧生分生组织和居间分生组织(图1-19)。

（1）顶端分生组织

位于根、茎及各级分枝的顶端的分生组织,称为顶端分生组织。它包括直接保留下来的胚性细胞及其衍生细胞。顶端分生组织与根、茎的伸长有关。茎的顶端分生组织还是形成叶和腋芽的部位,种子植物茎顶端分生组织到一定发育阶段又可分化形成花或花序。

顶端分生组织的细胞多为等径,一般排列紧密,细胞壁薄,由纤维素构成。体积较小,细胞核相对较大,细胞质浓厚,含有线粒体、高尔

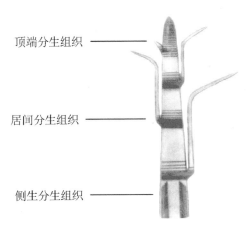

顶端分生组织

居间分生组织

侧生分生组织

图1-19　植物的分生组织类型

基体、核蛋白体等细胞器,液泡不明显。

（2）侧生分生组织

位于裸子植物和双子叶植物根、茎周围,与器官的长轴方向平行排列的分生组织,称为侧生分生组织,包括维管形成层和木栓形成层。

维管形成层中,有两种类型的细胞构成,少数近于等径的细胞称为射线原始细胞,多数长的纺锤形细胞,有较为发达的液泡,细胞与器官长轴平行,细胞分裂方向也与器官的长轴方向垂直,称为纺锤状原始细胞。维管形成层的活动时间较长,分裂出来的细胞,分化为次生韧皮部和较多的次生木质部。木栓形成层的分裂活动则形成根、茎表面的周皮。侧生分生组织的分裂活动,结果使裸子植物和双子叶植物的根、茎得以增粗。单子叶植物中一般没有侧生分生组织,不会进行加粗生长。

（3）居间分生组织

在有些植物发育的过程中,在已分化的成熟组织间夹着一些未完全分化的分生组织,称为居间分生组织。实际上,居间分生组织是顶端分生组织衍生、遗留在某些器官局部区域的分生组织。在玉米、小麦等单子叶植物中,居间分生组织分布在节间的下方,它们旺盛的细胞分裂活动使植株快速生长、增高。韭菜和葱的叶子基部也有居间分生组织,割去叶子的上部后叶还能生长。花生的"入土结实"现象是因为花生子房柄中的居间分生组织的分裂活动,使子房柄伸长,子房被推入土中的结果。

根据其细胞来源和分化的程度,分生组织又可分成三类:原分生组织、初生分生组织和次生分生组织。

（1）原分生组织

原分生组织是从胚胎中保留下来的,具有强烈、持久的分裂能力,是位于根茎顶端的最前端的分生组织。

（2）初生分生组织

初生分生组织由原分生组织衍生的细胞构成,紧接于原分生组织,这些细胞一面继续分裂,一面在形态上已出现了初步的分化,例如,细胞体积扩大,细胞质逐渐液泡化等,是从原分生组织向成熟组织过渡的组织。初生分生组织包括原表皮、原形成层和基本分生组织。原表皮位于最外面,将来分化为表皮;原形成层细胞纵向延长,细胞核和核仁明显,原生质浓厚,将来分化为维管组织;基本分生组织液泡化程度较高,将来分化为皮层和髓。

（3）次生分生组织

次生分生组织是由某些成熟组织细胞脱分化,重新恢复分裂能力形成的,包括维管形成层和木栓形成层。一般位于裸子植物和双子叶植物根和茎的侧面。

2. 保护组织

覆盖于植物体表起保护作用的组织,称保护组织。保护组织能减少水分的蒸腾,防止病原微生物的侵入,还能控制植物与外界的气体交换,包括表皮和周皮。

（1）表皮

表皮由初生分生组织的原表皮分化而来,通常是一层具有生活力的细胞组成,但有时也可由多层细胞组成。例如,在干旱地区生长的植物,叶表皮常是多层的,这就有利防止水分的过度蒸发。表皮可包含表皮细胞、气孔器的保卫细胞(图1-20)和副卫细胞、表皮毛或腺毛等。

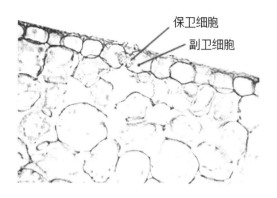

图 1 – 20　表皮

　　表皮细胞大多扁平,形状不规则,彼此紧密镶嵌。表皮细胞细胞质少,液泡大,液泡甚至占据细胞的中央部分,而核却被挤在一边,一般没有叶绿体,有时含有白色体、有色体、花青素、单宁、晶体等。表皮细胞与外界相邻的一面,在细胞壁外表覆盖着一层角质膜,角质膜是由疏水物质组成,水分很难透过。角质膜也能有效地防止微生物的侵入。角质膜表面光滑或形成乳突、皱褶、颗粒等纹理,有些植物在角质膜外还沉积蜡质,形成各种形式的蜡被。多种纹饰的角质膜和蜡被,对植物鉴定有重要价值。

　　气孔器是调节水分蒸腾和气体交换的结构,由一对特化的保卫细胞和它们之间的孔隙、气孔下室以及与保卫细胞相连的副卫细胞(有或无)共同组成(图 1 – 21)。保卫细胞常呈肾形,含叶绿体,靠近孔隙一侧的细胞壁较厚,与表皮或副卫细胞毗邻的细胞壁较薄,这种结构特征与气孔的开闭有密切关系。

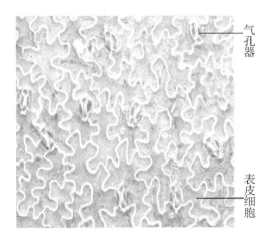

图 1 –21　气孔器

　　毛状体为表皮上的附属物,形态多种多样(图 1 –22),由表皮细胞分化而来,具保护、分泌、吸收等功能。根的表皮与茎、叶的表皮不同,细胞壁角质膜薄,某些表皮细胞特化成根毛,因此,根表皮主要是吸收和分泌作用。

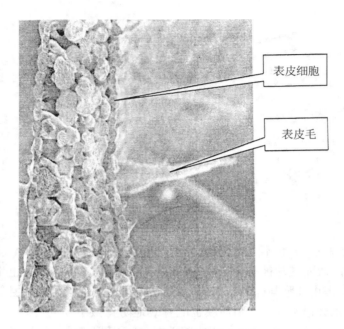

图 1 - 22　表皮细胞上的毛状物

（2）周皮

在裸子植物、双子叶植物的根、茎等器官中，在加粗生长开始后，由于表皮往往不能适应器官的增粗生长而剥落，从内侧再产生次生保护组织——周皮，行使保护功能。周皮由木栓层、木栓形成层和栓内层构成。

3. 基本组织

基本组织在植物体内分布最广，在根、茎、叶、花、果实以及种子中都含有大量的这种组织。基本组织的细胞壁通常较薄，一般只有初生壁而无次生壁，故又称薄壁组织（图 1 - 23、图 1 - 24）。

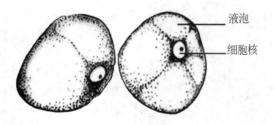

液泡

细胞核

图 1 - 23　薄壁细胞模式图

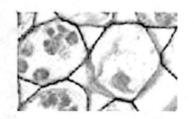

图 1 - 24　马铃薯块茎薄壁细胞

基本组织细胞液泡较大，而细胞质较少，但含有质体、线粒体、内质网、高尔基体等细胞器。细胞排列松散，有较宽大的细胞间隙。薄壁组织分化程度较浅，有潜在的分生能力，在一定的条件作用下，可以经过脱分化，激发分生的潜能，进而转变为分生组织。同时，基本组织也可以转化为其他组织。

4. 机械组织

机械组织为植物体内的支持组织。植物器官的幼嫩部分,机械组织很不发达,甚至完全没有机械组织的分化,其植物体依靠细胞的膨压维持直立伸展状态。随着器官的生长、成熟,器官内部逐渐分化出机械组织。种子植物具有发达的机械组织。机械组织的共同特点是其细胞壁局部或全部加厚。根据机械组织细胞的形态及细胞壁加厚的方式,可分为厚角组织和厚壁组织两类。

(1)厚角组织

厚角组织是支持力较弱的一类机械组织,多分布在幼嫩植物的茎或叶柄等器官中,起支持作用。厚角组织的细胞长形,两端呈方形、斜形或尖形,彼此重叠连接成束。此种组织由活细胞构成,原生质体生活很久,常含有叶绿体,可进行光合作用,并有一定的分裂潜能。厚角组织细胞壁的成分主要是纤维素,还含有较多的果胶质,也具有其他成分,但不木质化,初生细胞壁不均匀增厚,增厚常发生于细胞的角隅部分,所以有一定坚韧性,并具有可塑性和延伸性,既可以支持器官的直立,又适应于器官的迅速生长,所以,普遍存在于正在生长或经常摆动的器官之中。植物的幼茎、花梗、叶柄和大的叶脉中,其表皮的内侧均有厚角组织分布(图1-25)。

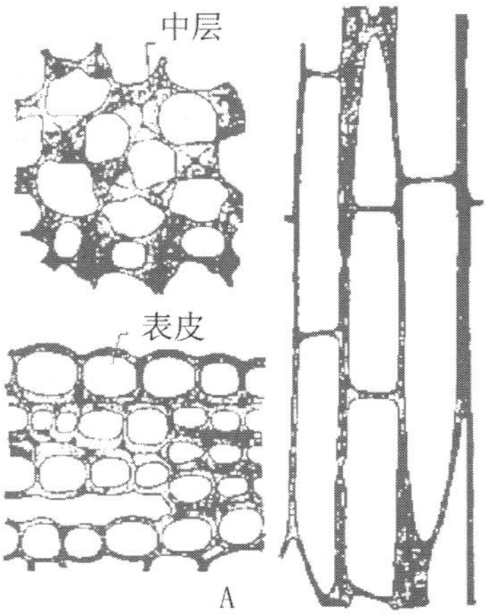

(2)厚壁组织

厚壁组织是植物体的主要支持组织,其显著的结构特征是细胞的次生细胞壁均匀加厚,而且常常木质化。有时细胞壁可占据细胞大部分,细胞内腔可以变得较小以至几乎看不见。发育成熟的厚壁组织细胞一般都已丧失生活的原生质体。

图1-25 厚角组织

厚壁组织有两类:一类是纤维,细胞细长,两端尖锐,其细胞壁强烈地增厚,常木质化而坚硬,含水量低,壁上有少数小纹孔,细胞腔小。纤维常相互以尖端重叠而连接成束,形成器官内的坚强支柱。另一类是石细胞。石细胞的形状不规则,多为等径,但也有长骨形、星状毛状。次生壁强烈增厚并木质化,出现同心状层次。壁上有分枝的纹孔道。细胞腔极小,通常原生质体已消失,成为仅具坚硬细胞壁的死细胞,故具有坚强的支持作用。石细胞往往成群分布,有时也可单个存在。石细胞分布很广,在植物茎的皮层、韧皮部、髓内,以及某些植物的果皮、种皮,甚至叶中都可见到。梨果肉中的白色硬颗粒就是成团的石细胞。

5.输导组织

输导组织贯穿于植物体的各器官之中,根据它们运输的主要物质不同,可将输导组织分为两大类,即运输水分无机盐的导管和管胞,以及运输溶解状态的同化产物的筛管和伴胞。

(1)导管

导管存在于木质部,被子植物中普遍具有。成熟的导管分子与管胞不同的是,导管在发育过程中伴随着细胞壁的次生加厚与原生质体的解体,导管两端的细胞初生壁被溶解,形成了穿孔。多个导管分子以末端的穿孔相连,组成了一条长的管道,称导管。

导管有环纹、螺纹、梯纹、孔纹、网纹五种次生壁加厚类型(图1-26)。环纹和螺纹导管直径较小,输导效率较低;梯纹导管的木化增厚的次生壁呈横条状隆起;孔纹和网纹导管除了纹孔或网眼未加厚外,其余部分皆木化加厚,后三种类型的导管直径较大,输导效率较高。

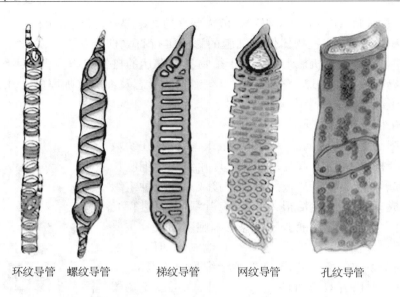

| 环纹导管　螺纹导管　　梯纹导管　　　网纹导管　　　孔纹导管

图 1 – 26　导管的类型

（2）筛管和伴胞

筛管和伴胞存在于韧皮部,是运输有机物的结构(图 1 – 27)。筛管是由一些管状活细胞纵向连接而成的,组成该筛管的每一细胞称筛管分子。成熟的筛管分子中,细胞核退化,细胞质仍然保留。筛管的细胞壁由纤维素和果胶构成,在侧面的细胞壁上有许多特化的初生纹孔场,叫做筛域,其中分布有成群的小孔,这种小孔称为筛孔,筛孔中的胞间连丝比较粗,称联络索。而其末端的细胞壁分布着一至多个筛域,这部分细胞壁则称为筛板。联络索沟通了相邻的筛管分子,能有效地输送有机物。在被子植物的筛管中,还有一种特殊的蛋白,称 P – 蛋白,有人认为 P – 蛋白是一种收缩蛋白,与有机物的运输有关。

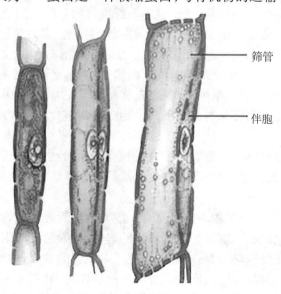

筛管

伴胞

图 1 – 27　筛管与伴胞

伴胞是和筛胞并列的一种细胞,细胞核大,细胞质浓厚。伴胞和筛管是从分生组织的同一个母细胞分裂发育而成的。二者间存在发达的胞间连丝,在功能上也是密切相关,共同完成有机物的运输。

6. 分泌结构

植物体中有一些细胞或一些特别的结构有分泌功能。这些细胞分泌的物质十分复杂,如会产生挥发油、树脂、乳汁、蜜汁、单宁、黏液、盐类等物质。有些植物在新陈代谢过程中,这些产物或是通过某种机制排到体外、细胞外,或是积累在细胞内。凡能产生分泌物质的有关细胞或特化的细胞组合,总称为分泌结构。分泌结构也多种多样,其来源、形态、分布不尽相同。如花中可形成蜜腺,蜜槽;有些植物(如天竺葵)叶表面往往有腺毛;松树的茎、叶等器官中有树脂道,能分泌松脂;橘子果皮上可见到透明的小点就是分泌腔,能分泌芳香油。玉兰等花瓣有香气是因为其中有油细胞,能分泌芳香油。

1.2.2 复合组织以及组织系统的概念

在植物系统发育过程中,较低等的植物仅有简单组织。较高等的植物除有简单组织外,出现了复合组织。复合组织是植物体内多种组织按一定的方式和规律结合而构成。分生组织、薄壁组织为简单组织,表皮、周皮、木质部、韧皮部、维管束等为复合组织。

所有成熟组织可分为三个组织系统,即基本组织系统、皮组织系统和维管组织系统。基本组织系统包括同化、储藏、通气和吸收功能的薄壁组织以及机械作用的厚角组织和厚壁组织;皮组织系统包括初生保护结构的表皮和次生保护结构的周皮;维管组织系统由贯穿植物体各部的维管组织构成,包括初生木质部和初生韧皮部以及次生木质部和次生韧皮部。

【参考文献】

[1] K. 伊稍. 种子植物解剖学[M]. 上海:上海科学技术出版社,1982.

[2] 陆时万,等. 植物学(上、下)[M]. 北京:高等教育出版社,1992.

[3] 高信曾. 植物学[M]. 北京:高等教育出版社,1987.

[4] 李扬汉. 植物学(上、中、下)[M]. 北京:高等教育出版社,1988.

[5] 周云龙. 植物生物学[M]. 北京:高等教育出版社,1999.

[6] 胡适宜. 被子植物胚胎学[M]. 北京:人民教育出版社,1982.

[7] 陈机. 植物发育解剖学(上、下册)[M]. 济南:山东大学出版社,1996.

[8] 马炜梁. 高等植物及其多样性[M]. 北京:高等教育出版社,1998.

[9] 吴万春. 植物学[M]. 北京:高等教育出版社,1991.

[10] 许文渊. 药用植物学[M]. 北京:中国医药科技出版社,2001.

[11] 金银根. 植物学[M]. 北京:科学出版社,2006.

[12] 汪劲武. 种子植物分类学[M]. 北京:高等教育出版社,1985.

[13] A J Jack ,D E Evans. Plant Biology(影印版)[M]. 北京:科学出版社,2002.

[14] 李正理,等. 植物解剖学[M]. 北京:高等教育出版社,1984.

[15] Fahn A. Plant Anatomy[M]. Oxford:Pergamon Press,1974.

[16] Esau K. Plant Anatomy[M]. New York:John Winey and Sons jnc,1977.

[17] Peter H. Raven. Biology of Plants[M]. Chicago:Worth Publishers,1992.

第 2 章　马铃薯器官的形态与结构

一般种子植物的种子完全成熟后,经过休眠,在适合的环境下就能萌发成幼苗,以后继续生长发育,成为具枝系和根系的成年植物。植物体内具有一定形态结构、担负一定生理功能,由数种组织按照一定的排列方式构成的植物体的组成单位,这种组成单位叫器官。大多数成年植物在营养生长时期,整个植株可显著地分为根、茎、叶三种器官,这些担负着植物体营养生长的一类器官统称为营养器官。花、果实、种子与植物产生后代有关,叫繁殖器官。

2.1　马铃薯根的形态与结构

根,除少数气生者外,一般是植物体生长在地面下的营养器官,土壤内的水和矿质通过根进入植株的各个部分。它的顶端能无限地向下生长,并能发生侧向的支根(侧根),形成庞大的根系,有利于植物体的固着、吸收等作用,这也使植物体的地上部分能完善地生长,达到枝叶繁茂、花果累累。根系能控制泥沙的移动,因此,具有固定流沙、保护堤岸和防止水土流失的作用。

2.1.1　根的形态

1.根的类型

根据发生的部位不同,将根分为定根(主根和侧根)和不定根两大类。种子萌发时,胚根突破种皮,直接长成主根。根产生的各级大小分支,都称为侧根。主根和侧根都从植物体固定的部位生长出来,均属于定根。主根生长达到一定长度,才在一定部位上产生侧根,二者之间往往形成一定角度,侧根达到一定长度时又能生出新的侧根。从主根上生出的侧根可称为一级侧根,从一级侧根上生出的侧根,称为二级侧根,依次类推。许多植物除产生定根外,由茎、叶、老根或胚轴上也能产生根,这些根的发生位置不固定,故为不定根。

2.根系的类型

一株植物地下部分所有根的总体,称为根系。根系有明显而发达的主根,主根上再生出各级侧根,这种根系称为直根系。主根生长缓慢或停止,主要由不定根组成的根系,称为须根系。须根系中各条根的粗细差不多,呈丛生状态(图 2 – 1)。

2.1.2　根的初生生长与初生结构的形成

根尖是指从根的顶端到着生根毛的部位。不论主根、侧根还是不定根都具有根尖。根尖是根中生命活动最旺盛的部分,是根进行吸收、合成、分泌等作用的主要部位,与根系扩展有关的伸长生长也是在根尖进行。

1.根尖的结构及其生长发育

根尖(图2-2)从顶端起,可依次分为根冠、分生区、伸长区和根毛区,总长为1~5cm。各区的细胞形态结构不同,从分生区到根毛区逐渐分化成熟,除根冠外,各区之间并无严格的界限。

(1)根冠

根冠是位于根尖最前端的由薄壁细胞组成的帽状结构,保护着被其包围的分生区。其外层细胞排列疏松,外壁和原生质体内含有黏液,可能为果胶物质,存在于高尔基体所产生的大囊泡内。囊泡不断地与质膜合并,使黏液释放至壁与质膜间,再分泌至壁外凝成小滴。在根生长时,根冠外层细胞屡有脱落,脱落细胞破裂也产生黏液,并且根尖其他部分也分泌这种黏液。这种分泌物可使根尖易于在土壤颗粒间进行伸长生长,而且在根表形成一种吸收表面,具有促进离子交换、溶解和可能螯合某些营养物质的作用。

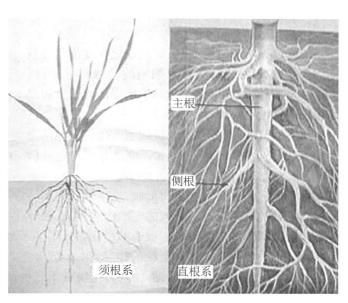

图2-1 根系的类型

主根

侧根

须根系 直根系

根冠与根生长时的向地性有关。根冠可以感受重力,感受部位是根冠中央的部分,这部分的细胞内有若干被称为平衡石的造粉体,根的位置被改变时,如将正常向下生长的根水平放置时,平衡石受重力影响移向根近地面一侧;这种刺激引起了生长的变化,造成根尖远地面一侧生长较快,使根尖发生了弯曲,从而保证了根正常的向地性生长。除造粉体外,线粒体、高尔基体、内质网等细胞器也可能与根的向地性有关。还有人提出,位置改变的刺激使根产生地电,电流通过根冠中的重力感受器,而把信息传至伸长区,引起上述的不均衡生长。

在根的生长过程中,根冠外部细胞不断脱落,由其内方的分生区不断产生新的细胞补充,因而根冠始终维持相对稳定的体积。

(2)分生区

分生区是位于根冠内方的顶端分生组织。整体如圆锥,故又名生长锥,也曾称为生长点,长1~3mm,是分裂产生新细胞的部位。其分裂的细胞少部分补充到根冠,以补偿根冠因受损伤而脱落的细胞;大部分细胞伸长、分化成为伸长区的部分,是产生和分化成根各部分结构的基础;

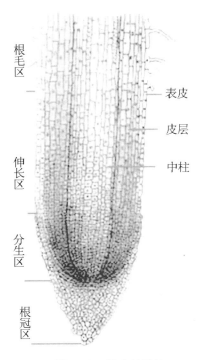

根毛区

表皮

皮层

中柱

伸长区

分生区

根冠区

图2-2 根尖的结构

同时,仍有一部分分生细胞保持分生区的体积和功能。

（3）伸长区

细胞分裂活动逐渐减弱,细胞分化程度逐渐增高。细胞纵向伸长,体积增大,液泡化程度加强,细胞质成一薄层位于细胞的边缘部位,因此外观上较为透明,可与生长点相区别。在伸长区的后端,相继分化出原生韧皮部的筛管和原生木质部的导管。其中,原生韧皮部的分化较原生木质部略早。此区是初生分生组织向成熟区初生结构的过渡区。根的伸长是分生区细胞的分裂、增大和伸长区细胞的延伸共同活动的结果,特别是伸长区细胞的伸长,使根尖不断向土壤深处推进,使根不断转移到新的环境,吸取更多的营养物质。

（4）根毛区

根毛区由伸长区细胞分化形成,位于伸长区的后方。随着植物种类和环境不同,其全长从数毫米到数厘米。这一区域的细胞停止伸长,已分化为各种成熟组织,故也称为成熟区。

该区因密被根毛而得名。根毛的存在大大增加了吸收表面,是根部行使吸收作用的主要部分。根毛还可改善根与土粒的接触,据调查,土粒与根之间常有 $10\,\mu m$ 或更宽的缝隙,为空气所充满,成为水向根移动的障碍,土壤变干或根发生收缩时,或根沿腐烂的植物残体、小虫留下的小沟生长时,就更易形成这种空隙,而根毛能沿空隙曲折地生长,并与土粒紧紧缠结,这便解决了与水液的接触问题。此外,一株植物可有几十万至百万计的根尖,其上的根毛以这种方式缠结土粒,无疑还会大大加强根系的固着力。

根毛是表皮细胞外壁向外突出形成的顶端封闭的管状结构,成熟的根毛长为 $0.5\sim 10\,mm$,直径为 $5\sim 17\,\mu m$。根毛形成时,表皮细胞液泡增大,多数细胞质集中于突出部,并含有丰富的内质网、线粒体与核糖体,核也随之进入顶端。根毛的细胞壁由内、外两层构成,外层覆盖整个根毛,薄而柔软,由微纤丝交织而成,并含大量果胶质、半纤维素等无定形物质;内层由纵向排列的微纤丝和少量无定形或颗粒状基质组成,内层并不到达根毛顶端。根毛的伸长是通过顶端生长的方式,基部的壁先增厚和钙化变硬,随钙化随向顶进行,伸长也逐渐停止。因此,新形成的根毛钙化程度低,更易与土粒紧贴。

根毛的寿命一般为 $2\sim 3$ 周或更短,个别植物的根毛可长期存活,但后期常木质化、变粗,如菊科的一些植物。根毛区上部的根毛死去后,又由伸长区新形成的表皮细胞分化出根毛来补充,所以越靠近伸长区的根毛越短,而且根毛区的长度也能保持相对不变,且位置不断向土层深处推移。根毛的生长和更新对水、肥的吸收非常重要,所以在移栽植物时,要尽量减少幼根的损伤,可以带土移栽,也可以适当剪去一些次要的枝叶,以减少蒸腾,保持植物体内的水分平衡,有利于植物的成活。

2. 根的初生结构（以双子叶植物为例）

根的初期生长是由根尖的顶端分生组织经过分裂、生长、分化发展而来,称为根的初生生长。在初生生长中所产生的各种组织,都属于初生组织,它们组成根的初生结构。根的初生结构始于根毛区,它由多种组织构成。由于在其横剖面上能较好地显示各部分的空间位置、所占比例及细胞和组织的特征,所以研究各种器官的构造或生长动态时常选用横切面。

双子叶植物的根从横切面上观察,自外而内可分为表皮、皮层、维管柱三个基本部分（图 2 - 3）。

（1）表皮

表皮是位于成熟区最外面的一层生活细胞,由原表皮发育而来。细胞整体近似长方体形,长径与根的纵轴平行,排列紧密、整齐。细胞壁薄,由纤维素和果胶质构成,水和溶质可以自由通过。外壁缺乏或仅有一薄层的角质膜,无气孔。许多表皮细胞向外突出形成根毛,扩大了根的吸收面积。大多数细胞可形成根毛,有些植物的表皮由长、短两种细胞组成,其中长细胞成为一般的表皮细胞,而短细胞含有较浓的细胞质和较大的细胞核,成为生毛细胞。

(2)皮层

皮层(图2-4)是位于表皮之内维管柱之外的多层薄壁细胞,由基本分生组织分化而来,在根中占很大比例。皮层是水分和溶质从根毛到维管柱的横向输导途径,又是储藏营养物质和通气的部分,一些水生和湿生植物还在皮层中发育出气腔、通气道等。另外,皮层还是根进行合成、分泌等作用的主要场所。

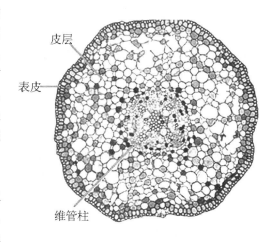

图2-3 双子叶植物根的初生结构

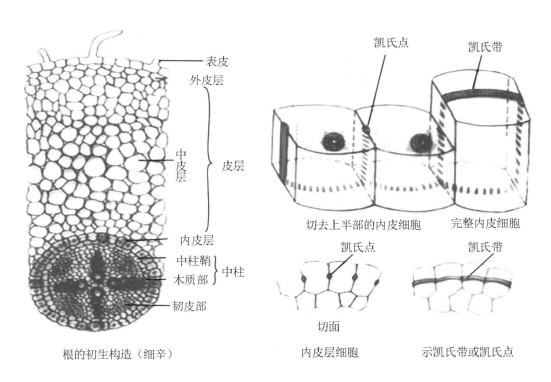

根的初生构造(细辛)

内皮层细胞 示凯氏带或凯氏点

图2-4 双子叶植物根的初生结构及内皮层细胞

多数植物的皮层最外一或数层细胞形状较小,排列紧密而整齐,称为外皮层。当根毛枯死,表皮脱落时,外皮层细胞壁增厚、栓质化,代替表皮起保护作用,这部分根的吸收功能也因此减弱。

中部皮层薄壁细胞的层数较多,细胞体积最大,排列疏松有明显的胞间隙,细胞中常储藏有各种后含物,以淀粉粒最为常见。

　　皮层最内方有一层形态结构和功能都较特殊的细胞,称为内皮层。其细胞排列紧密,各细胞的径向壁和上下横壁有带状的木质化和栓质化加厚区域,称为凯氏带。在横切面上,凯氏带在相邻细胞的径向壁上呈点状,叫凯氏点。初期的凯氏带是由木质和脂类物质组成,后期又加入栓质,这几种物质的沉积连续地穿过胞间层和初生壁。位于凯氏带处的质膜较厚而平滑,连同细胞质紧贴于凯氏带上,质壁分离时亦不分开。这种连接与胞间连丝无关,可能是由于质膜上的类脂或膜蛋白的疏水部分与凯氏带中疏水的栓质相互作用的结果。内皮层的这种特殊结构,被认为对根的吸收有特殊意义:它阻断了皮层与中柱间的质外体运输途径,使进入中柱的溶质只能通过其原生质体,使根能进行选择性吸收,同时防止中柱里的溶质倒流至皮层,以维持维管组织中的流体静压力,使水和溶质源源不断地进入导管。

　　少数双子叶植物的根,其内皮层细胞的细胞壁常在原有的凯氏带基础上再行增厚,覆盖一层木质化纤维层,变为厚壁的结构。这种增厚通常发生在横壁、径向壁和内切向壁,而外切向壁是薄的,也有全部细胞壁都增厚的,如毛茛。少数正对原生木质部的内皮层细胞保持薄壁的状态,这种薄壁的细胞称为通道细胞。它们是皮层与中柱之间物质转移的通道。皮层的水分和溶质由通道细胞进入初生木质部。

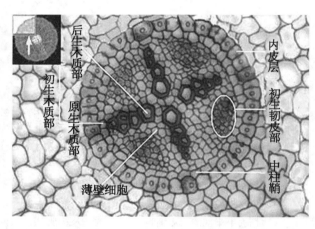

图 2-5　双子叶植物的维管柱结构

(3)维管柱

　　维管柱又称中柱,为内皮层以内的柱状部分,由原形成层分化而来,包括中柱鞘、初生木质部、初生韧皮部和薄壁组织四部分。在根初生结构的横切面上,维管柱所占比例较小(图 2-5)。

　　中柱鞘　中柱的最外部,与内皮层毗连,由一或数层薄壁细胞组成,有潜在分裂能力,在适当的条件与生长阶段能形成多种组织或器官。如分裂分化形成侧根、不定根、不定芽、部分维管形成层和木栓形成层等。

　　初生木质部　在中柱鞘内方,呈束状与初生韧皮部束相间排列。其束数因植物而异,双子叶植物一般为 2～6 束,分别称为二原型、三原型、四原型……木质部的束数在某些植物中是恒定的,因此有系统分类的价值,如二原型在十字花科、石竹科占优势。同一植物的不同品种有时束数有异,如茶有五原、六原和十二原之分;同一植株侧根中的束数有时少于主根,或相反;外因有时也可造成束数的改变,如用三原型的豌豆根尖作离体培养时,适量的吲哚乙酸可使新生根成为六原型。

　　初生木质部在分化过程中是由外向内呈向心式逐渐成熟的,这种分化方式称为外始式。外方先成熟的部分只具管腔较小的环纹和螺纹导管,称为原生木质部;内方较晚分化成熟的部分称为后生木质部,其中的导管为管腔较大的梯纹、网纹和孔纹。因而使初生木质部整体呈辐射状,尖端的原生木质部导管与中柱鞘相接,利于从皮层输入的溶液迅速进入导管运向地上部分。原生木质部分化早,常在伸长区即已分化成熟。它们的导管次生增厚部分少,柔韧的初生壁还能随伸长区细胞的生长而适当延伸,在幼根纵剖面制片中,常可见其环状或螺纹状的次生壁部分被"拉曳"而呈倾斜状。

初生韧皮部　位于初生木质部辐射角之间,束数与初生木质部相同。发育方式与初生木质部一样,也为外始式,即原生韧皮部在外,后生韧皮部在内,原生韧皮部通常缺少伴胞,而后生韧皮部主要由筛管与伴胞组成,也有少数韧皮薄壁细胞,只有少数植物有韧皮纤维存在。

薄壁细胞　在初生木质部与初生韧皮部之间有一层到几层细胞,在双子叶植物和裸子植物中,是原形成层保留的细胞,将来成为形成层的组成部分;而在单子叶植物中两者之间为薄壁细胞。绝大多数双子叶植物根的后生木质部分化到根中央,少数双子叶植物中柱中央由于后生木质部没有继续向中心分化,而形成由薄壁组织构成的髓。

2.1.3　马铃薯根系及组织结构

马铃薯不同繁殖材料所长出的根不一样。用马铃薯块茎繁殖所发生的根系均为纤细的不定根,无主侧根之分,称为须根系,用种子繁殖所发生的根,有主根和侧根之分,称为直根系。马铃薯的根系量较少,仅占全株总量的1%~2%,比其他作物都小,一般多分布在土壤浅层,受外界环境变化的影响较大(图2-6)。但一些品种能依水肥条件的变化而改变,如在干旱缺水的土壤条件下,其根系发育强大,入土也较深广,在水分充足的土壤条件下,则根系发育却较弱。生产上一般是用马铃薯块茎种植,因此重点谈一下须根的解剖结构。

图2-6　马铃薯的根系

马铃薯须根的横切面为圆形,除保护组织外,明显地区分为皮层和中柱两部分(图2-7)。随着根的不断生长,这两部分的比例也随之改变,即老根皮层部分逐渐相对变小,而中柱部分则相对变大。幼根尖端1~3cm之内其表面被有表皮,表皮上有许多单细胞的根毛,表皮细胞外壁增厚不明显,亦不形成角质层,离根尖3cm以外的表皮细胞,最初是相互分离的,以后细胞壁逐渐栓质化,并皱缩和枯萎,最后形成保护组织——木栓层。

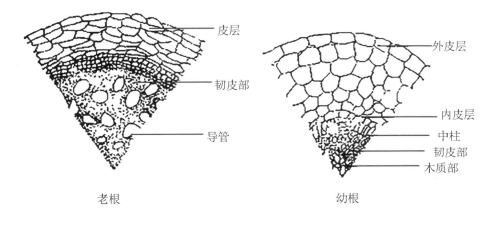

老根　　　　　　　　　　　　幼根

图2-7　马铃薯老根和幼根横切图

内皮层由一层较小的细胞组成,排列紧密,形成一封闭的环,内皮层和木栓层之间,有一层 1~7 层细胞组成的薄壁组织,皮层薄壁组织细胞的层数,视根龄和根的粗细而定,一般老龄根和细根薄壁组织细胞层数较少,幼龄根和粗根的层数较多。皮层的薄壁细胞较大,横切面呈四角形、多角形或圆形,在它们之间有细胞间隙,细胞壁很薄,并且含有大量淀粉粒,此外,在薄壁细胞里常有晶体,老龄根的皮层里还常可发现有石细胞。

幼根的中柱由 2~3 束(间或 4~5 束)呈放射状排列的导管群所组成。原生木质部的导管具有环纹与螺纹的加厚,位于中柱外缘,后生木质部的导管具有网纹与孔纹的加厚,位于原生木质部的内方。

在幼龄根中,形成层位于初生韧皮部群与初生木质部之间,形成一波状的形成层环,在老根中,由于产生次生生长,形成层向内形成次生木质部,主要为孔纹导管,向外形成次生韧皮部,因而形成层由于被次生木质部的挤压由波状环变成圆形环。经过次生生长之后,韧皮部就呈环状,把木质部包围起来。木质部对韧皮部的比率随着根的成长而逐渐增加。

中柱的外层由细小的薄壁细胞组成中柱鞘,侧根和木栓形成层就是由中柱鞘产生出来的。

马铃薯由种子萌发产生的实生苗根系,具有主根和侧根之分,称为直根系。马铃薯实生苗根系的横切面为圆形,与块茎繁殖的根系横切面相似,也明显地区分为皮层和中柱两部分,不过幼根的中柱部分的比率比块茎繁殖的要大。

2.2　马铃薯茎的形态与结构

茎是联系根和叶,输送水、无机盐和有机养料的轴状结构,是由胚芽发育而成的。在系统演化上,是先于叶、根出现的营养器官。茎除少数生于地下者外(如马铃薯食用部分就是地下变态的块茎),一般是植物体生长在地上的营养器官。多数植物茎的顶端能无限地向上生长,与着生的叶形成庞大的枝系。高大的乔木和藤本植物的茎,往往长达几十米,甚至百米以上;而矮小的草本植物,如蒲公英、车前草等的茎,短缩得几乎看不出来,被称为莲座状植物,并非无茎植物。

2.2.1　茎的功能及经济价值

1. 茎的功能

茎的功能是多方面的,其主要的功能是支持和输导:茎是植物体的支架,主茎和各级分枝支持着叶、芽、花和果实,使它们合理地在空间展布,有利于通风透光、传粉和果实与种子的传播;茎还是植物体物质上下运输的通道,根吸收的水、无机盐通过茎向上运输到叶、花和果实中,叶的光合产物通过茎向下、向上运输至根和其他器官中。

茎还具有储藏、繁殖、光合、保护、攀援等功能,例如,对多年生植物而言,茎内储藏的物质为翌年春芽的萌动提供养料,马铃薯的块茎、莲的根状茎等都是营养物质集中储藏的部位。

2. 茎的经济价值

茎的经济价值包括食用、药用、工业原料、木材、竹材等,为工农业以及其他方面提供了极为丰富的原材料。甘蔗、马铃薯、芋、莴苣、茭白、藕、慈姑以及姜、桂皮等都是常用的食品。

杜仲、合欢皮、桂枝、半夏、天麻、黄精等,都是著名的药材。奎宁是金鸡纳树树皮中含的生物碱,为著名的抗疟药。其他如纤维、橡胶、生漆、软木、木材、竹材以及木材干馏制成的化工原料等,更是用途极广的工业原料。随着科学的发展,对茎的利用,特别是综合利用,将会日益广泛。

2.2.2　茎的形态

1. 茎的外形

多数植物茎的外形呈圆柱形,也有少数植物的茎呈三角形(如莎草)、方柱形(如蚕豆、薄荷)或扁平状(如昙花、仙人掌)。茎内有机械组织和维管组织,从力学角度来看,茎的外形和结构都具有支持和抗御的能力。

茎上着生叶的部位,称为节。两个节之间的部分,称为节间(图2-8)。

植物叶落后,在茎上留下的叶柄痕迹称为叶痕。叶着生在茎上的位置有一定顺序,因此,叶痕在茎上也有一定的顺序,如榆是互生的,丁香是对生的。此外,不同植物叶痕的形状和颜色等也各不同。叶痕内的点线状突起,是叶柄与茎的维管束断离后留下的痕迹,称维管束痕(简称束痕)。不同植物束痕的排列形状及束数也

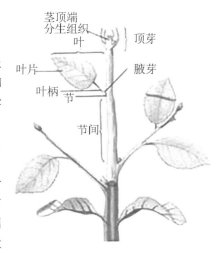

图2-8　茎的外形

各有不同。有的植物茎上还可以看到芽鳞痕,这是顶芽(鳞芽)的芽鳞片脱落后留下的痕迹,其形状和数目因植物而异。顶芽每年春季展开一次,因此,可以根据芽鳞痕来辨别茎的生长量和生长年龄。

2. 芽的结构及类型

(1)芽的概念

芽是未伸展的枝、花或花序,也就是枝、花或花序尚未发育的雏体。以后长成枝的芽称为枝芽,长成花或花序的芽称为花芽。

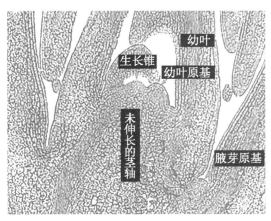

图2-9　枝芽的解剖结构

(2)芽的结构

以枝芽为例,说明芽的一般结构。纵切一种植物的枝芽,用解剖镜或放大镜观察,可以看到顶端分生组织、叶原基、幼叶和腋芽原基(图2-9)。顶端分生组织位于枝芽上端,叶原基是近顶端分生组织下面的一些突起,是叶的原始体,即叶发育的早期。由于芽的逐渐生长和分化,叶原基愈向下愈长,较下面的已长成较长的幼叶。腋芽原基是在幼叶叶腋内的突起,将来形成腋芽,腋芽以后会发展成侧枝,因此,腋芽原基也称侧枝原基或枝原基,它相当于一个更小的枝芽。

(3)芽的类型

根据芽在枝条上的位置,芽鳞有无,将发育成的器官性质和它的生理活动状态等特点,可以把芽划分为以下几种类型:

①依据芽在枝上的位置,可分为定芽和不定芽。定芽又可分为顶芽和腋芽两种。顶芽是生在主干或侧枝顶端的芽,腋芽是生长在枝的侧面叶腋内的芽,也称侧芽。通常多年生落叶植物叶落后,枝上部的腋芽非常显著,而接近枝基部的腋芽往往较小。

不着生在枝顶或叶腋内的芽,称为不定芽。如甘薯、蒲公英、榆、刺槐等生在根上的芽,落地生根和秋海棠叶上的芽,桑、柳等老茎或创伤切口上产生的芽,都属不定芽。植物的营养繁殖常利用不定芽,这在农、林、园艺上具有重要意义。

② 依据芽鳞的有无,芽可分为裸芽和被芽。多数多年生木本植物的越冬芽,无论是枝芽或是花芽,外面都有鳞片包被,称为被芽或鳞芽。鳞片,也称芽鳞,是叶的变态,有厚的角质层,有时还覆盖着毛茸或分泌的树脂、黏液等,可降低蒸腾、防止干旱和冻害,以保护幼嫩的芽。它对生长在温带地区的多年生木本植物如悬铃木、杨、桑、玉兰、枇杷等的越冬,起着很重要的保护作用。所有一年生植物、多数两年生植物和少数多年生木本植物的芽,没有芽鳞,由幼叶包着,称为裸芽,如常见的黄瓜、棉、蓖麻、油菜、枫杨等的芽。

③ 依据芽将发育成的器官性质,芽可分为枝芽、花芽和混合芽。枝芽包括顶端分生组织、叶原基、腋芽原基和幼叶。花芽是产生花或花序的雏体,由花原基或花序原基组成,没有叶原基和腋芽原基。花芽的顶端分生组织不能无限生长,当花或花序的各部分形成后,顶端就停止生长。花芽的结构比较复杂,变化也较大。展开后既形成枝叶,又形成花的芽称为混合芽,如梨、苹果、石楠、白丁香、海棠、荞麦等的芽。

④ 依据芽的生理活动状态,芽可分为活动芽和休眠芽。活动芽是能在生长季节形成新枝、花或花序的芽。一般一年生草本植物,当年由种子萌发生出的幼苗,逐渐成长至开花结果,植株上多数芽都是活动芽。温带的多年生木本植物,许多枝上往往只有顶芽和近上端的一些腋芽活动,大部分的腋芽在生长季节不生长,不发展,保持休眠状态,称为休眠芽或潜伏芽。

3. 茎的生长习性

不同植物的茎在长期的进化过程中,适应不同的外界环境,产生了各式各样的生长习性,使叶在空间上合理分布,尽可能地充分接受日光照射,制造本身生活需要的营养物质,以完成繁殖后代的生理功能。

茎的生长习性主要有以下四种方式:直立茎、缠绕茎、攀援茎和匍匐茎(图 2 - 10)。

(1)直立茎

茎的生长方向是背地性的,一般垂直向上生长,大多数植物的茎是直立茎。

(2)缠绕茎

缠绕茎细长柔软,不能直立,以茎本身缠绕于其他支柱物上而升高,不形成特殊的攀援器官,如牵牛、紫藤等的茎。有些缠绕茎的缠绕方向是左旋的,即按反时针方向的,如莴萝、牵牛、马兜铃和菜豆等;有些是右旋的,即按顺时针方向的,如忍冬、葎草等;此外,有些植物的茎既可左旋,也可右旋,称为中性缠绕茎,如何首乌的茎。

(3)攀援茎

有些植物的茎细长柔软而不能直立,必须利用一些变态器官如卷须、吸盘等攀援于其他物体之上,才能向上生长,这样的茎叫攀援茎。

(4)匍匐茎

茎细长柔弱,沿着地面蔓延生长,如草莓、甘薯、虎耳草等的茎。匍匐茎一般节间较长,节上能生不定根和芽,芽可长成新植株,如甘薯和草莓,可利用它们这一特性进行营养繁殖。

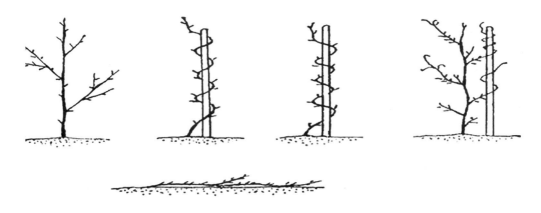

图 2-10 茎的生长习性

4. 茎的分枝方式

分枝是植物生长时普遍存在的现象。主干的伸长,侧枝的形成,是顶芽和腋芽分别发育的结果。侧枝和主干一样,也有顶芽和腋芽,因此,侧枝上继续产生侧枝,依次类推,可以产生大量分枝,形成枝系。分枝有多种形式,取决于顶芽与腋芽生长势的强弱、生长时间及寿命等,与植物的遗传性和环境条件的影响也有关。

植物的分枝方式主要有下列几种类型(图 2-11):

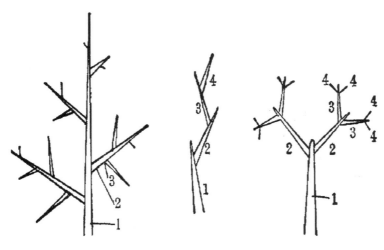

a. 单轴分枝　　　b. 合轴分枝　　　c. 假二叉分枝

(同级分枝以相同数字表示)

图 2-11 分枝类型图解

(1)单轴分枝

单轴分枝也称为总状分枝,主干具有明显的顶端优势,由顶芽不断向上生长而形成,侧

29

芽发育形成侧枝,侧枝又以同样的方式形成次级侧枝,但主干的生长明显并占绝对优势。裸子植物和一些被子植物如杨树、山毛榉等的分枝方式为单轴分枝。

（2）合轴分枝

合轴分枝没有明显的顶端优势,其主干或侧枝的顶芽经过一段时间生长后,便生长缓慢或停止生长,或分化成花芽,或成为卷须等变态器官,这时紧邻下方的侧芽生长出新枝,代替原来的主轴向上生长,当生长一段时间后又被下方的侧芽所取代,如此更迭,形成曲折的枝干。这种主干是由许多腋芽发育而成的侧枝联合组成,所以称为合轴。合轴分枝植株的上部或树冠呈开展状态,既提高了支持和承受能力,又使枝叶繁茂。这有利于通风透光、有效地扩大光合面积和促进花芽形成,因而是丰产的株型,是较进化的分枝方式。大多数被子植物具有这种分枝方式,如马铃薯、梧桐、桑、榆等。

（3）假二叉分枝

假二叉分枝是具有对生叶的植物在顶芽停止生长后,或顶芽变成花芽,在花芽开花后,由顶芽下的两侧腋芽同时发育成二叉状分枝。所以假二叉分枝实际上是合轴分枝的一种特殊形式,它和顶端的分生组织本身分为两个,形成真正的二叉分枝不同。

2.2.3　茎的初生结构（以双子叶植物的茎为例）

在大致结构上,茎与根皆为辐射对称的轴器官,初生结构皆由表皮、皮层和维管柱三大部分组成。但茎的皮层与维管柱的比例较根的小,且普遍具有较大的髓部。兼有输导和支持作用的维管组织呈束状分布于髓（有的植物中心为髓腔）与皮层的薄壁组织之间。这样的结构使茎既具有坚固性,能承受叶、芽、花、果等侧生器官的负荷与压力,又具一定弹性而能抵抗风吹雨袭等外力作用。

茎的三大部分的详细结构如下（图 2－12）：

1. 表皮

表皮为典型的保护组织,分布在茎的最外面,通常由单层的生活细胞组成,一般不具叶绿体,起着保护内部组织的作用,因而是茎的初生保护组织。有些植物茎的表皮细胞含花青素,因而茎有红、紫等色,如蓖麻、甘蔗等的茎。

表皮除表皮细胞外往往有气孔,它是水汽和气体出入的通道。此外,表皮上有时还分化出各种形式的毛状体,包括分泌挥发油、黏液等的腺毛。毛状体中

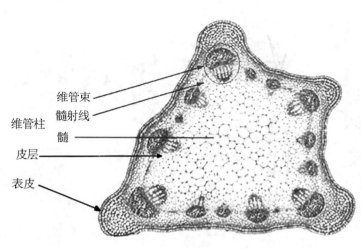

图 2－12　茎的初生结构横切面

较密的茸毛可以反射强光、降低蒸腾,坚硬的毛可以防止动物伤害,而具钩的毛可以使茎具攀援作用。

2. 皮层

皮层位于表皮内方,是表皮和维管柱之间的部分,由多层细胞所组成,是由基本分生组织分化而成。

皮层包含多种组织,但薄壁组织是主要的组成部分。紧贴表皮内方一至数层皮层细胞,常分化为厚角组织,连续成层或分散成束。在方形(薄荷、蚕豆)或多棱形(芹菜)的茎中,厚角组织常分布在四角或棱角部分。通常幼茎皮层的最内层不具根的内皮层特点,只有部分植物的地下茎或水生植物的茎才有;一些草本双子叶植物如益母草属、千里光属,在开花时皮层最内层才出现凯氏带;有些植物如旱金莲、南瓜、蚕豆等茎的皮层最内层,即相当于内皮层处的细胞富含淀粉粒,因此称为淀粉鞘。

3. 维管柱

维管柱是皮层以内的中央柱状部分,但是与根不同的是多数茎内不存在内皮层和中柱鞘,茎的维管柱由维管束呈环状排列所构成,其内具髓,维管束间具髓射线。

(1)维管束

维管束是由初生木质部和初生韧皮部共同组成的束状结构,由原形成层分化而来。维管束在多数植物茎的节间排成环状,由束间薄壁组织隔离而彼此分开。但在有些植物的茎中,维管束似乎是连续的,如果仔细地观察,还是能看出它们之间多少存在着分离,只不过是距离较近而已。

双子叶植物的维管束在初生木质部和初生韧皮部间存在着形成层,可以继续发育,产生新的木质部和新的韧皮部,因此称无限维管束。单子叶植物的维管束不具形成层,不能再发育出新的木质部和新的韧皮部,因此称有限维管束。无限维管束结构较复杂,除输导组织、机械组织外,又增加了分生组织,有些植物的无限维管束还有分泌结构。

初生木质部由多种类型细胞组成,包括导管、管胞、木薄壁组织和木纤维。导管在被子植物的木质部中是主要的输导结构。而管胞也同时存在于木质部组织中。水和矿质营养的运输主要是通过木质部内的导管和管胞。木薄壁组织是由活细胞组成,在原生木质部中较多,具储藏作用。

茎内初生木质部的发育顺序和根的不同,是内始式。茎内的原生木质部居内方,由口径较小的环纹或螺纹导管组成;后生木质部居外方,由口径较大的梯纹、网纹或孔纹导管组成,它们是初生木质部中起主要作用的部分,其中以孔纹导管较为普遍。

初生韧皮部由筛管、伴胞、韧皮薄壁组织和韧皮纤维共同组成,主要作用是运输有机养料。

筛管是运输叶所制造的有机物质如糖类和其他可溶性有机物等的一种输导组织,由筛管分子纵向连接而成。伴胞紧邻于筛管分子的侧面,它们与筛管存在着生理功能上的密切联系。韧皮薄壁细胞散生在整个初生韧皮部中,较伴胞大,常含有晶体、丹宁、淀粉等储藏物质。韧皮纤维在许多植物中常成束分布在初生韧皮部的最外侧。

初生韧皮部的发育顺序和根内的相同,也是外始式,即原生韧皮部在外方,后生韧皮部在内方。

维管形成层在初生韧皮部和初生木质部之间,是原形成层在初生维管束的分化过程中遗留下的具有潜在分生能力的组织,在以后茎的次生生长,特别是木质茎的增粗中,将起主要作用。

(2)髓和髓射线

茎的初生结构中,由薄壁组织构成的中心部分称为髓,是由基本分生组织产生的。有些植物(如樟)的茎,髓部有石细胞。有些植物(如椴)的髓,它的外方有小型壁厚的细胞,围绕着内部大型的细胞,二者界线分明,外围区常被称为环髓带。还有的植物髓中有异细胞,如晶细胞、单宁细胞、黏液细胞等间生于薄壁细胞之间。伞形科、葫芦科等植物的茎,髓部成熟较早,随着茎的生长,节间部分的髓被拉破,从而形成空腔即髓腔。有些植物(如胡桃、枫杨)的茎,在节间还可看到存留着一些片状的髓组织。

髓射线是维管束间的薄壁组织,是由基本分生组织发育而来,也称初生射线。髓射线连接皮层和髓,在横切面上呈放射状,有横向运输的作用。同时,髓射线和髓也像皮层的薄壁组织,是茎内储藏营养物质的组织。草本及藤本植物髓射线较宽,而木本植物常较窄。

2.2.4　马铃薯茎及其组织结构

1. 马铃薯茎的类型

马铃薯的茎按不同部位、不同形态和不相同的作用,分为地上茎、地下茎、匍匐茎和块茎四种(图 2 - 13)。

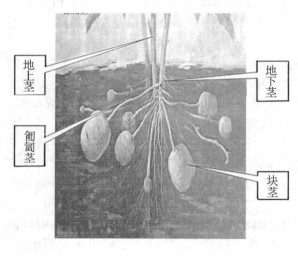

图 2 - 13　马铃薯的茎

（1）地上茎

马铃薯地上茎的作用,一是支撑植株上的分枝和叶片;更重要的是把根系吸收来的无机营养物质和水分,运送到叶片里,再把叶片光合作用制造成的有机营养物质,向下运输到块茎中。从地面向上的主干和分枝,统称为地上茎。它是由种薯芽眼萌发的幼芽发育成的枝条。其高度一般是 30 ~ 100cm,早熟品种的地上茎比晚熟品种的矮。在栽培品种中,一般地上茎都是直立型或半直立型,很少见到匍匐型,只是在生长后期,因茎秆长高而会出现蔓状倾倒。茎上节间明显,但节间长短与品种、种植密度、氮肥用量及光照有关。茎的颜色多为绿色,也有的品种在绿色中带有紫色和褐色。

（2）地下茎

地下茎是种薯发芽生长的枝条埋在土里的部分,下部白色,靠近地表处稍有绿色或褐色,老时多变为褐色。它的身上着生根系(芽眼根和匍匐根)、匍匐茎和块茎。地下茎节间非常短,一般有 6 ~ 8 个节,在节上长有匍匐根和匍匐茎。地下茎长度因播种深度和生长期培土厚度的不同而有不同,一般 10cm 左右。如果播种深度和培土厚度增加,地下茎的长度也随着增加。

（3）匍匐茎

马铃薯的匍匐茎是生长块茎的地方,它的尖端膨大就长成了块茎。叶片制造的有机物质通过匍匐茎输送到块茎里,可以把匍匐茎比喻成胎儿的脐带。匍匐茎是由地下茎的节上腋芽长成的,实际是茎在土壤里的分枝,所以也有人称它为匍匐枝。一般是白色,在地下土壤表层水平方向生长。早熟品种当幼苗长到 5～7 片叶时,晚熟品种当幼苗长到 8～10 片叶时,地下茎节就开始生长匍匐茎了。匍匐茎的长度一般为 3～10cm。匍匐茎短的结薯集中,过长的结薯分散。它的长短因品种不同而不同,早熟品种的匍匐茎短于晚熟品种的匍匐茎。一般 1 个主茎上能长出 4～8 个匍匐茎。如果种得浅,坑太小,培土薄,或者土壤湿度大,它就会露出地面,长出叶片,变成普通分枝,农民把这种现象叫做"窜箭"。出现这种现象就会减少结薯个数,影响产量。因此,深种深培土能保证地下茎的长度和节数,为匍匐茎生长创造良好的环境条件,长出足够数量的匍匐茎,以增加有效块茎的数量。

(4)块茎

马铃薯的块茎就是通常所说的薯块。它是马铃薯的营养器官,叶片所制造的有机营养物质,绝大部分都储藏在块茎里。它是储存营养物质的"仓库",我们种植马铃薯的最终目标就是要收获高产量的块茎。同时,块茎又能以无性繁殖的方式繁衍后代,所以人们在生产上使用块茎作为播种材料,把用作播种的块茎叫做种薯。这是马铃薯与禾谷类作物用种子播种大不相同的地方。

马铃薯的块茎是由匍匐茎尖端膨大形成的一个短缩而肥大的变态茎,具有地上茎的各种特征(图 2 - 14)。但块茎没有叶绿体,表皮有白、黄、红、褐等不同颜色。皮里边是薯肉,营养物质就储存在这里,薯肉因品种不同而有白色或黄色之分。块茎上有芽眼,相当于地上茎节上的腋芽,芽眼由芽眉和 1 个主芽及 2 个以上副芽组成,主芽和副芽在满足其生长条件时就萌发,长成新的植株。芽眉是退化小叶残留的痕迹,不同品种的芽眉也不同。芽跟的颜色有的和表皮相同,有的不同。不同品种的芽眼,有深浅并凸凹的区

图 2 - 14　马铃薯块茎的外形

别。块茎形状不一,有圆形、扁圆形、卵形、椭圆形和长形等。块茎有头尾之分,与匍匐茎连接的一头是尾部,也叫脐部;另一头是头部,也叫顶部。顶部是匍匐茎的生长点部位,芽眼较密。最顶部的一个芽眼较大,里边能长出的芽也较多,叫做顶芽。顶芽萌发后,生得壮,长势旺,这种现象叫顶端优势。块茎侧面芽眼中长出的芽叫侧芽,尾部的芽眼较稀,所长出的芽叫尾芽,它们的长势都弱于顶芽。块茎表皮有许多皮孔,这是与外界交换气体的,也就是呼吸的孔道,名叫气孔。如果土壤疏松透气,干湿适宜,皮孔紧闭。所长块茎的表面就光滑;如果土壤黏湿、板结,透气性差,所长块茎的皮孔就张大并突出,形成小斑点。这虽对质量没有影响,但为病菌的侵入开了方便之门。

2. 马铃薯茎的形态构造

(1)地上茎的形态结构

马铃薯地上茎的外面有一层具蜡质的表皮,茎基部则是木栓形成层分化而形成的周皮。表皮上有气孔,细胞是活的,其内不含色素,横切面呈圆形或四角形,纵切面呈四角形或六角形,细胞壁由纤维素组成,笔直或稍有弯曲,外壁角质化,细胞的瘤状角质层绝大部分都清晰可见。

马铃薯地上茎的表皮下面,有一层富含叶绿体和其他色素的内表皮层,许多品种茎的颜色,就是由于这层细胞含有色素的缘故。因此,内表皮层又称有色层。内表皮层细胞的横切

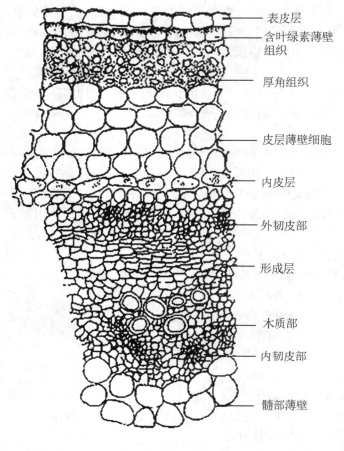

图 2 - 15　马铃薯幼茎横切面

（图中标注，从上到下）表皮层　含叶绿素薄壁组织　厚角组织　皮层薄壁细胞　内皮层　外韧皮部　形成层　木质部　内韧皮部　髓部薄壁

面大都为近圆形（图 2 - 15）。内表皮层的下面有一层厚角组织，一般由 4～6 层细胞构成，在茎翼生长的部位，厚角组织较薄，有时只有一层细胞，厚角组织细胞之间没有间隙，纵壁厚而横壁薄。它们互相紧密地结合在一起，形成一封闭的环。

在厚角组织环的里面，是皮层薄壁组织，由 6 层无色伸长的薄壁细胞组成；皮层薄壁组织有细胞间隙，在皮层薄壁组织内，有含草酸钙结晶的纲胞。薄壁组织最里面的一层纲胞，即内皮层，其细胞比皮层薄壁组织细胞小，且含有淀粉粒，亦称淀粉鞘。

皮层和髓之间有一维管束环，幼茎的维管束被髓射线截然隔开，这些髓射线大多由一列细胞构成的，由二列或二列以上细胞构成的很少，这是茄科植物的特征。

随着茎的不断生长，各维管束沿着茎的棱线聚合成若干组，以后当茎在第二次增粗后，维管束就形成了完整的环，茎的输导束和叶柄、叶脉的输导束组成总的输导系统。幼茎的外韧皮部与木质部为形成层所隔开。

由于茎内维管束间形成层是部分髓射线细胞通过斜向分列而产生的，所形成的细胞呈扁平形，与邻近的细胞相接，构成一完整封闭的形成层环。茎在第二次增粗时，髓芒已缩小到几乎看不清的程度，这是因为髓芒的细胞壁木质化而细胞变成管胞状的缘故。

茎的木质部由导管、管胞、木质纤维和薄壁细胞组成。导管和管胞的共同点是均有增厚的木质化的细胞壁，薄壁组织的细胞壁很薄，细胞内含有淀粉粒。导管有环纹导管、螺纹导管、孔纹导管和网纹导管。在初生木质部中，由环纹导管和螺纹导管组成，在次生木质部中，由孔纹导管和网纹导管组成。管胞有管状管胞和纤维状管胞。管状管胞细胞壁上有环纹、孔纹或其他结构，纤维状管胞其形状似纤维。次生木质部的管胞大多数是孔纹。管胞上的纹孔凸出的程度不如导管上纹孔那样明显，但它们总具有单缘或双缘的纹孔。在初生木质部中，不能形成纤维状管胞，但在次生木质部中则相当多，在茎次生生长时，纤维状管胞就大量形成。

　　许多研究者认为茄科植物的维管束属于真正的双韧维管束(然而另一些研究者认为,把属于一个集合体的外韧皮部、木质部、内韧皮部各自看成一个独立单位是不恰当的,因为有很多内韧皮束常发生在各个束间区),绝大多数的研究者都同意内韧皮部分化晚于外韧皮部。

　　茎的韧皮部是由具有伴胞的筛管和薄壁组织构成的。此外,韧皮部往往还有死的厚壁细胞或纤维。筛管的功能是运输有机物质,当筛管被破坏,茎叶中的有机物质向下运输受到阻碍时,在地上茎上往往形成气生小块茎,作为养分的临时储藏器官。伴胞横切面为四角形,纵切面为狭长形,共侧壁与筛管相连。韧皮部的薄壁组织是由直径很大且形状与筛管伴胞不同的细胞组成的。

　　在幼嫩的地上茎节间横切面上,有3个大的和3个小的双韧维管束。韧皮纤维常从维管束柱外围的初生韧皮部分化出来。初生木质部或束间区的次生木质部和内韧皮部群之间的细胞始终保持薄壁组织状态,并构成一个通称为环髓带的组织区,即淀粉鞘;淀粉鞘中的淀粉,白天转变成可溶性物质,夜间再转变成淀粉,所以,只有夜间才能观察到淀粉鞘中的淀粉。

　　在淀粉鞘的内侧为髓。幼茎的髓为薄壁组织所填充。随着茎的增粗,髓的薄壁组织局部被破坏,最后形成气腔。在髓的薄壁组织中,常可发现含有结晶体的细胞。

　　据研究,马铃薯早熟品种和晚熟品种茎的结构稍有不同,晚熟种比早熟种有较多的表皮气孔和外壁较厚的表皮层,以及较粗的纤维柱状体。植株茎的结构还因所生长的环境不同而改变。例如,生长在平原的植株,茎具有大量纤维并有较强的木质化程度,而生长在山区者,茎仅具有轻微木质化,皮层厚和厚角组织发达。又如生长在15℃条件下的植株茎部,皮层和韧皮部厚,但木质部少;而生长在20℃条件下的,茎有着更多的次生木质部,并具有大量纤维。

　　(2)匍匐茎的形态结构

　　匍匐茎实际上是马铃薯地下茎节上的腋芽水平生长的侧枝,它具有许多与地上茎侧枝相似的特点。一般有12~14个节间,其中有2~4个节间伸长拉开一定的距离,而其余节间紧缩在顶部,在节上有鳞片状小叶呈螺旋状排列,约有9个鳞片叶原基在弯钩之上,位于弯钩以下的鳞片状叶就会自行脱落。从匍匐茎节上的腋芽还可水平生长形成二级匍匐茎,二级匍匐茎上又可长出三级匍匐茎。在匍匐茎节上可长出3~5条不定根,称匍匐根。匍匐茎顶端又可分为顶端分生组织部分、次顶部分(块茎生长时的肥大部分)和伸长部分(图2-16)。匍匐茎尖弯曲成钩状,这是因为顶芽以下最末一个节间两侧细胞长度不一样,一侧的

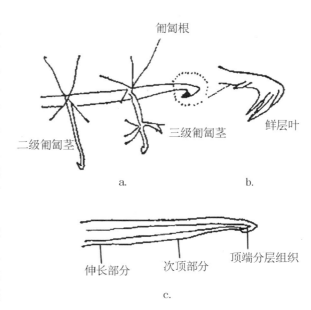

图2-16　马铃薯匍匐茎的发育及结构

细胞长,另一侧细胞短小,于是就被压迫成弯钩状,弯曲的程度因两侧细胞长度差异程度而异。Both 认为匍匐茎钩的方位有周期性变化,这与最新扩展的鳞片叶的位置有关。

匍匐茎与地上茎的不同之处是无叶绿素,一般呈白色,也有呈紫色的,因品种而异。匍匐茎斜向水平伸长,靠近地表的匍匐茎在见光条件下会穿出地面变成地上茎。

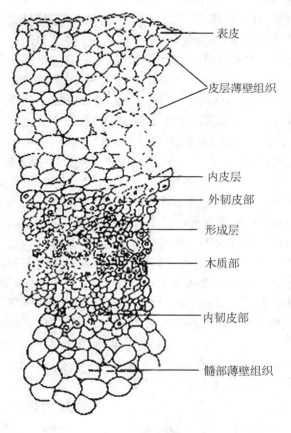

图 2 - 17　马铃薯匍匐茎横切面

匍匐茎的顶端圆拱直径多半较小,顶端分生组织明显层积化;匍匐茎的表面是一层辐射向伸长和垂直面偏化的表皮细胞,气孔旁边的表皮细胞大多细小而且直径相等,这种细胞外壁略有褶皱,且较侧壁厚,通常没有角质层,气孔很少。其表皮层很快就被 2 ~ 6 层细胞组成的周皮代替,在原气孔所在地方形成皮孔,这时就通过皮孔进行气体交换了。周皮下是 5 ~ 16 层不太规则的薄壁细胞所组成的皮层,皮层薄壁组织的外层 1 ~ 2 层细胞有厚角现象,但不显著,皮层内层的薄壁细胞向切线方向伸长,并含有淀粉粒,在皮层里面是尚未联成环的呈束状排列的维管束,细胞很小,木质部和韧皮部呈放射状排列,外韧皮部在外围,内韧皮部位于不与外韧皮部对称的内侧,只有几个木质部导管,但韧皮部十分发达,筛管很多,并且直径也大,筛管之间发生相当多的联结形成一个网络,内韧皮部和外韧皮部都有韧皮纤维的分化,内韧皮部,尤其是束间区,由薄壁细胞组成的环髓区将它们与木质部分开。

由束内和束间区发育的维管形成层产生一些次生维管组织,削面的最中心部分是髓,是由许多薄壁细胞组成,细胞排列不规则,内含有淀粉和石细胞(图 2 - 17),成熟匍匐茎各部分的相对比例根据对晋薯 2 号测定结果为:皮层厚度 0.34mm,约占匍匐茎直径 34%,维管束厚度为 0.19mm,约占匍匐茎直径 19%,髓部厚度(直径)0.95mm,约占匍匐茎直径的 47%。细弱匍匐茎能够承担块茎生长所需全部养分和水分的运输,是一个结构上极其有效的运转器官。据 Dixon 对匍匐茎内韧皮部的面积和一定时刻内须由韧皮部运转的碳水化合物进行估算表明,流动速率大约为每小时 50cm。

(3)块茎的形态结构

马铃薯块茎是由匍匐茎顶端停止了极性生长,由顶芽与倒数第二个伸长的节间膨大发育而成,由于储藏了大量的营养物质,膨大成块状,所以称块茎,实际上是一个缩短而肥大了的变态茎,并具有地上茎的各项特征:在块茎生长初期,在表面每个节上还可见到相当小的鳞片状小叶,无叶绿素,呈黄白色或白色,随着块茎的生长,鳞片状小叶凋萎脱落,残留的叶

图中标注:表皮、皮层薄壁组织、内皮层、外韧皮部、形成层、木质部、内韧皮部、髓部薄壁组织

痕呈弯月状称芽眉,芽眉有隐显、宽窄、长短、弯直之分,芽眉里面凹陷处,着生有 3 个或 3 个以上未伸长的芽,它们不是复合芽,而是鳞片状叶的原始腋芽,称主芽,以及它最初的叶原基的次生腋芽,称副芽,每个主芽通常伴生着 2 个副芽,我们把芽眉和里面的主芽和副芽合称为芽眼,所以芽眼实际是一个叶痕连同腋内节间不发达的腋芽。芽眼数量的多少主要决定于品种特性和块茎大小,每个块茎的芽眼数,差不多是块茎大小的函数,一般品种,每个块茎的芽眼数为 13~17 个。在较高的温度下芽眼数相对较多,退化块茎的芽眼数一般也较多。芽眼存在有色和无色,有深有浅或凸出之分,除受品种特性所控制之外,还因栽培环境而异,土壤水分供给不均衡,或块茎退化,往往使芽眼凸出。芽眼在块茎上呈螺旋状排列,顶端密,顶芽发芽势强,发芽早,基部稀,基部芽发芽势弱,发芽晚。芽眼在块茎上的分布和地上部叶在茎的序列相同,呈 2/5 或 3/8 或 5/13 的螺旋排列。

块茎上的顶芽实际上也是匍匐茎的顶芽,块茎和顶芽是匍匐茎主轴的一部分,而块茎上其他芽眼里的主芽则是次生轴,块茎与匍匐茎连接处称为脐,是块茎的基部。

块茎的表面可以看到许多小斑点,即皮孔。成熟块茎主要通过皮孔和外界进行气体交换。皮孔通常为圆形,在块茎表面形成一个凹坑,坑中央可能有高台或圆拱,在中部的细胞间能看到很多小孔,气体交换就在这儿进行。这些小孔侧旁的细胞上有蜡质的突出物,好似纤细的丝绒,可能起着调节水分损失的功能。每个块茎的皮孔数介于 70~140 个。皮孔数量和大小,不仅因品种不同而异,而且受土壤种类和天气及栽培条件的影响。高温下皮孔变大,而且突出外面,这可能因为高温下过分呼吸活动的结果。土壤疏松透气,干湿适宜,皮孔就紧密光滑,如果土壤黏湿,板结,通气性差,就会导致皮层细胞的膨大,使栓皮层折裂,结果皮孔张开,于是在块茎表面形成了许多极不美观的小疙瘩(这些小疙瘩是由许多排列疏松的薄壁细胞堆砌而成的)。此种块茎极不耐储藏,严重影响了块茎的食用品质和种薯质量。

块茎的形状各异,是由长度、宽度和厚度三个要素组成,因长、宽、厚的比例不同,大致可归纳为四种主要基本型,其余形状都是在这四种基本型的基础上变形而已,主要有圆形、长形、椭圆形、梨形这四种类型。圆形块茎其纵横直径几乎相等,长形块茎纵向直径超过横向直径的一倍半以上,椭圆形居于圆形和长形之间,梨形似梨状,顶部粗,基部细。圆形中长宽厚相等为圆球形,长宽相等,但宽大于厚则为扁圆形(表 2-1)。块茎的不同形状,是在块茎形成过程中,细胞向各方向分裂增大的速度不同所造成的。在正常条件下,每一品种的成熟块茎都具有本品种所固有的一定形状,但也受土壤气候条件及栽培环境的影响。在不良生态条件下就会导致块茎畸形;土质黏重紧实,块茎就会凹凸畸形,干湿交替的土壤环境则产生次生现象,形成链球状,多子型等畸形薯块。在高温下的块茎变长,在低温下是短的。

表 2-1 马铃薯块茎的形状鉴别

基 本 型	形 状	标 准
圆形	圆球形	长 = 宽 = 厚
	扁圆形	长 = 宽 > 厚
椭圆形	椭圆形	长 > 宽 = 厚
	扁椭圆形	长 > 宽 > 厚
长形	长棒形	长 ≥ 宽 ≥ 厚
梨形	梨形	长 > 宽 ≥ 厚 顶部稍粗,脐部稍细

块茎的横剖面上,可以明显地辨认出薯皮和薯肉两部分,最外面是薯皮,也叫周皮,保护着里面的薯肉。薯肉是由皮层、维管束环和髓部组成(图 2 - 18)。

刚形成的幼嫩块茎外面的薯皮是表皮,它是由两层表皮细胞所组成,当块茎长到直径达 0.5cm 左右时,表皮和皮层的外层细胞形成木栓形成层,它具有长期保持生长和分裂的能力,木栓形成层朝切线方向分裂,生出 9～17 层矩形木栓细胞组成周皮。周皮是先在块茎的脐部开始形成。然后向块茎顶部扩展逐渐代替了原来的表皮。在块茎老化或遇到干旱或储藏过程中,周皮细胞逐渐被纤维素和木栓质所填充,木栓质具有高度的抗透性,不透水、不透气,木栓细胞内的空腔充满空气,具有隔热作用,所以周皮是块茎很好的防护系统,能减少块茎水分蒸发,防止块茎干瘪,减少薯肉与空气的接触,降低呼吸养分的消耗和病菌的感染。

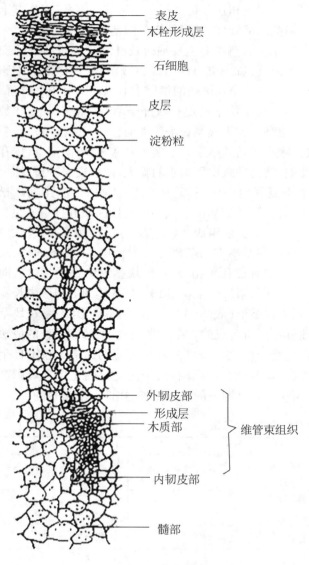

图 2 - 18　马铃薯幼嫩块茎横切面

木栓形成层形成之后,块茎就通过皮孔与外界进行气体交换。周皮的厚薄因品种和生态条件的不同而变化,过分潮湿会阻止木栓化的形成。不同温度下栽培,周皮细胞层数不同,据 Yamagucki 等人的研究,栽培种 Russet Burbarnk 在 4.4～10℃下栽培,周皮是 7～12 层细胞,厚 100～140nm;在 23.9～26.7℃下栽培,相应的为 10～28 层,厚 125～270nm,在高温下生长的块茎,周皮龟裂并分割成许多厚组织斑块,薯皮显得粗糙,皮色灰暗。

周皮里面是皮层,皮层由大的薄壁细胞和筛管组成,某些品种的皮层中还含有石细胞。皮层薄壁细胞中充满淀粉粒,故称含淀粉薄壁组织,有时还有立方体的蛋白质晶体,在有色块茎内,在皮层上层或一部分周皮细胞中还有色素。皮层的薄壁细胞是基本分裂组织之一,依靠薄壁细胞本身的分裂和增大,使皮层扩大。

皮层里面是维管束环,它是马铃薯的输导系统。大部分由木质部导管和韧皮部筛管组成,它们与匍匐茎维管束相连,并通向各芽眼,是输导养分、水分的主要场所。在幼小的块茎中,维管束环被薄壁细胞横贯,外侧有形成层,形成层的活动产生韧皮部和木质部,由于次生生长的结果,靠皮层一面形成外韧皮部,而靠髓一面形成了内韧皮部,外韧皮部比内韧皮部发达。块茎的木质部不太发达,形成层不连续。

块茎中央部分为髓部。它由含水较多的呈星芒状的内髓和原生木质部和内韧皮部之间的薄壁细胞组成的外髓组成,外髓占块茎大部分,在块茎生长过程中,内韧皮部被外髓区的薄壁细胞分裂成许多韧皮束。外髓的薄壁细胞也成为储藏淀粉的主要场所。外髓的淀粉比内髓多,但较皮层少。髓部细胞有时含有晶状内含物,并有放射状导管群和筛管群,水分和养分就是通过这些器官输送到块茎和芽中去的。

(4)块茎的次生生长

已形成并正常生长的块茎,在生长过程中受到某些条件的压制,暂时停止了生长,当生长条件得到恢复后,某些部分又重新生长,结果形成了各种畸变形状,包括块茎上的芽抽出并长成匍匐茎,或其顶端长成子薯及链球薯,或芽眼突出,块茎弯曲,裂开等现象(图2-19)都为次生生长现象。次生生长的块茎,使原来生长的块茎已积累的淀粉又重新转化成糖并向次生生长部位转移,从而使原生块茎淀粉含量下降,品质降低,这种由于品质降低,形状特异,使块茎的经济价值大大降低,严重者完全失去了食用价值和使用价值。

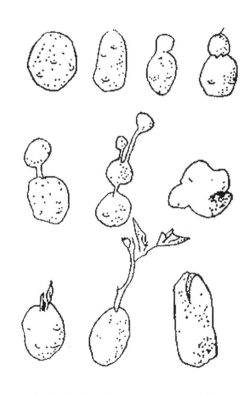

图2-19 马铃薯块茎的次生生长

块茎次生生长产生的原因,主要是高温干旱,土壤的高温干旱尤其显著。由于干旱使块茎芽眼暂时休眠,块茎的周皮局部或全部加厚木栓化,一旦干旱解除,没有木栓化的部分和芽得到恢复生长和淀粉的合成,从而形成各种畸形。通常湿润高温条件,虽停止了块茎的生长,但却有利于匍匐茎和茎叶生长,这种情况下就会使初生块茎上形成匍匐茎,从而穿出地面,在高、低温度和干旱交替变化的情况下,更加剧了次生生长的发生。次生生长块茎多发生于中熟或晚熟品种和大块品种上,排水不良和黏重土壤上。防止次生生长的关键在于注意增施有机肥料,适当深耕,增强土壤保水保肥能力,合理灌溉,以满足块茎生长对水分的要求。

2.3 马铃薯叶的形态与结构

从系统发育上讲,叶是植物较早进化出现的结构,是植物光合作用制造有机养分的重要场所,也是植物的营养器官之一。

2.3.1　叶的功能

叶的主要生理功能是进行光合作用和蒸腾作用。

光合作用是绿色植物吸收日光能量,利用二氧化碳和水合成有机物质,并将光能转变为化学能储藏起来,同时释放出氧气的过程。通过光合作用所产生的葡萄糖,是植物生长发育所必需的有机物质,也是植物进一步合成蛋白质、脂肪、纤维素及其他有机物的原料。

蒸腾作用是植物体内的水分以气体状态散失到大气中去的过程。蒸腾作用与蒸发作用本质上是相同的,但是因为这一过程除受外界条件的影响外,还与植物的形态结构、生理过程的控制有关,因此特称为蒸腾作用。叶是蒸腾作用的重要器官。

此外,叶还有吸收能力,如喷施的农药(如有机磷杀虫剂),可通过叶表面吸收到体内;又如向叶面上喷洒一定浓度的肥料,叶片表面也能吸收。有少数植物的叶还具有繁殖能力,如落地生根,在叶缘上产生不定芽,芽落地后便可长成一新植株。

2.3.2　叶的形态

1. 叶的组成

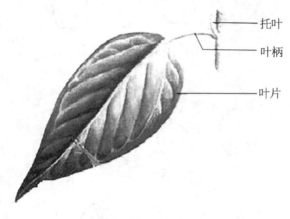

图 2 – 20　叶的组成

叶一般由叶片、叶柄和托叶三部分组成,如棉、桃、梨、豌豆的叶,这三部分都具有的称为完全叶(图 2 – 20)。而缺少其中任何一部分或两部分的叶称为不完全叶,如马铃薯、油菜、向日葵等的叶缺少托叶;烟草、莴苣等的叶缺少叶柄和托叶;还有些植物的叶甚至没有叶片,只有一扁化的叶柄着生在茎上,称为叶状柄,如台湾相思树等。

①叶片:是行使功能的主要部分,通常是一片薄薄的绿色扁平体,具有较大的表面面积,以利于气体的交换和光能的吸收。在叶片上分布有粗细不同的叶脉,其中一至数条大的叶脉称为主脉,主脉的分枝称为侧脉。叶脉主要组成部分是维管束,它和叶柄中的维管束相连,最后与茎内的维管系统连接起来。叶脉的功能是运输水分、无机盐和营养物质,并能支持叶片伸展。

②叶柄:是连接叶片和茎的部分。叶柄内有维管束与茎、叶片的维管束相连接,是茎、叶之间物质运输的通道。

叶柄的结构与茎基本相似。位于最外面的一层细胞为表皮,表皮内方有几层厚角组织,是叶柄的主要机械组织。厚角组织以内是基本组织及分布其中的维管束。维管束的排列方式因植物种类不同而不同,常见的多为半环形,缺口向上。在每个维管束内,木质部位于韧皮部的上方。

③托叶:是叶柄基部的附属物,通常成对而生。很多双子叶植物的叶具有托叶,单子叶植物的叶一般没有托叶。托叶具有各种不同的形状,有线形的、针刺形的、薄膜状的等,但通

托叶
叶柄
叶片

常多为小叶形。托叶一般都很小,但是也有大的,例如,豌豆的托叶就很大,它执行着叶片的机能。荞麦等蓼科植物的托叶绕茎而生,并且彼此连接起来形成一种鞘状构造,叫做托叶鞘。一般植物的托叶通常早落,仅在叶发育早期起保护幼叶的作用。

叶柄和托叶如果存在的话,在不同植物中,它们的形态也是多种多样的。例如,叶柄的色泽、长短、粗细、毛与腺体的有无、横切面的形状等;托叶的色泽、大小、形状、脱落的先后等,这里不再赘述。

2. 叶的形状

各种植物叶片的形态多种多样,大小不同,形状各异。但就一种植物来讲,叶片的形态还是比较稳定的,可作为识别植物和分类的依据。

叶片的大小差别极大。例如,柏的叶细小,呈鳞片状,长仅几毫米;芭蕉的叶片长达一二米;玉莲的叶片直径可达 1.8～2.5m,叶面能负荷重量 40～70kg,小孩坐在上面像乘小船一样;而亚马孙酒椰的叶片长可达 22m,宽达 12m。

3. 脉序

叶脉是贯穿在叶肉内的维管束和其他有关组织组成的,是叶内的输导和支持结构,叶脉通过叶柄与茎内的维管组织相连。叶脉在叶片上呈现出各种有规律的脉纹的分布称为脉序。脉序主要有平行脉、网状脉和叉状脉三种类型(图 2－21)。平行脉是各叶脉平行排列,多见于单子叶植物,其中各脉由基部平行直达叶尖,称为直出平行脉或直出脉,如水稻、小麦;有中央主脉显著,侧脉垂直于主脉,彼此平行,直达叶缘,称侧出平行脉或侧出脉,如香蕉、芭蕉、美人蕉;有各叶脉自基部以辐射状态分出,称辐射平行脉或射出脉,如蒲葵、棕榈;有各脉自基部平行出发,但彼此逐渐远离,稍作弧状,最后集中在叶尖会合,称为弧

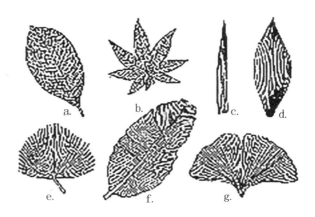

a.,b. 网状脉(a. 羽状网脉,b. 掌状网脉);
c.－f. 平行脉(c. 直出脉,d. 弧形脉,e. 射出脉,
f. 侧出脉);g. 叉状脉
图 2－21 叶脉的类型

状平行脉或称弧形脉,如车前草。网状脉是具有明显的主脉,并向两侧发出许多侧脉,各侧脉之间,又一再分枝形成细脉,组成网状,是多数双子叶植物的脉序,其中具一条明显的主脉,两侧分出许多侧脉,侧脉间又多次分出细脉的,称为羽状网脉,如女贞、桃、李等大多数双子叶植物的叶;其中由叶基分出多条主脉的,主脉间又一再分枝,形成细脉,称为掌状网脉,如蓖麻、向日葵、棉等。叉状脉是各脉作二叉分枝,为较原始的脉序,如银杏。叉状脉序在蕨类植物中较为普遍。

4. 单叶与复叶

一个叶柄上所生叶片的数目,各种植物也是不同的,一般有两种情况:一种是一个叶柄上只生一张叶片,称为单叶;另一种是一个叶柄上生许多小叶,称为复叶。复叶的叶柄,称为叶轴或总叶柄,叶轴上所生的许多叶,称为小叶,小叶的叶柄,称为小叶柄。

复叶依小叶排列的不同状态而分为羽状复叶、掌状复叶和三出复叶(图 2－22)。羽状

a. 奇数羽状复叶; b. 偶数羽状复叶;
c. 大头羽状复叶; d. 参差羽状复叶;
e. 三出羽状复叶; f. 单身复叶;
g. 三出掌状复叶; h. 掌状复叶;
i. 三回羽状复叶; j. 二回羽状复叶

图2-22 复叶的类型

复叶是指小叶排列在叶轴的左右两侧，类似羽毛状，如紫藤、月季、槐等；掌状复叶是指小叶都生在叶轴的顶端，排列如掌状，如牡荆、七叶树等；三出复叶是指每个叶轴上生三个小叶，如果三个小叶柄是等长的，称为三出掌状复叶，如橡胶树；如果顶端小叶柄较长，就称为三出羽状复叶，如苜蓿。

羽状复叶依小叶数目的不同，又有奇数羽状复叶和偶数羽状复叶之分。奇数羽状复叶是一个复叶上的小叶总数为单数的，如月季、蚕豆、刺槐；偶数羽状复叶是一个复叶上的小叶总数为双数的，如落花生、皂荚的复叶。羽状复叶又因叶轴分枝与否及分枝情况，而再分为一回、二回、三回和数回（或多回）羽状复叶。一回羽状复叶，即叶轴不分枝，小叶直接生在叶轴左右两侧，如刺槐、落花生；二回羽状复叶，即叶轴分枝一次，再生小叶，如合欢、云实；三回羽状复叶，即叶轴分枝二次，再生小叶，如南天竹；数回羽状复叶，即叶轴多

次分枝，再生小叶的。掌状复叶也可因叶轴分枝情况而再分为一回、二回等。

复叶中也有一个叶轴只具一个叶片的，称为单身复叶，如橙、香橼的叶。单身复叶可能是由三出复叶退化而来，叶轴具叶节，表明原先是三小叶同生在叶节处，后来两小叶退化消失，仅存先端的一个小叶所成。

2.3.3 叶的结构

双子叶植物的叶片，虽然形状、大小多种多样，但其内部结构基本相似。在叶片横切面上，可分为表皮、叶肉和叶脉三个基本部分（图2-23）。现以马铃薯叶片为例，结合其他植物的叶片，说明其结构。

（1）表皮

表皮包被在整个叶片的外表，起保护作用，属于保护组织。叶片的上方腹面为上表皮，下方（背面）为下表皮。大多数植物的表皮为一层生活细胞，它由表皮细胞、气孔器、表皮附属物和排水器组成。

①表皮细胞：是表皮的基本组成部分。一般为形状不规则的扁平细胞，侧壁凹凸镶嵌，彼此紧密地结合在一起，没有细胞间隙。在横切面上表皮细胞呈方形或长方形。细胞外壁较厚，角质化并具有角质层，有的还有蜡被。角质层具有较强的折光性，可以防止因日光过强而受损伤。一般上表皮的角质层较下表皮的发达，且发达程度又因植物种类与发育年龄

而不同,如幼嫩叶的角质层常不及成熟叶的发达。表皮细胞是生活细胞,通常不含叶绿体。有的植物表皮细胞内含有花青素,使叶片呈现红、紫、蓝等颜色。

②气孔器:叶表皮较茎表皮上气孔器的分布密度要大得多,这是与叶光合作用时气体交换及进行蒸腾作用相适应的。气孔器是由两个肾脏形的保卫细胞和它们之间形成的细胞间隙即气孔所组成。有些植物如甘薯等,在保卫细胞旁还有较整齐的副卫细胞。

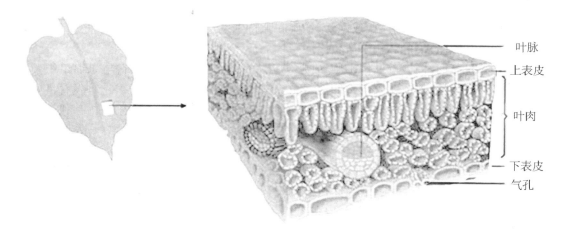

图 2 - 23 叶片的结构

保卫细胞的细胞壁厚薄不均,与表皮细胞接触的一面细胞壁比较薄,其余各面细胞壁均较厚。保卫细胞的原生质体与一般表皮细胞不同,含有丰富的细胞质,具有明显的细胞核,胞内含有叶绿体和淀粉粒。保卫细胞的特征与气孔开闭的自动调节有关,当保卫细胞吸水膨胀时,近气孔的细胞壁较厚,扩张较少,而邻接表皮细胞的壁较薄,扩张较多,致使两个保卫细胞呈弯曲状,于是气孔就张开;当保卫细胞失水时,膨压降低,保卫细胞恢复原状,气孔就缩小而关闭起来。

③表皮附属物:表皮上常具有表皮毛,它是由表皮细胞向外突出分裂形成的。其种类很多,有单细胞的、多细胞的,有的是分枝状,有的呈星形或鳞片状。如苹果叶上为单细胞表皮毛,马铃薯叶上为多细胞表皮毛,棉叶上有单细胞簇生的表皮毛和乳突状腺毛,在叶背面中脉还有由多细胞组成的棒状密腺。这些毛状体可反射强光,分泌黏性物质,限制叶表面的空气流动,使干热风不致直入气孔,减缓蒸腾作用,使表皮的保护作用得以加强。

(2)叶肉

叶肉位于表皮内方,它是叶片进行光合作用的主要部分,由同化组织组成。在多数双子叶植物叶片中,叶肉细胞分化为栅栏组织和海绵组织两部分。具有这种结构的叶,称为背腹叶,也称两面叶。有些植物的叶着生在茎上但与茎所形成的夹角小而呈近于直立的状态,这种叶片的两面受光几乎均等,所以叶肉细胞就没有分化为栅栏组织和海绵组织,或上、下两面都同样具有栅栏组织,这种叶称为等面叶。

栅栏组织:位于靠近上表皮处,通常由一至几层圆柱形的细胞组成,细胞的长径与表皮成垂直方向排列,较整齐,如栅栏状。细胞内含有大量的叶绿体,因而叶片的上表面绿色较深,光合作用较强。叶绿体能随光照条件的强弱而移动,使其既不受强光破坏又能充分接收光能。一般在光线微弱时叶绿体排列在细胞上方的横壁处,而当光线强烈时叶绿体移至细胞的侧壁处。这也是植物的一种适应现象。

栅栏组织的细胞层数,随植物种类而不同,如棉花只有一层,叶肉中还有分泌腔;桃、梨栅栏组织则有两层;茶叶随品种不同,有 1~4 层。此外,栅栏组织细胞的层数也与光照强度有关,例如,生长在强光下和阳坡的植物栅栏组织细胞的层数较多,反之较少甚至没有。

海绵组织:位于栅栏组织与下表皮之间,细胞呈不规则形状,常向叶表面平行方向伸长,有时可形成短臂突出而互相连接成网状,细胞间隙特别发达。海绵组织细胞内也含叶绿体,但数量较少,故叶片背面的绿色一般较浅。

在上、下表皮气孔内方的叶肉细胞,常形成较大的空隙叫气孔下室,它与海绵组织及栅栏组织的胞间隙相连,构成叶片内部的通气系统,并通过气孔与外界相通。这种发育良好的细胞间隙系统,便形成了极大的表面积,扩大了叶肉细胞与内部空气的接触面,有利于气体交换和对 CO_2 的吸收,对叶片进行光合作用有重要意义。

(3)叶脉

叶脉分布于叶肉之中,纵横交错成网状,主要起输导和支持作用。各级叶脉的结构有所不同。主脉和较大的侧脉结构相似,由机械组织、薄壁组织和维管束组成。机械组织位于叶脉的表皮下,有的为厚角组织,有的为厚壁组织。由于机械组织在叶背面比较发达,故主脉在叶背面显著突起。机械组织的内方是薄壁组织,维管束则位于薄壁组织之中。维管束中的木质部在上方,韧皮部在下方,二者之间有较少的形成层,分裂能力较弱,活动时间较短。

叶脉越分越细,其结构也越来越简单,首先是束中形成层消失;其次,机械组织逐渐减少以至不存在;木质部与韧皮部的组成分子也逐渐减少,最后,到细脉脉梢的韧皮部仅有筛管分子或薄壁细胞,而木质部则只有 1~2 个螺纹管胞,它常较韧皮部分子伸得更远。

近代电镜观察发现,在许多草本双子叶植物脉梢处的一些薄壁细胞常具有典型的传递细胞特征。脉梢是木质部泄放蒸腾流的终点,又是收集、输送叶肉光合作用产物的起点,它这种特化的结构对于短途运输非常有利。

2.3.4　马铃薯叶的形态结构

马铃薯的叶片和其他绿色植物的叶子一样,它的叶绿体吸收阳光,把根吸收来的营养和水分,以及叶片本身在空气中吸收的二氧化碳,制造成富有能量的有机物质(糖、淀粉及蛋白质、脂肪等),同时释放出氧气。这些有机物质,通过地上茎、地下茎、葡匐茎,被输送到块茎中储藏起来,供应根、茎、叶、花等生长时应用(图2-24)。所以叶子如同动物的胃一样,把摄取的食物进行消化吸收。叶子是马铃薯进行光合作用、制造营养的主要器官,是形成产量的活跃部位。因此,在生产过程中,要千方百计地使植株生长一定数量的叶子,以形成足够规模的有机物质的制造工厂,才能源源不断地制造出营养物质,保证块茎干物质的积累,使生产获得丰收。同时还必须注意保护叶片,使其健康生长,防止

图 2-24　马铃薯的叶片

因病害或虫害损伤叶片,减少叶面积。当然也不是叶面积越多越好。如果叶子过密,相互遮掩,降低了光的吸收,也会影响光合效果,降低产量。

1.马铃薯叶的形态

马铃薯的叶为羽状复叶,在茎上呈螺旋状排列,而在空间的位置则接近水平排列,有些品种的叶片竖起或稍下垂。复叶由顶生小叶、侧生小叶,侧生小叶间的小叶,侧小叶柄上的小细叶和复叶叶柄基部的托叶构成。由于小叶着生的疏密不同,形成了紧密型和疏散型两种复叶。顶小叶的形状、侧小叶的对数、小裂叶和小细叶的数目、大小、颜色等,均为品种的特征(图2-25)。

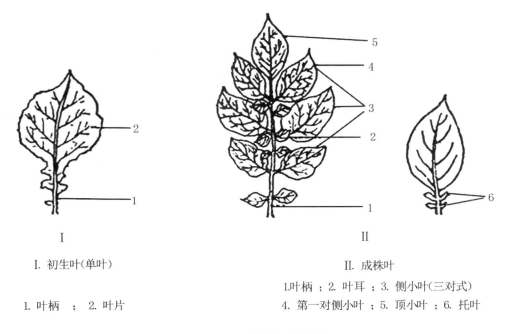

Ⅰ. 初生叶(单叶)

1. 叶柄 ; 2. 叶片

Ⅱ. 成株叶

1.叶柄 ; 2. 叶耳 ; 3. 侧小叶(三对式)
4. 第一对侧小叶 ; 5. 顶小叶 ; 6. 托叶

图2-25 马铃薯叶片的外形

马铃薯的离体叶可形成根,用激素处理可刺激发根。假若把叶片带着腋芽从植株上分离下来,则腋芽可发育成匍匐茎,在某种条件下,最后可发育成块茎。马铃薯无论用种子还是用块茎繁殖时,最先发生的初生叶均为全缘单叶。

2.马铃薯叶的解剖构造

马铃薯叶的构造包括:上表皮、栅状组织、海绵状组织和叶背表皮这4层(图2-26)。其构造有许多特点,这些特点是由它所执行的生理功能所决定的。第一是叶面大而薄,第二是叶肉细胞有间隙,第三是在叶子内可以合成有机物质,叶内形成的同化产物经下行的输导系统,可以输送到植株各个部位去。

马铃薯叶的最外层为表皮,由1层细胞组成,表皮细胞互相紧密连接,细胞壁有褶皱,其形状是不规则的,叶背表皮细胞壁的褶皱比叶面更明显。叶表皮细胞褶皱的程度因外界条件而异,同一品种,甚至同一植株内的叶表皮细胞壁的褶皱程度,也因叶龄不同而有差异,老龄叶片比幼龄叶片褶皱更明显。叶脉上的表皮细胞因叶脉的伸长而被拉长,故无褶皱。

叶表皮细胞的大小是不相等的,由叶片中心向叶缘是逐渐变小的,叶背的表皮细胞较叶面的小,通常叶表面每平方毫米有284个细胞,而叶背面每平方毫米有383个细胞。表皮细胞的外壁厚且被有角质层,叶面表皮细胞的角质层较叶背上的为厚。

马铃薯的表皮和茎的表皮一样,具有两类附属物,即茸毛和腺毛,茸毛由1~7个单列细胞组成,长 16μm 至 1.5mm,腺毛较短,由单列细胞组成的柄和4个并列细胞组成的头部构成。幼嫩的茸毛内充满了原生质,以后形成液泡,茸毛的密度视叶龄和生长条件而

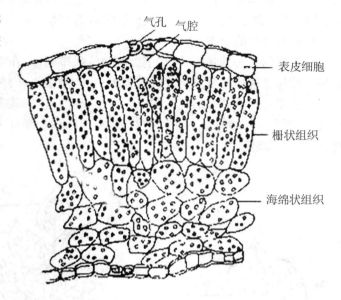

图 2 - 26　马铃薯叶片的横切面

异,一般生长初期是密布的,以后随着组织的脉间生长而分散开来,在良好的栽培环境条件下生长的叶片,茸毛密度较大,反之,则较稀。马铃薯的这两种表皮毛,对于叶片利用空气中的水分有很大作用,茸毛有减少叶面蒸腾和吸附空气中的水蒸气而产生凝聚水的作用,而腺毛能将茸毛上凝聚着的水分吸收进入体内。腺毛头部的细胞内除有原生质外,还有一种淡黄色或淡棕色的挥发性物质,能通过头部与柄之间散发出特殊气味,茄科中的许多种植物具有气味,就是这个原因。叶片表皮上的茸毛和腺毛,在叶片发育的初期,是由一部分表皮细胞变形而形成的;腺毛较茸毛形成略晚,排列也较稀疏:嫩叶上的茸毛和腺毛较老叶上的稠密,叶背较叶面稠密。

叶片的上下表皮都有气孔。气孔由一对肾形的保卫细胞组成,保卫细胞的横切面为圆三角形,它与表皮细胞不同,含有叶绿素。气孔的作用是进行气体交换和水分蒸腾;气孔的缝隙因保卫细胞形状的改变而改变,可以张大,也可以缩小,在保卫细胞充水膨胀时,气孔即张开,而当保卫细胞失水萎缩时,气孔即自动闭合。气孔数目的多少和大小,因品种、叶龄、部位和栽培环境条件而异,一般叶表面有 24 ~ 34 个/mm² 气孔,而叶背面则有 136 ~ 268 个/mm²。

在叶片的上表皮下面有一层栅状薄壁组织,在栅状薄壁组织的下面是海绵状薄壁组织。栅状薄壁组织较海绵状薄壁组织发育差。栅状薄壁组织由一层与叶面垂直的圆柱状的细胞组成,在强光下生长的植株,其栅状组织的细胞大而长,含有丰富的质体,并有较多的韧皮部和厚角组织。马铃薯因空气污染而受害的叶片,首先受影响的是栅状组织细胞,呈坏死状态,进一步海绵组织也受害。在气孔的下面,栅状组织薄壁细胞稍向内缩,形成表皮间的气腔,在叶脉的附近,栅状薄壁细胞比较短,在栅状薄壁细胞中有大量互相紧密连接的叶绿体。

海绵状薄壁组织是由 3 ~ 5 列形状不同的细胞组成的。细胞间有宽阔的细胞间隙,细胞壁薄而光滑,细胞中含有少量但不连接的叶绿体草酸钙的结晶和花青素等。

叶子主脉的构造是:表皮的下面由2~3层细胞形成的角状厚角组织,这层组织不形成完整的环,在某些细胞中含有叶绿体,厚角组织的下面是薄壁组织。主脉的中心部分有维管束,并被薄壁组织彼此隔开。叶柄的每一维管束,均由木质部和上、下韧皮部组成,上韧皮部不如下韧皮部发达,而且在叶柄的纤维分枝上完全消失,但下韧皮部甚至在纤细的叶脉上仍然存在。

维管束的木质部是由导管和管胞组成的,与上韧皮部相接的老导管是环纹和螺纹的,而较幼嫩的导管是孔纹和网纹的。叶脉的分枝上没有孔纹和网纹导管(已消失),叶脉最细的末端却仍保留着螺纹和环纹导管。

韧皮部是由筛管和伴胞组成的。伴胞内含有很多核糖体、线粒体和高尔基体,但没有稠密的细胞质。在主脉的下部常有典型的韧皮纤维。维管束所有各部分都是从叶基逐渐向叶尖和叶缘缩小的。

2.4 马铃薯繁殖器官的形态结构

被子植物营养生长至一定阶段,在光照、温度因素达到一定要求时,就能转入生殖生长阶段,一部分或全部茎的顶端分生组织不再形成叶原基和芽原基,转而形成花原基或花序原基。这时的芽就称为花芽,花芽形成花的各个部分,在花的生长发育过程中产生大小孢子并分别发育形成雌雄配子体,产生雌雄配子,经有性生殖过程,产生果实与种子,被子植物的有性与无性过程均发生在花中。从营养生长转为生殖生长是植物个体发育中的重大转变,包含着一系列复杂的生理生化变化。

2.4.1 花

2.4.1.1 花的组成

典型的被子植物的花由花柄、花托、花萼、花冠、雄蕊群、雌蕊群组成(图2-27)。

具有上述几部分的花称为完全花,如桃、梅等;缺少其中一部分的花称为不完全花,如桑、榉等。从进化角度来分析,花实际上是一种适应于生殖的变态短枝,而花萼、花冠、雄蕊和雌蕊是变态的叶。

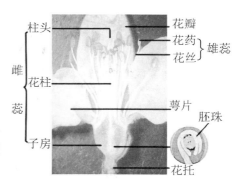

图2-27 花的组成

2.4.1.2 花序

被子植物中,有些植物的花单独着生于枝顶或叶腋,称单花(单顶花或单生花)。如玉兰、荷花等的花单生枝顶,桃等的花单生叶腋。有些植物的花按一定的顺序排列在总花柄上。花在总花柄上有规律的排列方式,称花序。花柄基部的变态叶称苞片,花序基部的变态叶称总苞片,由总苞片在花序基部构成总苞。苞片和总苞片,有的变态明显,有的变态不明显,而呈叶状。

根据花序轴分枝的方式和开花的顺序,将花序分为无限花序和有限花序(图2-28)。

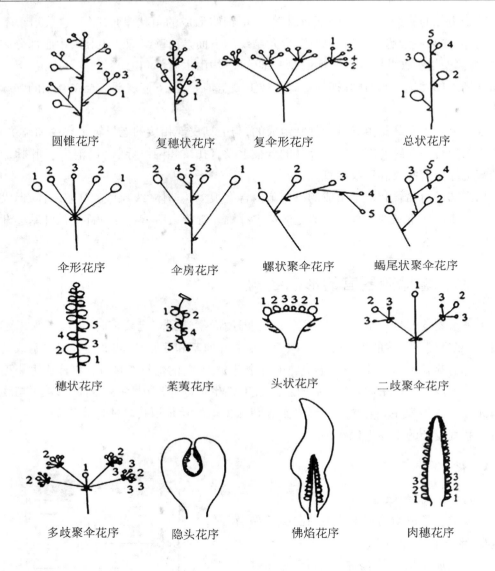

圆锥花序　　　复穗状花序　　　复伞形花序　　　总状花序

伞形花序　　　伞房花序　　　螺状聚伞花序　　　蝎尾状聚伞花序

穗状花序　　　莛荑花序　　　头状花序　　　二歧聚伞花序

多歧聚伞花序　　　隐头花序　　　佛焰花序　　　肉穗花序

图 2－28　花序的类型

1. 无限花序

花序轴在开花期间可以继续生长，向上生长，不断产生苞片和花芽，犹如单轴分枝。开花次序由下向上；如花序轴较短，花由边缘向中央渐次开放，这种花也称向心花序。无限花序又分为简单花序和复合花序。

(1) 简单花序

花序轴不分枝的称简单花序。常见有以下八种类型：

总状花序：花序轴不分枝，花柄近等长，如一串红、白菜(成熟时)。

伞房花序：花柄不等长，着生在花序轴下层花的花柄较长，自上而下逐渐缩短，各花排在同一平面上，如梨、绣线菊。

伞形花序：花轴缩短，由若干花柄近等长的小花着生在花轴的顶端，形同一把张开的伞，如人参、三七、五加的花序。

荑荑花序:花轴单一柔软下垂或直立,着生无柄的单性花,开花后整个花序脱落,如杨、柳、栎的花序。

穗状花序:花轴单一,着生无柄的两性花,如车前、马鞭草。

肉穗花序:同穗状花序,但花序轴膨大且肉质化。有的种类具大型佛焰苞,又称佛焰花序,如玉米雌花序、天南星。

头状花序:花序轴缩短成球形或盘形,上面密生许多近无柄或无柄的花,苞片常聚成总苞,生于花序基部,如菊科植物。

隐头花序:花序轴较短,肥厚肉质化并凹陷呈中空的囊状体,内壁着生有无柄的单性花,顶端有一小孔,孔口有许多总苞,如荔枝、无花果的花。

(2)复合花序

花序轴是分枝的,并且每一分枝是简单花序中的一种,称为复合花序。常见的有以下几种类型:

圆锥花序(又称复总状花序):在长花轴上分生许多小枝,每小枝自成一个总状花序,如女贞、樟等。

复穗状花序:如小麦、水稻。

复伞形花序:如小茴香、芹菜、胡萝卜。

复伞房花序:如花楸、石榴。

2.有限花序

有限花序又称聚伞类花序,其特点是由于顶花先开放而限制了花序轴的继续生长;开花顺序为自顶(上)至基部,自中心向外圈。可分为以下几类:

①单歧聚伞花序:合轴分枝的花轴,各侧枝从同一方向发出,整个花轴呈螺旋状弯曲,如勿忘草,称螺状聚伞花序;如果各次分枝是左右相间长出,整个花序左右对称,称为蝎尾状聚伞花序,如唐菖蒲。

②二歧聚伞花序:顶花先形成,下方两侧同时发出一对分枝,如繁缕、石竹、大叶黄杨等。

③多歧聚伞花序:每次在顶花下同时发育出3个以上的分枝,各分枝再以同样的方式分枝,各分枝自成一小聚伞花序,如大戟、益母草等。

2.4.2 开花、传粉和受精

1.开花

当雄蕊中的花粉粒和雌蕊中的胚囊达到成熟时,或是二者之一成熟时,原来由花被紧紧包裹的花就能张开,露出雌、雄蕊,为下一步的传粉作准备,这一生长现象称为开花。

不同植物的开花习性是不一样的,主要反映在开花年龄、开花季节及花期的长短等方面。

开花年龄指植物第一次开花的时间。一二年生植物,生长几个月后就开花,且一生仅开花一次,如西红柿、茄子、西瓜、葱。多年生植物要生长到一定的年龄才开花,如桃属3～5年,桦属10～12年,椴属20～25年。一旦开花后,每年到时便开花,直到枯亡为止。有少数多年生植物,一年中只开花一次,如竹类。

开花季节指植物开花的季节。依植物种类而异,有的早春开花,有的则在初夏,也有的是在冬季开花。尽管如此,每一种植物的开花期却是相对稳定的。

植物的开花期是指一株植物从第一朵花开放到最后一朵花开毕所经历的时间。不同植物花期不一样:如水稻仅 5 ~ 7 天,小麦为 3 ~ 6 天;苹果、梨为 6 ~ 12 天;油菜为 20 ~ 40 天;棉花为 80 ~ 90 天。这是就整个植株而言,不同植物每朵花的开放时间也不相同。

2. 传粉

成熟的花粉借助一定的媒介力量,被传送到同一朵花或另一朵花雌蕊柱头上的过程,就称为传粉。植物的传粉有自花传粉和异花传粉两种方式。

自花传粉是指花粉自花粉囊散出后,落到同一朵花雌蕊柱头上的过程,如小麦、大麦、豌豆、大豆、芝麻等属此类。但在实际应用中,自花传粉的概念常被扩大:如农作物同株异花间的传粉,或同一品种异株间的传粉,也被认为是自花传粉。最典型的自花传粉是闭花受精,就是指花尚未开放,其成熟的花粉粒就直接在花粉囊内萌发,产生花粉管,并穿过花粉囊的壁,进入雌蕊,完成受精。

一般地,长期地连续自花传粉对植物是有害的,可使后代的生活力逐渐衰退。

异花传粉指一朵花的花粉粒被传送到同一株或不同植株另一朵花的柱头上的传粉方式,为进化的传粉方式。

一般异花传粉对植物是有利的,可使后代具有较强的生活力及适应性。大多数被子植物属异花传粉的植物。异花传粉的植物在长期的进化过程中,对各种传粉方式,产生了各种不同的适应方式。依据传送花粉媒介的不同,一般可分为几种类型,主要有风媒、虫媒、水媒等。

无论是异花传粉、自花传粉,还是风媒、虫媒、水媒,其划分都不是绝对的,往往在不同的环境中会出现不同的变化。

在农业上,根据植物传粉的规律,可以人为地加以利用和控制,达到提高作物产量或质量、培育出新品种的目的。

3. 受精

受精指雄配子(精细胞)与雌配子(卵)相互融合的过程。

被子植物由于雌配子体(胚囊)位于雌蕊子房的胚珠中,与雄配子体(花粉)所能达到的雌蕊的柱头有着或长或短的距离。因此,雄配子与雌配子的相遇,必须依赖由花粉粒萌发形成的花粉管的传送。这样,造成了被子植物受精作用是一个漫长过程的特点,一般经历四个程序:花粉在柱头上萌发并长出花粉管,花粉管通过花柱、花粉管进入胚囊并释放内容物,配子融合。

2.4.3 果实和种子

种子是所有种子植物特有的器官。种子植物中的裸子植物,因为胚珠外面没有包被,所以胚珠发育成种子后是裸露的;被子植物的胚珠是包在子房内,卵细胞受精后,子房发育为果实,里面的胚珠发育成种子,所以种子也就受到果实的包被。种子有无包被,这是种子植物中裸子植物和被子植物两大类群的重要区别之一。种子植物除利用种子增殖本属种的个体数量外,同时也是种子植物借以渡过干、冷等不良环境的有效措施。而果实部分除保护种子外,往往兼有储藏营养和辅助种子散布的作用。

人们利用各种植物的果实和种子作为食物和提供工业、医药原料等。供食用的果实和种子种类极多,日常生活所不可缺少的主粮、副食,如稻米、面粉、瓜果、豆类,极大部分都是植物的种子和果实部分,这里就无需一一举例详述。多种植物的果实和种子是工业上的原料。种子和果实中所储藏的淀粉、蛋白质、油脂经过提炼后,可用于食品工业和油脂工业,如食用的淀粉、椰油、豆油、菜油和供饮料的可可、咖啡,以及供工业用的棉籽油、蓖麻油、桐油、乌桕油、乌桕蜡等。供医药用的果实和种子种类也不少,如蓖麻、巴豆、石榴、木瓜、使君子等。

以下就种子和果实的结构、类型和形成,分别加以叙述。

2.4.3.1 种子的结构和类型

不同植物所产生的种子在大小、形状、颜色彩纹和内部结构等方面有着较大的差别。大者如椰子的球形种子,其直径可达 15～20cm;小的如一般常见的油菜、芝麻种子;烟草的种子比油菜、芝麻的更小,其大小犹如微细的沙粒。种子的形状差异也较显著,有肾形的如大豆、菜豆种子;圆球形的如油菜、豌豆种子;扁形的如蚕豆种子;椭圆形的如落花生种子;以及其他形状的也有很多。种子的颜色也各有不同,有纯为一色的,如黄色、青色、褐色、白色或黑色等;也有具彩纹的,如蓖麻的种子。正因为种子的外部形态如此多样化,所以利用种子外形的特点以鉴别植物种类,已受到植物分类工作者和商品检验、检疫等方面的重视。

1.种子的结构

虽然种子的形态存有差异,但是种子的基本结构却是一致的。一般种子都由胚、胚乳和种皮三部分组成,少数种类的种子还具有外胚乳结构。

（1）胚

胚是构成种子的最主要部分,是新生植物的雏体,胚由胚根、胚芽、胚轴和子叶四部分组成。胚根、胚芽和胚轴形成胚的中轴。

胚根和胚芽的体积很小,胚根一般为圆锥形,胚芽常呈现雏叶的形态、胚轴介于胚根和胚芽之间,同时又与子叶相连,一般极短,不太明显。胚根和胚芽的顶端都有生长点,由胚性细胞组成,这些细胞体积小、细胞壁薄、细胞质浓厚、核相对的比较大、没有或仅有小形液泡。当种子萌发时,这些细胞能很快分裂、长大,使胚根和胚芽分别伸长,突破种皮,长成新植物的主根和茎、叶。同时,胚轴也随着一起生长,根据不同情况成为幼根或幼茎的一部分。一般由子叶着生点到第一片真叶的一段称为上胚轴,子叶着生点到胚根的一段称为下胚轴,通常也简称为胚轴。

子叶是植物体最早的叶,在不同植物的种子里变化较大,不同植物种子的子叶在数目上、生理功能上不完全相同。种子内的子叶数有两片的,也有一片的。有两片子叶的植物称为双子叶植物,如豆类、瓜类、棉、油菜等。只有一片子叶的称为单子叶植物,如水稻、小麦、玉米、洋葱等。

子叶的生理作用也是多样化的,有些植物种子的子叶里贮有大量养料,供种子萌发和幼苗成长时利用,如大豆、落花生的种子。有些种子的子叶在种子萌发后露出土面,进行短期的光合作用,如陆地棉、油菜等的种子。另有一些种子的子叶呈薄片状,它的作用是在种子萌发时分泌酶物质,以消化和吸收胚乳的养料,再转运到胚里供胚利用,如小麦、水稻、蓖麻等种子。

（2）胚乳

胚乳是种子集中储藏养料的地方,一般为肉质,占有种子的一定体积。也有成熟种子不具胚乳的,这类种子在生长发育时,胚乳的养料被胚吸收,转入子叶中储存,所以成熟的种子里胚乳不再存在,或仅残存一干燥的薄层,不起营养储藏的作用。有胚乳种子的胚乳含量,不同植物种类并不相同,例如蓖麻、水稻等种子的胚乳肥厚,占有种子的大部分体积。豆科植物如田菁种子,胚乳成为一薄层,包围在胚的外面。种子植物中的兰科、川苔草科、菱科等植物,种子在形成时不产生胚乳。

　　种子中所含养分随植物种类而异,主要包括糖类、油脂和蛋白质,以及少量无机盐和维生素。糖类包括淀粉、糖和半纤维素等几种,其中淀粉最为常见。不同种子淀粉的含量不同,有的较多,成为主要的储藏物质,如小麦、水稻,含量往往可达 70% 左右;也有的含量较少,如豆类种子。种子中储藏的可溶性糖分大多是蔗糖,这类种子成熟时含有甜味,如玉米、粟等。以半纤维素为储藏养料的植物种类并不很多,这类植物的种子中胚乳细胞壁特别厚,是由半纤维素组成的,种子在萌发时,半纤维素经过水解成为简单的营养物质,为幼胚吸收利用,如海枣、葱属、咖啡、天门冬、柿等。种子中以油脂为储藏物质的植物种类很多,有的储藏在胚乳部分,如蓖麻;也有的储藏在子叶部分,如落花生、油菜等。蛋白质也是种子内储藏养料的一种,大豆子叶内含蛋白质较多。小麦种子胚乳的最外层组织,称为糊粉层,含有较多蛋白质颗粒和结晶。不同植物的种子所含养料的种类不同,即使一种种子所含营养成分,往往也不是单纯的一种。

　　少数植物种类的种子在形成和发育过程中,胚珠的珠心组织并不被完全吸收消失,而有一部分残留,构成种子的外胚乳。外胚乳在种子中作为养分储藏的主要场所的如甜菜种子;也有胚乳和外胚乳并存的,如睡莲科植物中的芡和这一科的其他属种。另外,也有少数植物种类以下胚轴为养料储存处的,如水生植物中的眼子菜、慈姑等。

　　(3)种皮

　　种皮是种子外面的覆被部分,具有保护种子不受外力机械损伤和防止病虫害入侵的作用,常由好几层细胞组成,但其性质和厚度随植物种类而异。有些植物的种子成熟后一直包在果实内,由坚韧的果皮起着保护种子的作用,这类种子的种皮比较薄弱,呈薄膜状或纸状,如桃、落花生等的种子。有些植物的果实成熟后即会开裂,种子散出,裸露于外,这类种子一般具坚厚的种皮,有发达的机械组织,有的为革质,如蚕豆、大豆;也有成硬壳的,如茶的种子。小麦、水稻等植物的种子,种皮与外围的果皮紧密结合,成为共同的保护层,因此种皮很难分辨出来,组成种皮的细胞,常在种子成熟时死去。坚厚种皮的表皮层细胞,壁部常有木质化或角质化等变化。种皮的表皮层也有形成长毛的,如棉的种子。

　　成熟种子的种皮上,常可看到一些由胚珠发育成种子时残留下来的痕迹,如蚕豆种子较宽一端的种皮上,可以看到一条黑色的眉状条纹,称为种脐,是种子脱离果实时留下的痕迹,也就是和珠柄相脱离的地方;在种脐的一端有一个不易察见的小孔,称种孔,是原来胚珠的珠孔留下的痕迹,种子吸水后如在种脐处稍加挤压,即可发现有水滴从这一小孔溢出。蓖麻种子一端有一块由外种皮延伸而成的海绵状隆起物,称为种阜,种脐、种孔为种阜所覆盖,只有剥去种阜才能见到;在沿种子腹面的中央部位,有一条稍为隆起的纵向痕迹,几乎与种子等长,称为种脊,是维管束集中分布的地方。不是所有的种子都有种脊的,只有在由倒生胚珠所形成的种子上才能见到,因为倒生胚珠的珠柄和胚珠的一部分外珠被是紧紧贴合在一起的,维管束是通过珠柄进入胚珠,所以当珠被发育成种子的种皮时,珠被与珠柄愈合的部分就在种皮上留下种脊这一痕迹,残存的维管束也就分布在种行内。

种子表皮细胞内,一般含有有色物质,使种皮具有各种不同的颜色。

2.种子的类型

根据以上所述,在成熟种子中,有的具胚乳结构,有的胚乳却不存在,因此,就种子在成熟时是否具有胚乳,将种子分为两种类型:一种是有胚乳的,称为有胚乳种子,另一种是没有胚乳的,称为无胚乳种子。

(1)有胚乳种子

这类种子由种皮、胚和胚乳三部分组成,双子叶植物中的蓖麻、烟草、桑、茄、田菁等植物的种子,以及单子叶植物中的水稻、小麦、玉米、洋葱、高粱等植物的种子,都属于这一类型。

(2)无胚乳种子

这类种子由种皮和胚两部分组成,缺乏胚乳。双子叶植物如大豆、落花生、蚕豆、棉、油菜、瓜类的种子和单子叶植物的慈姑、泽泻等的种子,都属于这一类型。

2.4.3.2 果实的结构和类型

受精作用以后,花的各部分起了显著的变化,花萼(宿萼种类例外)、花冠一般枯萎脱落,雄蕊和雌蕊的柱头及花柱也都凋谢,仅子房或是子房以外其他与之相连的部分,迅速生长,逐渐发育成果实。一般而言,果实的形成与受精作用有着密切联系,花只有在受精后才能形成果实。但是有的植物在自然状况或人为控制的条件下,虽不经过受精,子房也能发育为果实,这样的果实里面不含种子。

1.果实的结构

果实的性质和结构是多种多样的,这与花的结构,特别是心皮的结构,以及受精后心皮及其相连部分的发育情况,有很大关系。下面就果实的形成、结构以及类型,分别加以叙述。

果实的形成:单纯由子房发育而来或由子房和花的其他部分(如花托、花萼、花序轴等)参与形成。

果实由果皮和种子构成。果皮由外果皮、中果皮和内果皮构成。外果皮多为膜质,有气孔、角质、蜡被、表皮毛等。中果皮由富含营养的薄壁细胞组成,多为食用部分,如桃。内果皮有膜质(柑橘)、骨质(桃、杏)、肉质(葡萄)。

有的果实(如核果)的三层果皮分界明显,如刚才所说的桃子。而有的果实(如干果类)三层果皮无明显区别。

2.果实的类型

①根据果实发育的来源可分为真果和假果。

单纯由子房发育而来的果实称为真果,如桃、李、梅、杏、樱桃、柿子、茄、番茄、豆荚,等等。除子房外,还有花的其他部分参与形成的果实称假果。花托、花序轴、甚至花萼等都有参与果实形成的。苹果、梨、山楂、海棠、枇杷、瓜类等均属假果。

②根据雌蕊心皮的数目及其关系可分为单果、聚合果和聚花果。

单果是由一朵花中只具有一个雌蕊的子房发育而来的果实。根据果实成熟时果皮的质地和结构,可分为肉质果和干果两类。肉质果成熟时,果皮或果皮的一部分肉质多汁,如苹果、黄瓜等。干果成熟时,果皮干燥,有的果实成熟时开裂,称为裂果,如油菜的角果等;有的果实成熟时,不开裂而称为闭果,如禾本科植物的颖果等。聚合果是由一朵具有多个独立雌蕊的花发育而成的果实,如草莓、八角等的果实。复果是由整个花序发育形成的果实,又称为聚花果,如菠萝、无花果等。

2.4.4 马铃薯花、果实和种子的形态及组织结构

2.4.4.1 花序及花的构造

马铃薯是聚伞花序,花序轴着生在叶腋或叶枝上。有些品种因花梗分枝缩短,各花柄几乎着生在同一点上,又好似伞形花序(图2-29)。

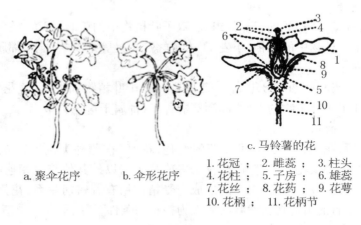

c.马铃薯的花
1.花冠; 2.雌蕊; 3.柱头
4.花柱; 5.子房; 6.雄蕊
7.花丝; 8.花药; 9.花萼
10.花柄; 11.花柄节

a.聚伞花序 b.伞形花序

图2-29 马铃薯的花序及花的结构示意图

花梗上有茸毛,其分枝处常有小苞叶1对。每个花序有2~3个分枝,每个分枝上有4~8朵花,着生在长短不等的花柄上,在花柄的中上部有一突起的离层环,称为花柄节,花柄节上有色或无色,节上部和下部的花柄长度之比通常较稳定,是鉴别品种的重要依据之一。

图2-30 马铃薯花的构造

马铃薯比其他作物的花器大。每朵花由花柄、花萼、花冠、雄蕊和雌蕊5部分构成(图2-30)。花萼基部联合为筒状,顶端5裂,绿色且多毛,其尖端的形状因品种而异。花冠基部联合为漏斗状,顶端5裂,并有星形色轮,某些品种在花冠的内部或外部形成附加的花瓣,称为"内重瓣"或"外重瓣";花冠的颜色有白色、浅红色、紫红色及蓝色等,栽培品种以白色花冠力多;雄蕊5枚,与合生的花瓣互生,短柄基部着生于冠筒上,5枚花瓣抱合中央的雌蕊,形状不一,成熟时,雄蕊短,花丝坚挺,花药长,花粉通过花药顶端小孔散发出去。花药颜色有黄、橙黄、淡黄和淡绿等色;淡黄和淡绿色花药多数无花粉或具有少量花粉,并往往不孕,马铃薯的雄性不孕是相当普遍的。黄色和橙黄色的花药,则能形成大量正常花粉,其中橙黄色的花药产生的花粉生殖能力最强。雌蕊1枚,着生在花的中央,并具长的花柱和两裂的柱头,子房上位,由两个连生的心皮构成,中轴胎座,胚珠多枚,子房的形状有梨形和椭圆形之分,其横断面中心的颜色、花冠基部的颜色与块茎的皮色相一致,因此,生育期间可通过解剖花器,根据子房横断面中心的颜色或花冠基部的颜色来判断块茎的皮色。

花冠及雄蕊的颜色、雌蕊花柱的长短及姿态(直立或弯曲)、柱头的形状等,皆为品种的特征(图2－31)。

图2－31 不同品种马铃薯的花序

每个萼片和花瓣各有3~5个维管束,中央的最大。雄蕊具有1个维管束。在花萼和心皮内有含草酸钙晶体的大细胞。在发育过程的花瓣原基中有边缘分生组织。

2.4.4.2 开花习性

马铃薯从出苗至开花所需时间因品种而异,也受栽培条件影响。一般早熟品种从出苗至开花需30~40天,中晚熟品种需40~55天。在我国的中原或南方两作区,秋、冬季栽培的马铃薯,因日照和温度等原因,常不能正常开花。

马铃薯的花一般在上午5~7时开放,下午4~6时闭合,开花有明显的昼夜周期性,即白天开放,夜间闭合,第二天再继续开放。每个花序每日可开放2~3朵花,每朵花开放时间为3~5天,一个花序开放的时间可持续10~50天。早熟品种一般只抽一个花序,开花持续的时间也短,当第一花序开放结束后,植株即不向上生长,有时虽然第一花序下方一节的侧芽继续向上生长,并分化出第二花序,但早期便脱落而不能开花。中、晚熟品种能抽出数个花序,而且侧枝也能抽出花序,所以花序多,花期长,每个植株可持续开花达50天以上;开花的顺序是:第一花序、第二花序依次开放。但不是第一花序开放结束后第二花序开放,而是第一花序开放数朵花后,第二花序即开始开放,第三、第四……依次类推。每一个花序是基部的花先开放,然后由内向外依次开放。开花后雌蕊即成熟,成熟的雌蕊柱头呈深绿色,只油状发光,用手触摸有黏性感觉。雄蕊一般开花后1~2天成熟,也有少数品种开花寸与柱头同时成熟或开花前即已成熟散粉,成熟的花药顶端开裂两个小孔,裂孔边缘为黄褐色,花粉即从裂孔散出。

马铃薯受精发生在受粉后36小时或40~45小时,通常的双受精方式也存在。胚乳核在受粉后60~70小时分裂,受精后大约7天,通过进一步分裂形成4细胞的原胚,进而原胚的顶细胞产生胚的子叶部分,下一个细胞产生胚轴和中柱的原始细胞,大约10天形成棍形胚,12天左右形成圆形胚。

马铃薯是白花授粉作物,天然杂交率极低,一般在0.5%以下。花无蜜腺,但也有土蜂采食其花粉而作传粉媒介者。品种间开花结实情况差异很大,一般生育期长的品种比生育期短的品种开花期长,开花繁茂。但也有的品种不开花,这主要是由于花粉和胚珠育性的遗传性和某些栽培环境条件所决定的。所以,有些品种结实率很高,而有些品种则结实率很低,甚至根本不能开花结实。

马铃薯的花粉不孕现象是非常普遍的。其中重要的原因之一就是环境条件,如在较高的温度条件下,会造成花粉母细胞分裂不正常,从而形成不孕花粉,病毒和真菌也会造成某些花粉粒不育。

2.4.4.3 果实与种子

马铃薯的果实为浆果,呈圆形或椭圆形,果皮为绿色、褐色或深紫色,有的果皮表面着生白点,果实内有色或无色。一般为二室,三室或三室以上者极少。每果实含种子 100 ~ 250 粒,多者可达 500 粒,少者则只有 30 ~ 40 粒,也有无种子的果实。

马铃薯开花授粉后 5 ~ 7 天子房开始膨大,形成浆果;经 30 ~ 40 天浆果果皮由绿逐渐变成黄白或白色,由硬变软,并散发出水果香味,即达充分成熟。种子很小,呈扁平卵圆形,黄色或暗灰色,表面粗糙,胚呈弯曲状,包藏于胚乳中,干粒重为 0.4 ~ 0.6g(图 2 - 32)。

刚采收的种子,一般有 6 个月左右的休眠期。充分成熟的浆果或经充分日晒的后熟过程,其种子休眠期可以缩短。当年采收的种子发芽率一般仅为 50% ~ 60%,经储藏 2 年的种子,其发芽率达到最高。

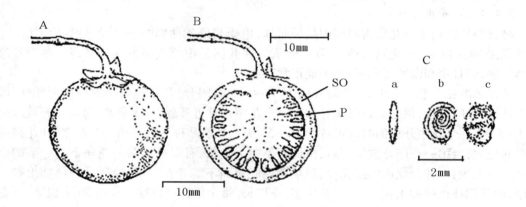

A.果实； B.果实的纵剖面； C.种子； SO.胚珠； P.胎座

图 2 - 32 马铃薯的果实和种子

【参考文献】

[1] K.伊稍.种子植物解剖学[M].上海:上海科学技术出版社,1982

[2] 陆时万,徐祥生,沈敏健,吴国芳,等.植物学(上、下)[M].北京:高等教育出版社,1992.

[3] 高信曾.植物学[M].北京:高等教育出版社,1987.

[4] 李扬汉.植物学(上、中、下)[M].北京:高等教育出版社,1988.

[5] 周云龙.植物生物学[M].北京:高等教育出版社,1999.

[6] 胡适宜.被子植物胚胎学[M].北京:人民教育出版社,1982.

[7] 陈机.植物发育解剖学(上、下册)[M].济南:山东大学出版社,1996.

[8] 马炜梁.高等植物及其多样性(含光盘)[M].北京:高等教育出版社,1998.

［9］吴万春.植物学［M］.北京:高等教育出版社,1991.

［10］许文渊.药用植物学［M］.北京:中国医药科技出版社,2001.

［11］南京农学院,等.植物学［M］.上海:上海科学技术出版社,1981.

［12］中山大学,等.植物学(系统、分类部分)［M］.北京:高等教育出版社,1984.

［13］黄天芳,等.植物学［M］.广州:广东高等教育出版社,1989.

［14］汪劲武.种子植物分类学［M］.北京:高等教育出版社,1985.

［15］A J Jack,D E Evans. Plant Biology(影印版)［M］.北京:科学出版社,2002.

［16］李正理,等.植物解剖学［M］.北京:高等教育出版社,1984.

［17］Fahn A. Plant Anatomy［M］.2nd ed. Oxford:Pergamon Press,1974.

［18］Esau K. Plant Anatomy［M］.2nd ed. New york:John Winey and Sons Inc,1977.

［19］Peter H. Raven. Biology of Plants 5th ed.. Chicago:Worth Publishers,1992.

［20］杨继,郭友好,杨雄,等.植物生物学［M］.北京:高等教育出版社,1999.

［21］刘梦芸,门福义.马铃薯种薯生理特性的研究［J］.中国农业科学,1995.

［22］刘梦芸,门福义.马铃薯种薯生理特性研究(二)［J］.马铃薯,1993.

［23］山东农学院.作物栽培学(北方本)下册(马铃薯)［M］.北京:农业出版社,2000.

［24］宋伯符,唐洪明,等.用种子生产马铃薯［M］.北京:中国农业科技出版社,2008.

［25］P.M.哈里斯.马铃薯改良的科学基础［M］.蒋先明,等译.北京:中国农业出版社,2004.

［26］契莫拉,等.马铃薯(上册)［M］.北京:财政经济出版社,2005.

第3章 马铃薯的光合作用和呼吸作用

马铃薯的光合作用是农业生产的基础。人类所进行的一切栽植活动,就是利用绿色植物进行光合作用,把太阳光能转变成化学潜能的过程。光合作用通常是指绿色植物吸收光能,把二氧化碳和水合成有机物,同时释放氧气的过程。它是"地球上最重要的化学反应"。没有光合作用也就没有繁荣的生物世界。当今人类社会面临着日趋严峻的食物不足,能源危机,资源匮乏和环境恶化等问题,这些问题的解决无一不与植物的光合作用有密切的关系。

3.1 光合色素与光合作用

3.1.1 光合色素

在光合作用的反应中吸收光能的色素称为光合色素,主要有三种类型:叶绿素、类胡萝卜素和藻胆素。高等植物中含有前两类,藻胆素仅存在于藻类中。

1.叶绿素

叶绿素是使植物呈现绿色的色素,约占绿叶干重的1%。植物的叶绿素包括 a、b、c、d 四种。高等植物中含有 a、b 两种,叶绿素 c、d 存在于藻类中,而光合细菌中则含有细菌叶绿素。叶绿素 a 呈蓝绿色,叶绿素 b 呈黄绿色,不溶于水,溶于有机溶剂(乙醇、丙酮、石油醚),干叶必须用含水的有机溶剂抽提。分子量分别为 892 和 906。叶绿素是双羧酸的酯,其中一个羧基被甲醇所酯化,另一个被叶绿醇所酯化,它们的分子式可以写成:

叶绿素 a 与 b 的分子式很相似,不同之处是叶绿素 a 比 b 多两个氢少一个氧。两者结构上的差别仅在于叶绿素 a 的 B 吡咯环上一个甲基($-CH_3$)被醛基($-CHO$)所取代。

叶绿素是一种酯,不溶于水。通常用含有少量水的有机溶剂如 80% 的丙酮,或者 95% 的乙醇,或丙酮: 乙醇: 水 =4.5:4.5:1 的混合液来提取叶片中的叶绿素,用于测定叶绿素含量。之所以要用含有水的有机溶剂提取叶绿素,这是因为叶绿素与蛋白质结合很牢,需要经过水解作用才能被提取出来。

2. 类胡萝卜素

类胡萝卜素是由 8 个异戊二烯形成的四萜,含有一系列的共轭双键,分子的两端各有一个不饱和的取代的环己烯,即紫罗兰酮环,它们不溶于水而溶于有机溶剂。类胡萝卜素包括胡萝卜素和叶黄素。前者呈橙黄色,后者呈黄色。胡萝卜素是不饱和的碳氢化合物,有 α、β、γ 三种同分异构体,其中以 β 胡萝卜素在植物体内含量最多。

叶黄素是由胡萝卜素衍生的醇类,也叫胡萝卜醇,通常叶片中叶黄素与胡萝卜素的含量之比约为 2:1。

类胡萝卜素除了有吸收传递光能的作用外,还可在强光下逸散能量,如 β – 胡萝卜素就是单线态分子氧的猝灭剂,具有使叶绿素免遭伤害的光保护作用。

一般来说,叶片中叶绿素与类胡萝卜素的比值约为 3:1,所以正常的叶子总呈现绿色。秋天或在不良的环境中,叶片中的叶绿素较易降解,数量减少,而类胡萝卜素比较稳定,所以叶片呈现黄色。类胡萝卜素总是和叶绿素一起存在于高等植物的叶绿体中,此外也存在于果实、花冠、花粉、柱头等器官的有色体中。

3. 藻胆素

仅存在于红藻和蓝藻中,主要有藻红蛋白、藻蓝蛋白和别藻蓝蛋白三类,前者呈红色,后两者呈蓝色。它们的生色团与蛋白以共价键牢固地结合。藻胆素分子中的四个吡咯环形成直链共轭体系,不含镁也没有叶绿醇链。藻胆素也有收集光能的功能。

由于类胡萝卜素和藻胆素吸收的光能能够传递给叶绿素用于光合作用,因此它们被称为光合作用的辅助色素。

3.1.2 光合作用

光合作用是一个很复杂的过程,它包含许多物理的和化学的反应。概括起来可以把它分成以下几个步骤:植物的叶绿体吸收日光能,分解水放出氧气,从水中取出的电子,通过一系列的电子传递,产生一种高还原性物质,即辅酶Ⅱ($NADPH_2$)和含有一种高能磷酸键的化合物——三磷酸腺苷(ATP)。这两种物质能同化 CO_2 ,为"光合同化力"。有了辅酶Ⅱ和 ATP,通过一些酶的参与,即可将 CO_2 还原为有机物。

CO_2 同化成糖类要经过一个复杂的循环过程,称为碳循环。在植物叶绿体中,有一种叫二磷酸核酮糖羧化酶,能使 CO_2 与二磷酸核酮糖相结合,并产生一个六碳的中间产物,但它非常不稳定,立即分解成两个三碳的 3 – 磷酸甘油酸分子。磷酸甘油酸是光合作用同化 CO_2 的第一个稳定产物,这时辅酶Ⅱ和 ATP 参加到循环中来,把 3 – 磷酸甘油酸还原成三碳糖。两个三碳糖便可以化合成六碳糖,六碳糖进一步合成蔗糖和淀粉。另外,在一系列酶的作用下,经过一系列的化学变化,形成四碳糖、五碳糖、六碳糖、七碳糖等,最后再生成二磷酸核酮糖,这样, CO_2 分子又可以与二磷酸核酮糖结合,在辅酶Ⅱ和 ATP 的不断供应下,这个循环就可以一直进行下去。

在大多数植物中,光能促进 CO_2 的释放,这种在暗呼吸之外额外释放 CO_2 的过程,称为光呼吸。光呼吸是光合作用固定 CO_2 的一种浪费(消耗)。光呼吸消耗 CO_2 占光合产物的 1/3 左右。而有些作物如玉米、甘蔗、高粱则没有光呼吸,因而这些作物的光合效率比有光呼吸的作物要高得多,产量也高得多。在光合过程中,最初产物是三碳化合物(磷酸甘油酸),这一途径称为三碳途径,凡按三碳途径进行光合作用的植物,称为三碳植物。马铃薯即属三碳植物。玉米、甘蔗、高粱,它们光合作用的初产物是四碳化合物(苹果酸或天门冬氨酸),按照这个途径进行光合作用的植物,称为四碳植物。三碳植物和四碳植物除光合途径和有无光呼吸不同外,在解剖结构和光补偿点等都有很大差异,这些都是四碳植物比三碳植物高产的原因。如果我们能够控制三碳植物的光呼吸,使之减少 CO_2 的释放,就可以大大提高作物的生产力。目前已找到了一些光呼吸抑制剂,可以抑制光呼吸,如甜 – 羟基 – 2 – 吡啶甲基磺酸是一种有效的光呼吸抑制剂,用它处理植物,净光合生产率可提高 47% ~ 70%。此外,缩水甘油酸、亚硫酸氢钠和异烟肼等也有抑制光呼吸的作用。

马铃薯块茎干物质的 90% 以上是来自光合产物。因此,马铃薯产量的高低,主要取决于光合产物积累的多少。而光合产物积累的多少,主要与叶面积系数、光合生产率和光合势有密切的关系,即在一定条件下,使上述三因素中任何一个因素提高,便可提高单位面积产量。当然,三因素如能同时提高,对增产就更为有利。但在田间条件下,提高光能利用率是个很复杂的问题。植株上下部的光强分布因叶片的相互遮阴而有很大差异,因而上下层叶片光合强度也有很大不同。群体中光强的分布,主要受叶片在空间分布状况和叶面积系数变化的影响,而叶片在空间的分布和叶面积系数的变化又直接影响光合生产率和干物质积累。所以,目前理论产量和实际产量之间差距非常大,如对甘肃省的初步估算:4 ~ 9 月太阳辐射能为 550 卡/cm² · d,按每形成 1kg 干物质需要 4000 千卡热量计,若光能利用率达到 2%,则每亩地可产鲜块茎 7100kg 以上。而甘肃目前的亩产量仅 500kg 左右,光能利用率在 0.2% 以下,其原因是生产上尚未充分利用大自然给人类提供的有效辐射能量,这也说明提高单产是大有潜力可挖的。

3.2 光合作用的影响因素及其生产潜力

植物的光合作用受内外因素的影响,而衡量内外因素对光合作用影响程度的常用指标是光合速率。

3.2.1 光合速率及表示单位

光合速率通常是指单位时间、单位叶面积的 CO_2 吸收量或 O_2 的释放量,也可用单位时间、单位叶面积上的干物质积累量来表示。常用单位有:$\mu mol\ CO_2 \cdot m^{-2} \cdot s^{-1}$(以前用 $mg \cdot dm^{-2} \cdot h^{-1}$ 表示,$1\mu mol \cdot m^{-2} \cdot s^{-1} = 1.58 mg \cdot dm^{-2} \cdot h^{-1}$),$\mu mol\ O_2 \cdot dm^{-2} \cdot h^{-1}$ 和 mg-DW(干重) $\cdot dm^{-2} \cdot h^{-1}$。$CO_2$ 吸收量用红外线 CO_2 气体分析仪测定,O_2 释放量用氧电极测氧装置测定,干物质积累量可用改良半叶法等方法测定。有的测定光合速率的方法都没有把呼吸作用(光、暗呼吸)以及呼吸释放的 CO_2 被光合作用再固定等因素考虑在内,因而所测结果实际上是表观光合速率或净光合速率,如把表观光合速率加上光、暗呼吸速率,便得到总光合速率或真光合速率。

3.2.2　内部因素

3.2.2.1　叶片

1. 叶片的结构

马铃薯的叶、茎及花果的绿色部分都能进行光合作用,其中绿色叶片是光合作用的主要器官。叶子在结构上具有最大表面以吸收光能的特征,并且叶子表皮上(包括上下表皮)具有大量的气孔,以适应接受大量的能量和二氧化碳,作为光合作用的动力和原料。

叶片是由薄壁细胞组成的。上表皮的下方和下表皮的上方分别是栅栏组织和海绵组织。其中栅栏组织中叶绿体含量较多,是进行光合作用的主要组织。叶肉细胞间隙里的空气经过气孔与外界的空气直接相通。气孔可以张开和关闭。叶片上的气孔数目很多,一般上表皮比下表皮少,例如,晋薯 2 号叶片上表皮 51 个/mm²,下表皮可达 161 个/mm²。

在叶肉细胞里含有许多绿色的扁平盘状的小球,称为叶绿体,其直径为 5 ~ 10μm。叶绿体的结构是非常复杂的,是由蛋白质、脂类化合物及色素组成的。叶绿体中存在着叶子的绿色色素,称为叶绿素。叶绿素分子排列在叶绿体的表面,能够更有效地捕捉光能。

叶绿素中含有四种色素,即叶绿素 a、叶绿素 b,胡萝卜素和叶黄素。可用纸色谱法进行分离。

叶绿素不溶于水,能溶于酒精和乙醚等有机溶剂中。若测定叶绿素的含量,可取一定重量的叶片,加一定量的酒精,并在研钵中研碎,使叶绿素全部溶于酒精中,然后用光电比色计比色,即可算出叶绿素的含量。

2. 叶片生长规律

马铃薯从出土后经 3 ~ 5 天,即有 4 ~ 5 片叶展开,以后每隔 2 ~ 3 天展开 1 片,中部 8 ~ 11 叶每隔 4 ~ 5 天展开 1 片,至现蕾期,主茎叶片全部展开。由于马铃薯的叶片增长迅速和它具有速熟特性,所以它在生育的早期就能较充分地利用光能。

例如,晋薯 2 号主茎叶片一般是 15 ~ 17 片。1 ~ 5 片生长不规则,为单叶或不完全复叶,其单叶面积最小,平均为 50cm²,尤其是 1 ~ 3 叶更小,7 ~ 14 叶的单叶面积较大,一般为 150 ~ 247 cm²,而 15 ~ 17 片又变小。主茎叶片的寿命是 1 ~ 5 片和最上边 2 ~ 3 片为 25 天左右,6 ~ 14 片为 35 ~ 40 天。主茎叶片从开始展开至全部枯黄约 60 天。主茎叶面积占全株最高叶面积的 20% 左右。主茎叶片出现 7 ~ 8 片时,侧枝开始伸长,通常 3 ~ 5 叶叶腋的侧枝最先伸长,随后各叶位的侧枝陆续发生,但最后能形成枝条的只有 3 ~ 4 个,以基部 3 ~ 5 叶和 12 ~ 13 叶的侧枝形成枝条的为多,其他各叶位的侧枝长至 10 cm 左右便不再生长,并逐渐衰亡。到开花盛期,主茎叶片已基本枯黄,侧枝叶面积达到最大值,是主茎叶面积的 2.2 倍,是顶端分枝叶面积的 3.7 倍,占全株总叶面积的 50% ~ 80%,这种优势一直保持到生育后期。马铃薯产量的 80% 以上是开花后形成的,而该期正是侧枝叶起丰产作用的时期。

可见,侧枝叶在形成产量上起着极其重要的功能叶的作用。顶端分枝是从开花期开始迅速生长的,其叶面积占全株总叶面积的 20% ~ 40%。由于顶端分枝属假轴分枝,所以分枝不断新生,级数不断增加,但多数植株只形成分枝 3 ~ 4 个。

3. 叶面积消长动态

马铃薯叶面积呈"S"形曲线变化,其消长进程可分三个时期:即上升期、稳定期和衰落期。

上升期是从出苗至块茎形成期,除幼苗期叶面积增长速度较慢外,大体上是直线上升的,是叶面积增长速度最快的时期,平均每株每日增长约 150 cm^2。该期光合产物主要用来建造自身有机体。

稳定期是指叶面积达到最大值后,一段时期内保持不下降或很少下降的时期。该期是块茎增长期,块茎增重最为迅速。所以,稳定期维持时间越长,越有利于最大叶面积进行光合作用,以积累更多的有机物质,从而获得高产。

衰落期是在稳定期之后,叶片开始衰落枯死,叶面积系数逐渐变小,田间通风透光条件得到改善,气温降低气候凉爽,十分有利于光合作用进行,是马铃薯块茎产量形成的重要阶段,块茎产量的 60% 以上是在该期内形成的。因此,该期防止叶片早衰,延长叶片寿命,对夺取块茎高产具有重要意义。

4. 叶面积与产量

由于叶片是直接进行光合作用的场所,若叶面积过小,光合面积不足,就不能充分吸收和利用光能,但叶面积过大,就会导致株行间光照条件恶化,通风不良,CO_2 缺乏,影响光合作用的进行。所以,叶面积在一定范围内,产量随叶面积的增加而增高,超出这个范围,产量增幅变小,甚至不增产或减产(表 3 - 1)。

表 3 - 1　　　　　　最大叶面积系数与干物质产量(kg/667m^2)

	叶面积系数					
	2.2	3.3	4.9	5.1	7.0	8.6
块茎干重	682.5	744.0	1551.2	1572.2	1374.0	1316.9
递增(%)	0	9.00	108.00	1.31	− 14.00	− 4.3
总干重	787.0	1127.0	1890.0	1897.7	1840.0	1990.0
递增(%)	0	16.90	63.60	0.04	− 0.81	0.80

由表 3 - 1 叶面积与干物质产量可以看出,在等行距配置下,当叶面积系数在 2.2 ~ 5.1 的范围内时,马铃薯干物质及块茎产量都随叶面积增加而增加,当叶面积系数超过 5.1 时,产量就有下降的趋势。但同样密度条件下,采用宽窄行配置,产量与叶面积的关系就发生了变化,叶面积系数从 3.3 ~ 7.0,总干物质和块茎产量均有增加的趋势,只是递增率随密度的增加而逐渐降低。

此外,不同肥力的地块,在相同密度条件下,肥力高的地块叶面积系数和产量都高于中肥力的地块,而且叶面积的适宜范围增大。

综上所述,叶面积系数在一定范围内,干物质产量和经济产量都随叶面积系数的增加而增加,超过一定范围则相反,干物质产量和经济产量随叶面积系数的增加而降低。而这个一定范围的幅度,则因栽培条件、种植方式和水肥状况等的不同而变化。

3.2.2.2　光合产物的输出

光合产物(蔗糖)从叶片中输出的速率会影响叶片的光合速率。例如,摘去花、果、顶芽等都会暂时阻碍光合产物输出,降低叶片特别是邻近叶的光合速率;反之,摘除其他叶片,只留一张叶片与所有花果,留下叶的光合速率会急剧增加,但易早衰。光合产物积累到一定的水平后会影响光合速率的原因有:①反馈抑制。例如,蔗糖的积累会反馈抑制合成蔗糖的磷酸蔗糖合成酶的活性,使 F6P 增加。而 F6P 的积累,又反馈抑制果糖 1,6 - 二磷酸酯酶活性,使细胞质以及叶绿体中磷酸丙糖含量增加,从而影响 CO_2 的固定。②淀粉粒的影响。叶肉细胞中蔗糖的积累会促进叶绿体基质中淀粉的合成与淀粉粒的形成,过多的淀粉粒一方面会压迫与损伤类囊体,另一方面,由于淀粉粒对光有遮挡,从而直接阻碍光合膜对光的吸收。

3.2.3　外部因素

3.2.3.1　光照

光是光合作用的动力,也是形成叶绿素、叶绿体以及正常叶片的必要条件,光还显著地调节光合酶的活性与气孔的开度,因此光直接制约着光合速率的高低。光照因素中有光强、光质与光照时间,这些对光合作用都有深刻的影响。

1. 光强

（1）光强 - 光合曲线

光强 - 光合速率关系的模式如图 3 - 1 所示。

黑暗中叶片不进行光合作用,只有呼吸作用释放 CO_2（图 3 - 1 中的 OD 为呼吸速率）。随着光强的增高,光合速率相应提高,当到达某一光强时,叶片的光合速率等于呼吸速率,即 CO_2 吸收量等于 CO_2 释放量,表观光合速率为零,这时的光强称为光补偿点。在低光强区,光合速率随光强的增强而呈比例地增加（比例阶段,直线 A）;当超过一定光强,光合速率增加就会转慢（曲线 B）;当达到某一光强时,光合速率就不再增加,而呈现光饱和现象。开始达到光合速率最大值时的光强称为光饱和点,此点以后的阶段称饱和阶段（直线 C）。比例阶段中主

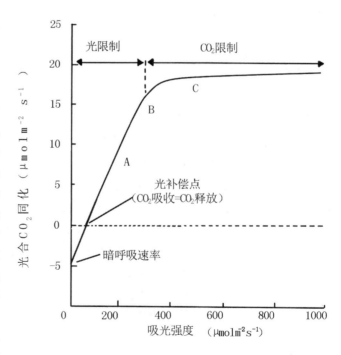

图 3 - 1　光强 - 光合曲线图解

要是光强制约着光合速率,而饱和阶段中 CO_2 扩散和固定速率是主要限制因素。用比例阶段的光强 - 光合曲线的斜率（表观光合速率/光强）可计算表观光合量子产额。

由表 3 - 2 可见,不同植物的光强 - 光合曲线不同,光补偿点和光饱和点也有很大的差异。光补偿点高的植物一般光饱和点也高,草本植物的光补偿点与光饱和点通常要高于木本植物;阳生植物的光补偿点与光饱和点要高于阴生植物;C_4 植物的光饱和点要高于 C_3 植

物。光补偿点和光饱和点可以作为植物需光特性的主要指标,用来衡量需光量。光补偿点低的植物较耐阴,如大豆的光补偿点仅 0.5klx,所以可与玉米间作,在玉米行中仍能正常生长。在光补偿点时,光合积累与呼吸消耗相抵消,如考虑到夜间的呼吸消耗,则光合产物还有亏空,因此从全天来看,植物所需的最低光强必须高于光补偿点。对群体来说,上层叶片接受到的光强往往会超过光饱和点,而中下层叶片的光强仍处在光饱和点以下,如水稻单株叶片光饱和点为 40~50klx,而群体内则为 60~80klx,因此改善中下层叶片光照,力求让中下层叶片接受更多的光照是高产的重要条件。

表 3-2　　　　不同植物叶片在自然 CO_2 浓度及最适温度下的光补偿点和光饱和点

植　物　类　群	光补偿点(klx)	光饱和点(klx)
草本植物:C_4 植物	1~3	>80
栽培 C_3 植物	1~2	30~80
草本阳生植物	1~2	50~80
草本阴生植物	0.2~0.3	5~10
木本植物:冬季落叶乔木和灌木		
阳生叶	1~1.5	25~50
阴生叶	0.3~0.6	10~15
常绿阔叶树和针叶树		
阳生叶	0.5~1.5	20~50
阴生叶	0.1~0.2	5~10
苔藓和地衣	0.4~2	10~20

植物的光补偿点和光饱和点不是固定数值,它们会随外界条件的变化而变动,例如,当 CO_2 浓度增高或温度降低时,光补偿点降低;而当 CO_2 浓度提高时,光饱和点则会升高。在封闭的温室中,温度较高,CO_2 较少,这会使光补偿点提高而对光合积累不利。在这种情况下应适当降低室温,通风换气,或增施 CO_2 才能保证光合作用的顺利进行。

在一般光强下,C_4 植物不出现光饱和现象,其原因是:①C_4 植物同化 CO_2 消耗的同化力要比 C_3 植物高;②PEPC 对 CO_2 的亲和力高,以及具有"CO_2 泵",所以空气中 CO_2 浓度通常不成为 C_4 植物光合作用的限制因素。

(2)强光伤害——光抑制

光能不足可成为光合作用的限制因素,光能过剩也会对光合作用产生不利的影响。当光合机构接受的光能超过它所能利用的量时,光会引起光合速率的降低,这个现象就叫光合作用的光抑制。

晴天中午的光强常超过植物的光饱和点,很多 C_3 植物,如水稻、小麦、棉花、大豆、毛竹、茶花等都会出现光抑制,轻者使植物光合速率暂时降低,重者叶片变黄,光合活性丧失。当强光与高温、低温、干旱等其他环境胁迫同时存在时,光抑制现象尤为严重。通常光饱和点低的阴生植物更易受到光抑制危害,若把人参苗移到露地栽培,在直射光下,叶片很快失绿,并出现红褐色灼伤斑,使参苗不能正常生长;大田作物由光抑制而降低的产量可达 15% 以上。因此,光抑制产生的原因及其防御系统引起了人们的重视。

在作物生产上,为保证作物生长良好,使叶片的光合速率维持较高的水平,从而加强对光能的利用,这是减轻光抑制的前提。同时采取各种措施,尽量避免强光下多种胁迫的同时发生,这对减轻或避免光抑制损失也是很重要的。另外,强光下在作物上方用塑料薄膜遮阳网或防虫网等遮光,能有效防止光抑制的发生,这在蔬菜花卉栽培中已普遍应用。

(3)光照强度对马铃薯生长的影响

马铃薯的需光量,在一定范围内,随着光强度的增加,光合作用强度也增加,几乎呈直线关系,但超过一定范围后,光合强度增加缓慢,以后尽管继续提高光照强度,光合强度也不再增加,这种现象称为光饱和现象。马铃薯的光饱和点一般为 2.8～4.0 万 lx,但也因品种和条件而异,如图 3-2 所示,当 CO_2 浓度增高时,使光饱和点有明显的提高,说明光饱和点与 CO_2 浓度有密切关系。在北方夏季晴天时,太阳光对地面辐射的最大强度可达 10 万 lx 以上,比马铃薯叶片的光饱和点要高得多。照射到叶面上的光照强度超过饱和点时,超过的部分大多被反射出去,即使一部分被叶片吸收,也不能用于光合作用,最终仍以热的形式释放出去。

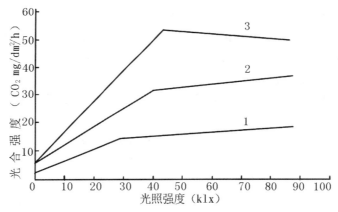

1. 正常 CO_2 含量; 2. CO_2 含量增加 1 倍; 3. CO_2 增加 2 倍

图 3-2 马铃薯光饱和点与 CO_2 浓度的关系

2. 光质

在太阳辐射中,只有可见光部分才能被光合作用利用。用不同波长的可见光照射植物叶片,测定到的光合速率(按量子产额比较)是不一样的(图 3-3)。在 600～680nm 红光区,光合速率有一大的峰值,在 435nm 左右的蓝光区又有一小的峰值。可见,光合作用的作用光谱与叶绿体色素的吸收光谱大体吻合。

在自然条件下,植物或多或少会受到不同波长的光线照射。例如,阴天不仅光强减弱,而且蓝光和绿光所占的比例增高。树木的叶片吸收红光和蓝光较多,故透过树冠的光线中绿光较多,由于绿光是光合作用的低效光,因而会使树冠下生长的本来就光照不足的植物利用光能的效率更低。"大树底下无丰草"就是这个道理。

水层同样改变光强和光质。水层越深,光照越弱,例如,20m 深处的光强是水面光强的二十分之一,如水质不好,深处的光强会更弱。水层对光波中的红、橙部分吸收显著多于蓝、

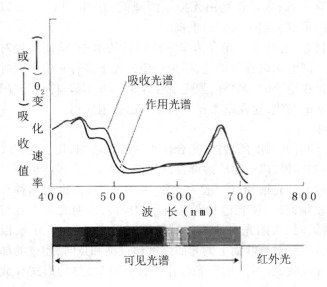

图 3 - 3　不同波长照射植物叶片的光合速率

绿部分,深水层的光线中短波长的光相对较多。所以含有叶绿素、吸收红光较多的绿藻分布于海水的表层;而含有藻红蛋白、吸收绿、蓝光较多的红藻则分布在海水的深层,这是海藻对光适应的一种表现。

3. 光照时间

对放置于暗中一段时间的材料(叶片或细胞)照光,起初光合速率很低或为负值,光照一段时间后,光合速率才逐渐上升并趋于稳定。从照光开始至光合速率达到稳定水平的这段时间,称为"光合滞后期"或称光合诱导期。一般整体叶片的光合滞后期为 30～60min,而排除气孔影响的去表皮叶片,细胞、原生质体

等光合组织的滞后期约 10min。将植物从弱光下移至强光下,也有类似情况出现。另外,植物的光呼吸也有滞后现象。在光合的滞后期中光呼吸速率与光合速率会按比例上升。

　　产生滞后期的原因是光对酶活性的诱导以及光合碳循环中间产物的增生需要一个准备过程,而光诱导气孔开启所需时间则是叶片滞后期延长的主要因素。

　　由于照光时间的长短对植物叶片的光合速率影响很大,因此在测定光合速率时要让叶片充分预照光。

　　曲线上四个点对应浓度分别为 CO_2 补偿点(C),空气浓度下细胞间隙的 CO_2 浓度(n),

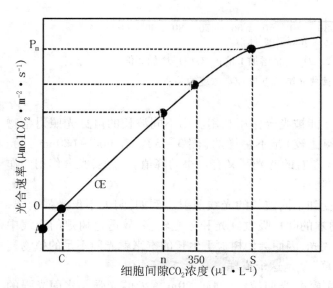

图 3 - 4　叶片光合速率对细胞间隙 CO_2 浓度响应示意图

与空气浓度相同的细胞间隙 CO_2 浓度($350\mu l \cdot L^{-1}$ 左右)和 CO_2 饱和点(S)。P_m 为最大光合速率;CE 为比例阶段曲线斜率,代表羧化效率;OA 光下叶片向无 CO_2 气体中的释放速率,可代表光呼吸速率。

3.2.3.2　CO_2

1. CO_2 - 光合曲线

CO_2 - 光合曲线(图 3 - 4)与光强光合曲线相似,有比例阶段与饱和阶段。光下 CO_2 浓度为零时叶片只有光、暗呼吸,释放 CO_2。图中的 OA 部分为光下叶片向无 CO_2 气体中的 CO_2 释放速率(实质上是光呼吸、暗呼吸、光合三者的平衡值),通常用它来代表光呼吸速率。在比例

阶段,光合速率随 CO_2 浓度增高而增加,当光合速率与呼吸速率相等时,环境中的 CO_2 浓度即为 CO_2 补偿点(图中 C 点);当达到某一浓度(S)时,光合速率便达最大值(P_m),开始达到光合最大速率时的 CO_2 浓度被称为 CO_2 饱和点。在 CO_2 - 光合曲线的比例阶段,CO_2 浓度是光合作用的限制因素,直线的斜率(CE)受 Rubisco 活性及活化 Rubisco 量的限制,因而 CE 被称为羧化效。从 CE 的变化可以推测 Rubisco 的量和活性,CE 大,即在较低的 CO_2 浓度时就有较高的光合速率,也就是说 Rubisco 的羧化效率高。在饱和阶段,CO_2 已不是光合作用的限制因素,而 CO_2 受体的量,即 RuBP 的再生速率则成为影响光合的因素。由于 RuBP 再生受 ATP 供应的影响,所以饱和阶段光合速率反映了光合电子传递和光合磷酸化活性,因而 P_m 被称为光合能力。

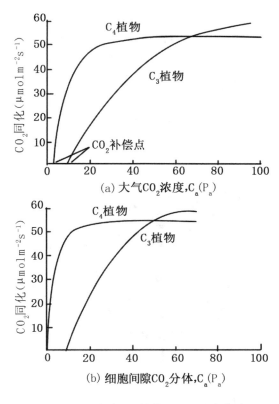

(a) 大气CO_2浓度,$C_a(P_a)$

(b) 细胞间隙CO_2分体,$C_a(P_a)$

图 3-5 C_3 植物与 C_4 植物 CO_2 - 光合曲线

比较 C_3 植物与 C_4 植物 CO_2 - 光合曲线(图 3-5),可以看出:①C_4 植物的 CO_2 补偿点低,在低 CO_2 浓度下光合速率的增加比 C_3 快,CO_2 的利用率高;②C_2 植物的 CO_2 饱和点比 C_3 植物低,在大气 CO_2 浓度下就能达到饱和;而 C_3 植物 CO_2 饱和点不明显,光合速率在较高 CO_2 浓度下还会随浓度上升而提高。C_4 植物 CO_2 饱和点低的原因,可能与 C_4 植物的气孔对 CO_2 浓度敏感有关,即 CO_2 浓度超过空气水平后,C_4 植物气孔开度就变小。另外,C_4 植物 PEPC 的 Km 低,对 CO_2 亲和力高,有浓缩 CO_2 机制,这些也是 C_4 植物 CO_2 饱和点低的原因。

在正常生理情况下,植物 CO_2 补偿点相对稳定,例如,小麦 100 个品种的 CO_2 补偿点为 $52 \pm 2 \mu l \cdot L^{-1}$,大麦 125 个品种为 $55 \pm 2 \mu l \cdot L^{-1}$,玉米 125 个品种为 $1.3 \pm 1.2 \mu l \cdot L^{-1}$,猪毛菜(CAM 植物)$CO_2$ 补偿点不超过 $10 \mu l \cdot L^{-1}$。有人测定了数千株燕麦和 5 万株小麦的幼苗,尚未发现一株具有类似 C_4 植物低 CO_2 补偿点的幼苗。在温度上升、光强减弱、水分亏缺、氧浓度增加等条件下,CO_2 补偿点也随之上升。

2. CO_2 供给

CO_2 是光合作用的碳源,陆生植物所需的 CO_2 主要从大气中获得。CO_2 从大气至叶肉细胞间隙为气相扩散,而从叶肉细胞间隙到叶绿体基质则为液相扩散,扩散的动力为 CO_2 浓度差(图 3-6)。

空气中的 CO_2 浓度较低,约为 $350 \mu l \cdot L^{-1}$(0.035%),分压为 3.5×10^{-5}MPa,而一般 C_3 植物的 CO_2 饱和点为 $1000 \sim 1500 \mu l \cdot L^{-1}$,是空气中的 3~5 倍。在不通风的温室、大棚和光合作用旺盛的作物冠层内的 CO^2 浓度可降至 $200 \mu l \cdot L^{-1}$ 左右。由于光合作用 对 CO_2

的消耗以及存在 CO_2 扩散阻力,因而叶绿体基质中的 CO_2 浓度很低,接近 CO_2 补偿点。因此,加强通风或设法增施 CO_2 能显著提高作物的光合速率,这对 C_3 植物尤为明显。

3. CO_2 浓度

CO_2 从大气至叶肉细胞间隙为气相扩散,并且是光合作用的主要原料,也是光合强度的重要限制因素。马铃薯的光合强度随着 CO_2 从大气至叶肉细胞间隙为气相扩散浓度的增加几乎呈直线上升(图 3 - 7)。光合作用的适温及其温度范围,也可因 CO_2 浓度的增加而相应提高。但大气中 CO_2 浓度低(0.03%),马铃薯田白天在光合过程中,植株间的 CO_2 浓度逐渐减少而感不足,特别是高产田更感不足。这就要靠土壤增施有机肥料,通过土壤微生物分解有机质,向大气补充 CO_2。

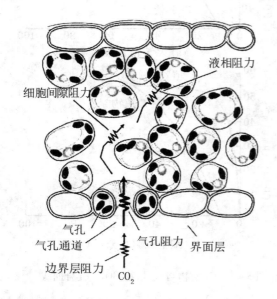

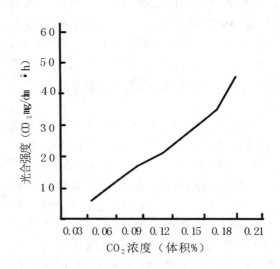

图 3 - 6　CO_2 从大气扩散至叶肉细胞间隙示意图扩散　　图 3 - 7　CO_2 浓度对马铃薯光合强度的影响

近年来利用 $NaHCO_3$ 示三踪法的研究(Arteca 等)表明,马铃薯根系可吸收 CO_2,或直接将其溶解于木质部溶液中而运至叶片,或在根中通过磷酸烯醇丙酮酸羧化酶,把 CO_2 先固定于苹果酸再运至叶片。吸收和运转的速度很快,处理后 10min 使出现于叶柄中,6h 后便布满全叶。CO_2 和苹果酸可降低细胞液的 pH 值,使叶中 CO_2/O_2 的比值提高,于是呼吸受到抑制,从而使光合生产率提高。苹果酸可储藏在根茎组织中,能被脱羧酶脱羧形成游离的 CO_2 供光合之用。马铃薯白天进行光合作用所需的 CO_2,有相当大的部分是依靠根系于夜间吸收和储备 CO_2 的机制来保证供应的。生产实践中农民常大量施用有机肥作基肥,以及施碳酸氢铵做种肥或追肥,这可能是因为它们可以向根际不断提供 CO_2 的缘故。此外,在马铃薯生长过程中,加强土壤耕作,保持土壤疏松通气,也是促进根际土壤微生物分解有机质活动,进而增进释放 CO_2 的有力措施。

3.2.3.3　温度

光合过程中的暗反应是由酶所催化的化学反应,因而受温度影响。在强光、高 CO_2 浓度时温度对光合速率的影响要比弱光、低 CO_2 浓度时影响大(图 3 - 8),这是由于在强光和

高 CO_2 浓度条件下,温度能成为光合作用的主要限制因素。

　　光合作用有一定的温度范围和三基点。光合作用的最低温度(冷限)和最高温度(热限)是指该温度下表观光合速率为零,而能使光合速率达到最高的温度被称为光合最适温度。光合作用的温度三基点因植物种类不同而有很大的差异(表 3-3)。如耐低温的莴苣在 5℃ 就能明显地测出光合速率,而喜温的黄瓜则要到 20℃ 时才能测到;耐寒植物的光合作用冷限与细胞结冰温度相近;而起源于热带的植物,如玉米、高粱、橡胶树等在温度降至 10~5℃ 时,光合作用已受到抑制。低温抑制光合的原因主要是低温时膜脂呈凝胶相,叶绿体超微结构受到破坏。此外,低温时酶促反应缓慢,气孔开闭失调,这些也是光合受抑的原因。

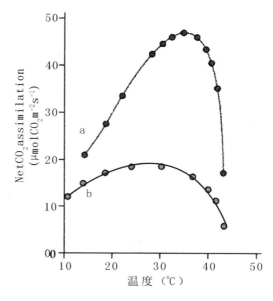

a. 在饱和 CO_2 浓度下;b. 在大气 CO_2 浓度下

图 3-8　不同 CO_2 浓度下温度对光合速率的影响

　　从表 3-3 可知,C_4 植物的热限较高,可达 50~60℃,而 C_3 植物较低,一般在 40~50℃。成熟期小麦遇到持续高温,尽管外表上仍呈绿色,但光合功能已严重受损。产生光合作用热限的原因:一是由于膜脂与酶蛋白的热变性,使光合器官损伤,叶绿体中的酶钝化;二是由于高温刺激了光暗呼吸,使表观光合速率迅速下降。

　　昼夜温差对光合净同化率有很大的影响。白天温度高,日光充足,有利于光合作用的进行;夜间温度较低,降低了呼吸消耗,因此,在一定温度范围内,昼夜温差大有利于光合积累。

表 3-3　在自然的 CO_2 浓度和光饱和条件下,不同植物光合作用的温度三基点(℃)

植物类群	最低温度(冷限)	最适温度	最高温度(热限)
草本植物:热带 C_4 植物	5~7	35~40	50~60
C_3 农作物	-2~0	20~30	40~50
阳生植物(温带)	-2~0	20~30	40~50
阴生植物	-2~0	10~20	约为 40
CAM 植物(夜间固定 CO_2)	-2~0	5~15	25~30
春天开花植物和高山植物	-7~-2	10~20	30~40
木本植物:热带和亚热带常绿阔叶乔木	0~5	25~30	45~50
干旱地区硬叶乔木和灌木	-5~-1	15~35	42~55
温带冬季落叶乔木	-3~-1	15~25	40~45
常绿针叶乔木	-5~-3	10~25	35~42

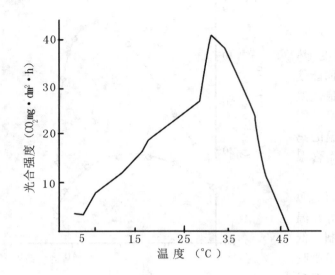

图 3-9 马铃薯光合作用与温度的关系

在农业实践中要注意控制环境温度,避免高温与低温对光合作用的不利影响。玻璃温室与塑料大棚具有保温与增温效应,能提高光合生产力,这已被普遍应用于冬、春季的蔬菜栽培。

温度对马铃薯的光合作用影响是很明显的。在低温时,光合强度低,随着温度升高,光合强度也升高,以30℃左右为最适宜的温度,光合强度达到最高,继续提高温度,会使光合作用强度显著下降(图3-9)。

马铃薯光合产物必须向块茎输送,才能促进块茎生长,从而获得较高的经济产量。糖分向块茎中运输的速度受光周期的影响,在12h短日下要比在长日下快5倍,块茎形成也提早14d,向块茎中输送光合产物的量随夜温增高而减少。土壤温度也影响块茎对光合产物的积累,最适于块茎生长的土温是16~18℃,25℃以上输送到块茎里的糖分不再用于积累,而用于芽的萌发生长,特别在土温高又逢土壤干旱时,更容易促使块茎萌发。

根据光合作用与温室的关系,以及温度对结薯的影响,在块茎增长期以前,应使植株生育处在较高的温度条件下,以利于光合作用的进行,在块茎增长期开始之后,由于块茎增长需要16~18℃的较低温度,所以应创造适宜结薯的温度环境,以利经济产量的形成。

3.2.3.4 水分

水分对光合作用的影响有直接的也有间接的原因。直接的原因是水为光合作用的原料,没有水不能进行光合作用。但是用于光合作用的水不到蒸腾失水的1%,因此,缺水影响光合作用主要是间接的原因。

水分亏缺会使光合速率下降。在水分轻度亏缺时,供水后尚能使光合能力恢复,倘若水分亏缺严重,供水后叶片水势虽可恢复至原来水平,但光合速率却难以恢复至原有程度(图3-10)。因而在水稻烤田,棉花、花生蹲苗时,要控制烤田或蹲苗程度,不能过头。

水分亏缺降低光合的主要原因有:

①气孔导度下降。叶片光合速率与气孔导度呈正相关,当水分亏缺时,叶片中脱落酸量增加,从而引起气孔关闭,导度下降,进入叶片的CO_2减少。引起气孔导度和光合速率下降的叶片水势值,因植物种类不同有较大差异:水稻为 $-0.2 \sim -0.3MPa$;玉米为 $-0.3 \sim -0.4MPa$;而大豆和向日葵则在 $-0.6 \sim -1.2MPa$ 间。

②光合产物输出变慢。水分亏缺会使光合产物输出变慢,加之缺水时,叶片中淀粉水解加强,糖类积累,结果会引起光合速率下降。

③光合机构受损。缺水时叶绿体的电子传递速率降低且与光合磷酸化解偶联,影响同

化力的形成。严重缺水还会使叶绿体变形,片层结构破坏,这些不仅使光合速率下降,而且使光合能力不能恢复。

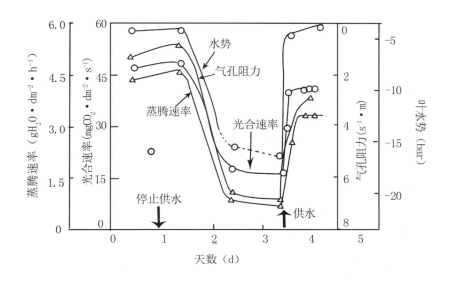

图3-10 向日葵在水分严重亏缺时以及在复水过程中叶水势、
光合速率、气孔阻力、蒸腾速率变化

④光合面积扩展受抑。在缺水条件下,生长受抑,叶面积扩展受到限制。有的叶面被盐结晶、绒毛或蜡质覆盖,这样虽然减少了水分的消耗,减少光抑制,但同时也因对光的吸收减少而使得光合速率降低。

水分过多也会影响光合作用。土壤水分太多,通气不良妨碍根系活动,从而间接影响光合;雨水淋在叶片上,一方面遮挡气孔,影响气体交换,另一方面使叶肉细胞处于低渗状态,这些都会使光合速率降低。

3.2.3.5 矿质营养

矿质营养在光合作用中的功能极为广泛,归纳起来有以下几方面:

①叶绿体结构的组成成分,如 N、P、S、Mg 是叶绿体中构成叶绿素、蛋白质、核酸以及片层膜不可缺少的成分。

②电子传递体的重要成分,如 PC 中含 Cu,Fe－S 中心、Cytb、Cytf 和 Fd 中都含 Fe,放氧复合体不可缺少 Mn^{2+} 和 Cl^-。

③磷酸基团的重要作用,构成同化力的 ATP 和 NADPH,光合碳还原循环中所有的中间产物,合成淀粉的前体 ADPG,以及合成蔗糖的前体 UDPG,这些化合物中都含有磷酸基团。

④活化或调节因子,如 Rubisco,FBPase 等酶的活化需要 Mg^{2+};Fe、Cu、Mn、Zn 参与叶绿素的合成;K^+ 和 Ca^{2+} 调节气孔开闭;K 和 P 促进光合产物的转化与运输等。

肥料三要素中以 N 对光合影响最为显著。在一定范围内,叶的含 N 量、叶绿素含量、Rubisco 含量分别与光合速率呈正相关。叶片中的 80% 含 N 量在叶绿体中,施 N 既能增加叶绿素含量,加速光反应,又能增加光合酶的含量与活性,加快暗反应。从 N 素营养好的叶片中提取出的 Rubisco 不仅量多,而且活性高。然而也有试验指出当 Rubisco 含量超过一定值后,酶量就不与光合速率成比例。

重金属铊、镉、镍和铅等都对光合作用有害,它们大多影响气孔功能。另外,镉对 PS II 活性有抑制作用。

矿质营养对马铃薯的光合作用有显著的影响。在肥料三要素氮、磷、钾中,氮对光合作用的效果最明显,磷和钾在一定情况下,对光合作用也有效果。

氮素促进光合作用的原因是:首先氮素能增加叶绿素的含量,其次是增加蛋白质的含量。叶绿体是进行光合作用的场所,而叶绿体是由叶绿素、蛋白质和脂类组成的。

磷素对于光合作用的效应一般没有氮素那样明显。在氮肥充足的情况下,增施磷肥能提高光合强度。磷素促进光合作用的原因是:在光合作用中,光能转变为化学能过程中要经过光合磷酸化,即形成含有高能磷酸键的三磷酸腺苷;在 CO_2 同化成碳水化合物的过程中,所有中间产物都是各种糖的磷酸酯。由此可知,磷素在光合作用过程中占有重要位置。

3.2.3.6　光合速率的日变化

一天中,外界的光强、温度、土壤和大气的水分状况、空气中的 CO_2 浓度以及植物体的水分与光合中间产物含量、气孔开度等都在不断地变化,这些变化会使光合速率发生日变化,其中光强日变化对光合速率日变化的影响最大。在温暖、水分供应充足的条件下,光合速率变化随光强日变化呈单峰曲线,即日出后光合速率逐渐提高,中午前达到高峰,以后逐渐降低,日落后光合速率趋于负值(呼吸速率)。如果白天云量变化不定,则光合速率会随光强的变化而变化。

另外,光合速率也同气孔导度的变化相对应(图 3-11a)。在相同光强时,通常下午的光合速率要低于上午的光合速率(图 3-11b),这是由于经上午光合作用后,叶片中的光合产物有积累而发生反馈抑制的缘故。当光照强烈、气温过高时,光合速率日变化呈双峰曲线,大峰在上午,小峰在下午,中午前后,光合速率下降,呈现"午睡"现象,且这种现象随土壤含水量的降低而加剧。引起光合"午睡"的主要因素是大气干燥和土壤干旱。在干热的中午,叶片蒸腾失水加剧,如此时土壤水分也亏缺,那么植株的失水大于吸水,就会引起萎蔫与气孔导度降低,进而使 CO_2 吸收减少。另外,中午及午后的强光、高温、低 CO_2 浓度等条件都会使光呼吸激增,光抑制产生,这些也都会使光合速率在中午或午后降低。

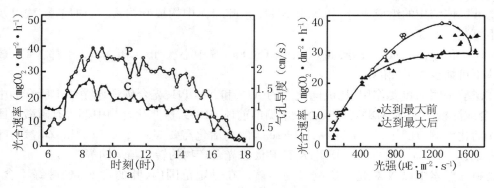

a. 光合速率(P)和气孔导度(C)平行变化;b. 由 a 图数据绘制的光合速率与光强的关系,在相同光强下,上午光合速率要大于下午的光合速率

图 3-11　水稻光合速率的日变化

光合"午睡"是植物遇干旱时普遍发生的现象,也是植物对环境缺水的一种适应方式。但是"午睡"造成的损失可达光合生产的30%,甚至更多,所以在生产上应适时灌溉,或选用抗旱品种,增强光合能力,以缓和"午睡"程度。

3.2.3.7 光合强度的变化

1. 光合强度的日变化

马铃薯的光合强度,随着一天之内环境条件的改变及其自身的生理变化而变化。

从表3-4可以看出,马铃薯的光合强度在一天之内有着明显的变化,即上午高,中午和下午低。资料还表明,温度对光合强度有很大影响,凡是当日气温较低,光合强度都较高。可见,中午和下午温度较高,是造成光合强度低的主要原因。

表3-4 　　　　　　　　　　　　　　**马铃薯光合强度的日变化**

品种名称	光合强度日变化（mg/dm² · h）			气温（℃）			日期时数/d
	7:00～11:00	11:00～15:00	15:00～19:00	日平均	最高	最低	
同薯8号	10.2	-11.7	-2.9	21.8	31.3	16.3	12.7
同薯8号	16.10	-3.08	-9.09	23.30	31.3	16.3	10.1
阿伞拉	26.0	-3.8	-2.3	19.5	23.5	15.7	14.0
农牧782	25.0	19.0	-7.6	19.5	23.5	15.7	14.0
同薯8号	2.7	-2.2	-8.8	24.8	31.9	15.6	12.9

2. 不同生育时期光合强度的变化

马铃薯在整个生育期中,由于自身形态结构和生理机能的变化,以及环境条件的改变,都会影响到光合强度。由表3-5知,光合强度呈现前期和后期高,中期低的情况。其原因是前期植株个体小,个体与群体的矛盾不大,巧加气温适宜,有利于光合作用的进行,自身光呼吸消耗也小。到了生育中期,随着植株的生长,茎叶繁茂,叶片相互遮阴加重,通风透光条件变差,再加气温高,不利于光合作用进行,且光呼吸消耗增多。到生育中后期,叶片逐渐衰落,叶面积系数降低,通风透光条件改善,气温降低,昼夜温差变大,有利于光合作用进行,这一时期光合作用强度达到一生的最高值。以后随着叶片的衰亡和植株的成熟,光合强度再次下降。

3. 不同叶层光合强度的变化

马铃薯叶层由于所处环境条件及叶龄等的不同,其光合强度有很大差异。上层叶光照和透气条件好,温度较高,叶龄相对较嫩;中下层叶由于受上层叶的遮阴,光照弱,叶温较低,通气状况差,叶龄相对较老,因此,不同叶层一天内光合强度的变化是不同的,随着叶面积系数的增大,这种变化也更加显著。

从表3-6可以看出,上层叶片上午光合强度高,中午因气温高而不利于光合作用进行,往往是负值,相反,中下层叶片在上午因光照不足,不利于光合作用进行,因而光合强度不高,但到中午,中层叶片可得到相对光强的50%以上的光照,可使光合作用正常进行,因而光合强度增高。总体来看,中层叶片光合强度最高,其次是上层叶片。同时,随着叶面积系数的增高,中下层光照强度减弱,光合强度降低。

表 3 - 5　　　　　　　　马铃薯不同时期的光合强度(品种:同薯 8 号脱毒)

光合作用时间	光合强度日变化 (mg/dm²·h)	平均气温(℃)	对照时数(h/d)
7:00~11:00	20.0	—	—
7:00~11:00	8.7	—	—
7:00~11:00	13.3	—	—
7:00~11:00	0	—	—
8:00~15:00	6.5	17.1	10.1
8:00~15:00	5.0	23.0	5.3
8:00~15:00	0	26.6	12.7
8:00~15:00	8.8	20.3	10.3
8:00~15:00	15.3	13.4	11.8
7:00~11:00	2.7	24.8	12.9
7:00~11:00	5.4	—	12.8
7:00~11:00	10.4	18.9	11.8

表 3 - 6　　　　　　　　马铃薯不同层次叶片的光合强度

密度 (株/亩)	测定时间		上层叶		中层叶		下层叶		日平均 气温(℃)	日最高 气温(℃)
	开始	结束	光合强度 (mg/dm²·h)	相对光合 强度(%)	光合强度 (mg/dm²·h)	相对光合 强度(%)	光合强度 (mg/dm²·h)	相对光合 强度(%)		
3500	9:00	15:00	0.25	97	—	—	3.10	68.2	17.3	25.8
5000	9:00	15:00	-1.62	100	—	—	2.61	61.4		
3500	8:00	15:00	3.62	91	11.36	56	1.08	21.0	23.4	30.9
5000	8:00	15:00	-3.79	93	2.71	45	0	7		
3500	9:00	16:00	5.35	—	—	—	3.23	—	26.8	35.4
5000	9:00	16:00	3.51	—	—	—	0.8	—		
6500	9:00	16:00	3.16	—	—	—	0	—		
3500	8:00	12:00	10.2	—	—	—	5.1	—	23.4	31.3
3500	12:00	15:00	-11.7	—	—	—	2.7	—		
3500	15:00	19:00	2.9	—	—	—	2.9	—		

3.3 光合效率与马铃薯生产

植物的干物质有90%~95%来自光合作用。因此,在作物生产中,如何充分利用光能进行光合作用就显得特别重要。

3.3.1 光能利用率

据气象学研究,到达地球外层的太阳辐射平均能量为 $1.353kJ \cdot m^{-2} \cdot s^{-1}$。但由于大气中水汽、灰尘、$CO_2$、$O_3$ 等吸收,到达地面的辐射能,即使在夏日晴天中午也不会超过 $1kJ \cdot m^{-2} \cdot s^{-1}$,并且只有其中的可见光部分的 $400~700nm$ 能被植物用于光合作用。对光合作用有效的可见光称为光合有效辐射。如果把到达叶面的日光全辐射能定为 100%,那么,经过如图 3-12 所示的若干难免的损失之后,最终转变为储存在碳水化合物中的光能最多只有 5%。通常把植物光合作用所积累的有机物中所含的化学能占光能投入量的百分比作为光能利用率。

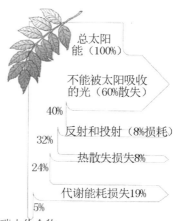

图 3-12 叶片中太阳能向碳水化合物的转化过程

在所有的传输能量中仅有 5% 的能量转化为碳水化合物。

试计算年产粮食为每公顷 15t(年亩产为吨粮)的光能利用率。已知年太阳辐射能为 $5.0 \times 10^{10} kJ \cdot hm^{-1}$(按黄河中下游地区年总辐射为 $5.0 \times 10^6 kJ \cdot m^{-2}$ 计算),假定谷草比为 1:1(即经济系数为 0.5),那么每公顷年产生物产量为 30t($3 \times 10^7 g$,忽略含水率),光能利用率为:

$$Eu(\%) = \frac{3 \times 10^7 g \times 17.2kJ \cdot g^{-1}}{5.0 \times 10^{10} kJ} \times 100 \approx 1.03\%$$

如要测定某一时刻单叶的光能利用率,也可根据当时投射在叶片的辐射量及叶片光合速率来计算,已知每同化 $1\mu mol\ CO_2$ 储能 0.47J。

$$Eu(\%) = \frac{光合速率(\mu mol\ CO_2 \cdot m^{-2} \cdot s^{-1}) \times 0.47J \cdot \mu mol^{-1}}{叶片接受的辐射能(J \cdot m^{-2} \cdot s^{-1})} \times 100$$

如果按前述例子,光能利用率为 1.03% 估算,在黄河中下游地区,当光能利用率达到了 4% 时,每公顷土地上年产粮食可达 58t(亩产 3.9t),这是十分诱人的产量。然而,目前高产田的年光能利用率是 1%~2%,而一般低产田的年光能利用率只有 0.5% 左右。实际的光能利用率为何比理论光能利用低呢? 主要原因有两个:一是漏光损失,作物生长初期植株小,叶面积不足,日光的大部分直射于地面而损失。有人估算水稻与小麦等作物漏光损失的光能可在 50% 以上,如果前茬作物收割后不马上种后茬,土地空闲时间延长,则漏光损失就会更大。二是环境条件不适,作物在生长期间,经常会遇到不适于作物生长与进行光合的逆境,如干旱、水涝、低温、高温、阴雨、强光、缺 CO_2、缺肥、盐渍、病虫草害等。在逆境条件下,作物的光合生产率要比顺境下低得多,这会使光能利用率大为降低。

3.3.2　光合产物的运转和分配

马铃薯植株干物质中 90%～95% 是同化产物,它是马铃薯块茎产量形成的基础。生育期间同化产物的积累、分配与转移,都直接影响块茎产量的高低。马铃薯出苗后,叶片光合产物的运转分配量有一定顺序。根据 $^{14}CO_2$ 的示踪研究结果表明(蒋先明等),光合产物首先用于叶自身建设和维护代谢活动,剩余的才运往其他器官,而且各个生长时期和各叶位的自用量和输出量的比例不同。总体来看,在地上部同化系统建成前光合产物主要流向叶,占全部光合产物的 54% 以上,其次是块茎,而根系仅占 3% 以下,在地上部同化系统建成之后流向转到块茎,占 55% 以上。在块茎增长盛期,甚至茎叶中先前储备的光合产物也被转移到块茎。

马铃薯植株在生长过程中,茎叶对光合产物或碳素营养的竞争力始终处于优势。块茎只有在合理栽培技术条件下,到块茎增长盛期才能与茎叶争高低,而根系的竞争力则很弱,且随着生长进程而日益削弱。因此,在马铃薯生长前期,采用削弱茎叶竞争力和加强根系竞争力的技术措施,保证碳素营养的合理分配,对产量的形成是十分重要的。

3.3.2.1　干物质在各器官的含量变化

1.叶片干物质含量的变化

马铃薯叶片干物质含量的变化大致可以分成三个阶段:出苗至块茎增长期,是叶片干重直线上升阶段,其特点是增长速度快,增长量大,从块茎增长期至淀粉积累期,为叶片干物质缓慢增长期,叶片干物质继续增加,但增长速度缓慢,并逐渐到达一生中的最高值,淀粉积累期至成熟期,是叶片干物质下降期。这种变化规律有利于充分发挥叶片的光合效率,达到高产的目的。

2.茎秆干物质含量的变化

马铃薯茎秆干物质含量的变化总趋势与叶片相类似,但茎秆干物质下降的幅度比叶片小。块茎产量的高低与茎秆干物重并不完全呈正相关。茎秆对块茎产量的影响,并不决定于茎秆的最高干物重,而使前期茎秆迅速增重,尽早达到最高值更为重要。

3.块茎干物质含量的变化

马铃薯块茎干物质含量在整个生育期间的变化:从块茎形成起直至块茎增长始期,块茎干物重虽指数上升,但绝对重量小;块茎增长期至成熟期,干物重继续上升,但增长速度减慢,而绝对重量大。块茎干物质变化与茎叶变化的关系是:在淀粉积累期以前与茎叶变化呈正相关,在淀粉积累期开始后至成熟期,与茎叶的变化呈负相关,这时块茎干重增长速度变低。

4.全株干物质含量的变化

马铃薯整个生育期全株干物质含量变化呈"S"形曲线式变化。根据其变化速度可分为三个阶段:出苗至块茎形成期,干物质积累绝对量小,但相对增量高,干物质增长为指数增长期;块茎形成期至淀粉积累期,干物质绝对增量大,相对增量变小,为直线增长期,干物重达一生中最高值;淀粉积累后期至成熟期,由于部分叶片死亡脱落,单株干重略有下降。

据研究,全株干物质积累总量越大,块茎产量则越高。所以,要获得块茎高产,必须保证有强大的光合作用器官和最大的光合势,以积累更多的有机物质。

3.3.2.2　干物质在各器官的分配

全生育期干物质在茎、叶、块茎中的分配比例是不同的(图3－13)。

1. 干物质在叶片中的分配率

马铃薯干物质在叶片中分配率以生育初期为最高,占全株干物重总量的66%～73%。在正常情况下,随着生育进程的推移,干物质在叶片中的分配率越来越低,至成熟期下降到5%左右。变化范围在5%～73%。

2. 干物质在茎秆中的分配率

马铃薯的干物质在茎秆中的分配率,表现为低—高—低的趋势。苗期较低,块茎形成期至淀粉积累期分配率较高,淀粉积累期至成熟期又变低,但变幅比叶片小,在12%～49%范围内。

3. 干物质在块茎中的分配率

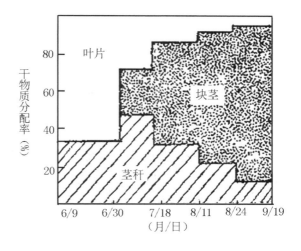

图3－13　不同时期干物质在各器官的分配

马铃薯的干物质在块茎中的分配率,自块茎形成时起,干物质向块茎中分配是逐渐增加的过程,至成熟期达到最高,占全株总干重的75%～82%。

上述马铃薯干物质变化和在各器官中的分配规律,说明在生育前期,光合产物主要分配给叶片,其次是茎秆,以保证迅速建成强大的光合作用器官。在这个基础上,随着块茎的形成和增长,向块茎中贮积的干物质愈来愈多,茎叶中有相当一部分干物质也转移到块茎中去,保证了产品器官的充分发育,达到高产优质的目的。到成熟期,块茎干重占全株总干重75%～82%,而叶片和茎秆干重分别占全株总干重的5%～5.5%和12%～20%。

3.3.3　光合产物的日变化规律

3.3.3.1　干物率及其日变化

1. 叶片干物率及其日变化

各生育时期,丰产群体和一般群体植株叶片干物率的日变化趋势相同,呈单峰曲线变化,1d的最低值出现在2～6时,最高值在14～18时。一般日变化幅度均较显著,只有接近成熟期时,日变化幅度变小。说明该期叶片功能已衰退,干物质逐渐趋于稳定。

整个生育期间,两群体植株叶片干物率的变化与植株生长发育进程相一致,呈抛物线形变化,均以块茎形成初期和淀粉积累末期较低,块茎形成末期至块茎增长初期达到一生的高峰值,尤以块茎增长初期为最高,其日高峰值,一般群体为17%左右,丰产群体为15%左右,以淀粉积累末期为最低,其日高峰值,一般群体为13%左右,丰产群体为12.5%。由此可知,叶片干物率与植株长势呈正相关关系。因此,叶片干物率是衡量植株生长状况和体内代谢强弱的重要生理指标。

整个生育期间,丰产群体植株叶片干物率始终低于一般群体,块茎增长期两群体叶片干物率差值更明显,但丰产群体1d内高峰值持续的时间都比一般群体短,说明丰产群体植株叶片生长活跃,代谢合成旺盛,而且由于叶片内同化产物及时输出,对提高叶片光合效率和增加块茎的干物质积累都优于一般群体。

2.茎秆干物率及其日变化

各生育时期,两群体植株茎秆干物率的变化幅度均不大,即没有明显的日高峰,但昼间的干物率都高于夜间。丰产群体的日变化幅度略大于一般群体。

整个生育期间,两群体植株茎秆的干物率均随着生长发育进程而增加,至淀粉积累期达到一生的最高值,两群体的日高峰值均在10.5%左右,比块茎形成初期高近1倍。整个生育期间,丰产群体茎秆的干物率始终低于一般群体,其差值在块茎增长期为最大,这一规律与叶片相同。

上述结果表明,由于茎秆既是输导器官,又起支撑全株的作用。因此,随着昼夜叶片光合作用和同化产物的形成,运转,它的干物率也有昼夜变化的趋势,且随着植株的生长壮大,其干物质含量逐渐累积增加,而丰产群体干物率低,表明其生长迅速、粗壮,比一般群体茎秆机能强。

3.块茎干物率及其日变化

块茎干物率变化不是很规律,大体上有昼间略高于夜间的趋势,但变幅不显著。

整个生育期间,两群体植株干物率,均随生育进程的推进,大体呈直线上升,至淀粉积累期达到一生最高值,其日高峰值,一般群体约20.5%,丰产群体约18%,比块茎形成初期分别增高近五分之三和二分之一倍。而丰产群体植株块茎的干物率始终低于一般群体,其差值前期小,后期大。

上述结果说明,由于块茎是储藏器官,其干物率随块茎形成而迅速增加,但也受叶片光合及呼吸作用的影响,有昼高夜低的变化趋势。然而,由于块茎是在土壤中形成生长,其干物率受土壤含水量的影响也较大,故日变化表现不太规律。

4.不同时期各器官干物率变化的相互关系

整个生育期间,两群体植株茎秆的干物率始终低于叶片和块茎,但其绝对值是随着生育进程的推移而逐渐增高的。

叶片与块茎的干物率,随着生育进程的推移,它们之间发生显著变化。块茎形成初期,叶片干物率高于块茎,块茎形成末期至块茎增长初期,叶片和块茎干物率相近,之后由于块茎干物率迅速增高,而叶片干物率逐渐下降,因而块茎干物率显著高于叶片。最后呈现块茎干物率最高,其次是叶片,茎秆最低。

3.3.3.2　非还原糖含量及其日变化

1.叶片非还原糖含量及其日变化

各生育时期,丰产群体和一般群体植株叶片非还原糖含量的日变化趋势相同,呈昼高夜低抛物线式的变化,但含量不高,均在2%以下,变化幅度也不大。块茎形成期,丰产群体植株叶片非还原糖含量略高于一般群体,而块茎增长期则相反,一般群体又略高于丰产群体,淀粉积累期,两群体含量接近。

整个生育期间,两群体植株叶片非还原糖含量变化不大,基本稳定在1%~2%。

非还原糖是马铃薯同化产物运转的主要形式,它在叶片内形成之后,很快被运输出去,其含量越低,表示代谢机能越强。因此,生育前期由于一般群体生长较丰产群体旺盛,而表现出含量略低,而丰产群体由于植株氮代谢旺盛,生长中心转移推迟,在块茎增长期进入合成代谢旺盛时期,表现出含量略低。

2. 茎秆非还原糖含量及其日变化

两群体植株茎秆非还原糖含量及其日变化的总趋势与叶片相近,有较明显的昼高夜低的变化规律。一天的最低值在 2～6 时,高峰值,丰产群体在 18 时左右,而一般群体有推迟出现的观象,多在 22 时左右出现。

整个生育期间,两群体茎秆非还原糖含量及其日变化幅度均随着生长发育进程的推移而逐渐增大。块茎形成期,一般群体含量高于丰产群体,其最高的日高峰值约 3% 左右;块茎增长至淀粉积累期,丰产群体的含量则逐渐高于一般群体,其最高的日高峰值达 9% 左右。

上述茎秆非还原糖含量的变化规律,充分说明了丰产群体植株茎秆比一般群体粗壮、代谢旺盛、输出能力强。同时,到后期茎秆又是不可忽视的光合作用辅助器官,由于后期叶片衰落,茎秆受光面积增大,光合强度提高,因而非还原糖含量在茎秆中有积累现象,且丰产群体高于一般群体。

3. 块茎非还原糖含量及其日变化

丰产群体和一般群体植株块茎非还原糖含量的日变化趋势大体一致,基本上是夜高昼低,且变化幅度不大。

从整个生育期间看,两群体的含量及其日变化幅度均随着生育进程的推移而逐渐降低。在块茎形成期,丰产群体含量在 6% 左右,高于一般群体;而进入块茎增长期,则一般群体的含量也达 6% 左右,但丰产群体含量有所下降,故该期一般群体又高于丰产群体;至淀粉积累期,则两群体的含量又趋于相等,在 2%～3%。

上述块茎中非还原糖含量及其日变化规律,是与两群体植株生长发育状况完全相一致的。作为马铃薯光合产物运输形式之一的非还原糖,在储藏器官块茎中的含量和日变化是随着叶片光合作用的节奏和运转合成能力的强弱而波动。

4. 各器官非还原糖及其日变化相互关系

从整个生育期看,两群体叶片非还原糖含量一直最低;而块茎非还原糖含量前中期高于茎、叶,至淀粉积累期逐渐下降,但仍高于叶片;茎秆非还原糖含量前中期低于块茎而高于叶片,到淀粉积累期,其含量逐渐增高,最后高于块茎和叶片。

上述规律说明,叶片作为合成器官,非还原糖在叶片中基本不储存;而块茎作为储藏器官,由于逐渐膨大成熟,非还原糖也随之迅速转化为淀粉而储藏起来;茎秆是运输器官,由于马铃薯光合产物主要以非还原糖的形式运输,所以,到淀粉积累期,一方面由于有大量光合产物向块茎运输,并且该期茎秆运输功能也比中期衰退,另一方面,该期茎秆自身光合强度提高,故后期茎秆中非还原糖含量有积累趋势。

3.3.3.3 还原糖含量及其日变化

1. 叶片还原糖含量及其日变化

丰产群体和一般群体植株叶片还原糖含量都随叶片光合作用的节奏有较明显的昼高夜低的变化规律,在各生育期间,1d 内其含量最低值出现在 2～6 时,高峰值出现在 14～18 时。但丰产群体植株叶片还原糖含量的日变化高峰值,比一般群体出现得早,多在 1d 内光合强度较大时出现。这说明丰产群体比一般群体植株叶片光合强度大,效率高。

从整个生育期看,两群体植株叶片还原糖含量呈逐渐递减的变化趋势,一般群体最高值出现在块茎形成初期,且高峰值为 4%,并且显著高于丰产群体,而丰产群体的最高值则出现在块茎增长初期,其日高峰值也为 4%,但该期与块茎形成初期相反,丰产群体显著高于一般群体。两群体植株叶片还原糖含量的日变化幅度均以块茎增长初期为最大。之后,丰产群体植株叶片还原糖含量逐渐下降,至淀粉积累期,接近或略低于一般群体。这说明丰产群体植株叶片在生育前期生长缓慢,而进入块茎增长期后,由于其合成和代谢达到一生中最旺盛时期,因此,群体叶面积、块茎体积和重量都迅速增长,表现了丰产群体的强大优势。

2. 茎秆还原糖含量及其日变化

各生育时期,丰产群体植株茎秆还原糖含量的日变化趋势和叶片大体相似,1d 的最低值出现在 2~6 时,但高峰值出现比叶片晚,多在 18~22 时。一般群体植株茎秆还原糖含量的日变化,在块茎形成至块茎增长期间,呈双峰曲线式变化,第 1 个高峰多出现在 10~18 时,第 2 个高峰在次日 2~6 时;至淀粉积累期,昼夜变幅不大,也无明显规律性。但两群体茎秆还原糖含量日变幅最大值都在块茎增长期。

整个生育期间,两群体茎秆还原糖含量呈明显抛物线形变化,在块茎增长期均达一生最高值,丰产群体的最大日高峰值约为 8%,一般群体约为 7%。块茎增长期至淀粉积累期,丰产群体植株茎秆还原糖含量及其日变化幅度,明显高于一般群体。

上述资料表明,丰产群体植株合成强度大,茎秆粗壮,输导能力强,能保证叶片的同化产物迅速通过茎秆被运送到块茎中去,而一般群体植株合成能力较弱,特别是后期更弱,而且表现夜间呼吸强度高于丰产群体,自身消耗较多。

3. 块茎还原糖含量及其日变化

丰产群体植株块茎还原糖含量及其变化幅度,在块茎形成至块茎增长期间,明显高于一般群体,其含量有夜高昼低的日变化趋势,即 1d 的最低值出现在 6~10 时,高峰值出现在 22 时前后,而一般群体植株块茎还原糖含量的日变化幅度较小,没有明显的高峰值,到淀粉积累期,两群体植株块茎还原糖含量的日变化趋势相同,其含量稳定在 0.3% 左右,日变化幅度极小。

从整个生育期间看,两群体植株块茎还原糖含量近似抛物线形变化,到块茎增长期达一生最高值,丰产群体最高日高峰值为 2% 左右,一般群体为 1% 左右。该期丰产群体还原糖含量和日变化幅度明显高于一般群体,这说明丰产群体植株的"源"、"流"、"库"能协调发展,"源"和"库"都大,物质"流"畅通,因而能获得高产。

4. 不同生育时期各器官还原糖含量变化的相互关系

根据整个生育期各器官还原糖含量变化情况看,茎秆的还原糖含量始终最高,其次是叶片,块茎最低。各器官还原糖含量日变化高峰值出现的时间,两群体均依次为叶片、茎秆、块茎,体现了"源"、"流"、"库"的协调关系,也表明块茎作为接纳同化产物的储藏库,其还原糖的代谢不同于合成和输导器官的叶片和茎秆。

上述还原糖在茎秆、叶片和块茎中的含量变化状况,充分说明了还原糖是代谢的中间产物,其含量多少既表明了合成和代谢的强弱,也表明还原糖是作为马铃薯同化产物运转的重要物质形式之一。

3.3.3.4　淀粉含量及其日变化

1. 叶片淀粉含量及其日变化

两群体植株叶片淀粉含量的日变化趋势相同,呈昼高夜低的抛物线形式变化,1d 的最低值在 2~6 时,高峰值在 14~18 时,但丰产群体日变化幅度大于一般群体。这说明丰产群体光合性能强,同时也表明马铃薯部分光合初产物,白天以淀粉的形式暂时储存在叶片中,到夜间重新降解,再运输到块茎中去。

整个生育期间,丰产群体植株叶片淀粉含量的最高值在块茎形成期,为 12% 左右,明显高于一般群体,而块茎增长期反而明显低于一般群体,为 3%~6%,保持一生较低含量,淀粉积累期,其含量再次回升而高于一般群体。这一变化与马铃薯光合生产率的变化完全一致。这说明植株叶片淀粉含量高低与光合强弱呈正相关关系,其含量低则表明叶面积增长迅速。因此,叶片淀粉含量的高低,是群体植株丰产长相和光合效率高的重要生理指标。

2. 茎秆淀粉含量及其日变化

各生育时期,两群体植株茎秆淀粉含量的日变化与叶片大体相似,但变幅不大,略有昼高夜低的变化趋势。在块茎增长期以前,丰产群体植株茎秆淀粉含量明显低于一般群体,在 2%~4%。而进入淀粉积累期以后,两群体的含量均达一生的最高值,丰产群体为 6% 左右,一般群体为 9% 左右。至淀粉积累末期,丰产群体又接近或略高于一般群体。

从全生育期看,两群体植株茎秆的淀粉含量与生育进程相一致,呈抛物线形发展。

以上资料说明,马铃薯与其他作物一样,叶片是主要光合器官,但茎秆也具有不可忽视的光合作用性能,它合成的光合初产物,以糖和淀粉的形式暂存于茎中,到夜间再重新降解运往块茎。从茎秆中淀粉积累变化情况看,后期茎秆中淀粉含量较高,说明后期叶片有部分衰落,茎秆受光面积增大,因而光合强度提高。所以,保持和延长茎秆寿命,对提高马铃薯块茎产量和品质都具有重要意义。

在生育前期,丰产群体植株茎秆淀粉含量低于一般群体这一事实说明:丰产群体植株茎秆生长迅速,茎秆粗壮高大,一方面自身生长消耗了部分光合产物,另一方面由于茎秆粗壮,有利于同化产物畅通运输。

3. 块茎淀粉含量及其日变化

在块茎形成期和淀粉积累期,两群体植株块茎淀粉含量的日变化趋势相同,均表现夜高昼低的变化规律,且一般群体略高于丰产群体。但在块茎增长期,丰产群体夜间出现低峰,而一般群体却没有此现象,说明该期丰产群体块茎体积增长非常迅速,尤其夜间增长更快,致使淀粉含量暂时出现低峰。

整个生育期间,两群体植株块茎淀粉含量均随着生育进程的推移而逐渐提高,但丰产群体的含量始终略低于一般群体。这说明高产与品质之间存在着矛盾。

4. 不同时期各器官淀粉含量及其日变化的相互关系

马铃薯块茎作为营养物质的储藏器官,从块茎形成至成熟收获,其淀粉含量始终最高,大大高于叶片和茎秆。叶片中淀粉含量从块茎形成初期,高于茎秆,随着生育进程的推移,叶片中淀粉含量有下降的趋势,而茎秆中淀粉含量则有逐渐上升的趋势,至淀粉积累期,叶片和茎秆中淀粉含量近于相等。上述茎叶中淀粉含量变化的关系说明,随着生育进程的推移,叶片的光合性能逐渐减弱,但茎秆受光面积增加,因而光合性能增强,致使暂存的光合产物——淀粉含量增高。

茎秆虽然主要起支撑植株和输导作用,但它又是光合作用的辅助器官;粗壮高大的茎秆,既可以防止倒伏、有利于养分和水分的运输,同时又能补充光合作用,增加光合产物的积累,进而提高产量。

3.3.4　提高马铃薯产量的途径

马铃薯的产量主要是靠光合作用转化光能得来的。马铃薯的光合产量可用下式表示：
$$光合产量 = 净同化率 \times 光合面积 \times 光照时间$$
如能提高净同化率,增加光合面积,延长光照时间,就能提高马铃薯产量。

3.3.4.1　提高净同化率

净同化率是指一昼夜中在 $1m^2$ 叶面积上所积累的干物质量,它实际上是单位叶面积上白天的净光合生产量与夜间呼吸消耗量的差值。夜间作物的呼吸消耗在自然情况下难以改变,要提高净同化率就得提高白天的光合速率。前面已讲述过光合速率受作物本身的光合特性与外界光、温、水、气、肥等因素影响,那么,控制这些内外因素也就能提高净同化率。例如,种植 C_4 植物以及叶色深、叶片厚而挺的品种,其净同化率要高于 C_3 植物以及叶色淡、叶片薄而披的品种。人工光源成本大,在大田中不能采用,但如在地面上铺设反光薄膜则可增加作物行间或树冠内的光强。夏秋季强光对花木、蔬菜有光抑制,如采用遮阳网或防虫网遮光,就能避免强光伤害。早春,采用塑料小棚育苗或大棚栽培蔬菜,能有效提高温度,促进棚内作物的光合作用与生长。浇水、施肥(含叶面喷施)是作物栽培中最常用的措施,其主要目的是促进光合面积的迅速扩展,提高光合机构的活性。大田作物间的 CO_2 浓度虽然目前还难以人为控制(主要靠自然通风来提供),然而,通过增施有机肥,实行秸秆还田,促进微生物分解有机物释放 CO_2 以及深施碳酸氢铵(含有 50% CO_2)等措施,也能提高冠层内的 CO_2 浓度。在大棚和玻璃温室内,可通过 CO_2 发生器(燃烧石油),或石灰石加废酸的化学反应,或直接释放 CO_2 气体进行 CO_2 施肥,促进光合作用,抑制光呼吸,等等。以上的措施因能提高净同化率,因而均有可能提高作物产量。

3.3.4.2　增加光合面积

光合面积,即植物的绿色面积,主要是叶面积,它是对产量影响最大,同时又是最容易控制的一个因子。通过合理密植或改变株型等措施,可增大光合面积。

1. 合理密植

所谓合理密植,就是使作物群体得到合理发展,使之有最适的光合面积,最高的光能利用率,并获得最高收获量的种植密度。种植过稀,虽然个体发育好,但群体叶面积不足,光能利用率低。种植过密,一方面下层叶子受到光照少,处在光补偿点以下,成为消费器官;另一方面,通风不良,造成冠层内 CO_2 浓度过低而影响光合速率;此外,密度过大,还易造成病害与倒伏,使产量大减。表示密植程度的指标有多种,如播种量、基本苗、总茎蘖数、叶面积系数等,其中较为科学的是叶面积系数。叶面积系数(leaf Area Index,LAI)是指作物的总叶面积和土地面积的比值。如 LAI 为 3,就是说 $1m^2$ 土地上的叶面积为 $3m^2$。在一定范围内,作物 LAI 越大,光合积累量就越多,产量便越高。但 LAI 太大造成田间郁闭,群体呼吸消耗加大,反而使干物质积累量减少。能使干物质积累量或产量达最大的 LAI 称为最适 LAI。多数资料表明,水稻在 LAI 为 7,小麦 LAI 为 5,玉米 LAI 为 6 左右时,通常能获得较高的产量。

2. 改变株型

近年来国内外培育出的水稻、小麦、玉米等高产新品种,差不多都是秆矮、叶挺而厚的。种植此类品种可增加密植程度,提高叶面积系数,并耐肥抗倒,因而能提高光能利用率。

3.3.4.3 延长光合时间

1. 提高复种指数

复种指数就是全年内农作物的收获面积与耕地面积之比。提高复种指数就相当于增加收获面积,延长单位土地面积上作物的光合时间。从播种、出苗至幼苗期,全田的叶面积系数很低,造成光能很大的浪费。通过轮种、间种和套种等提高复种指数的措施,就能在一年内巧妙地搭配作物,从时间和空间上更好地利用光能。如在前茬作物旺盛生长时,即在行间播种或栽植后茬作物,这样当前茬作物收获时,后茬作物已长大。如麦套棉、豆套薯、粮菜果蔬间混套种等有不少成功的经验。

2. 延长生育期

在不影响耕作制度的前提下,适当延长生育期能提高产量。如对棉花提前育苗移栽,栽后促早发,提早开花结铃,在中后期加强田间管理防止旺长与早衰,这样就能有效延长生育时间,特别是延长有效的结铃时间和叶的功能期,使棉花产量增加。

3. 补充人工光照

在小面积的栽培试验中,或要加速重要的材料与品种的繁殖时,可采用生物灯或日光灯作人工光源,以延长光照时间。

以上阐述的是提高光合产量的途径。但作物生产是以获取经济产量为目标的,要提高经济产量,还要使光合产物尽可能多的向经济器官中运转,并转化为人类需要的经济价值较高的收获物质。

3.4 马铃薯的呼吸作用

生物的新陈代谢可以概括为两类反应——同化作用和异化作用。同化作用是把非生活物质转化为生活物质。异化作用则是把生活物质分解成非生活物质。光合作用是将 CO_2 和水转变成为有机物,把日光能转化为可储存在体内的化学能,属于同化作用;而呼吸作用是将体内复杂的有机物分解为简单的化合物,同时把储藏在有机物中的能量释放出来,属于异化作用。呼吸作用是一切生活细胞的共同特征,呼吸停止,也就意味着生命的终止(图 3-14)。因此,了解马铃薯呼吸作用的转变规律,对于调控马铃薯生长发育,指导农业生产有着十分重要的理论意义和实际意义。

3.4.1 呼吸作用的概念

呼吸作用是指生活细胞内的有机物,在酶的参与下,逐步氧化分解并释放能量的过程。呼吸作用的产物因呼吸类型的不同而有差异。依据呼吸过程中是否有氧的参与,可将呼吸作用分为有氧呼吸和无氧呼吸两大类型。

3.4.1.1 有氧呼吸

有氧呼吸是指生活细胞利用分子氧(O_2),将某些有机物彻底氧化分解,形成 CO_2 和 H_2O,同时释放能量的过程。呼吸作用中被氧化的有机物称为呼吸底物或呼吸基质,碳水化合物、有机酸、蛋白质、脂肪都可以作为呼吸底物。一般来说,淀粉、葡萄糖、果糖、蔗糖等碳水化合物是最常利用的呼吸底物。如以葡萄糖作为呼吸底物,则有氧呼吸的总反应可用下式表示:

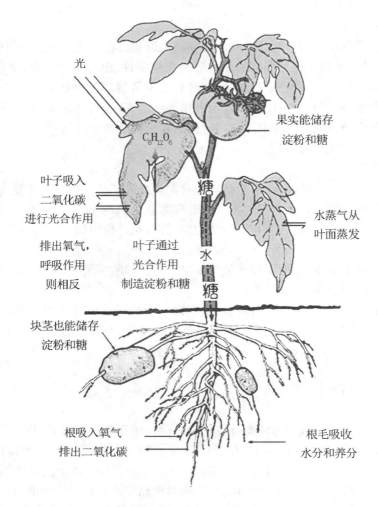

图 3 - 14　马铃薯的光合作用与呼吸作用

$$C_6H_{12}O_6 + 6O_2 \rightarrow 6CO_2 + 6H_2O \quad \Delta G°' = -2870kJ \cdot mol^{-1}$$

式中, $\Delta G°'$ 是指 pH 为 7 时标准自由能的变化。

上列总反应式表明,在有氧呼吸时,呼吸底物被彻底氧化为 CO_2 和 H_2O, O_2 被还原为 H_2O。有氧呼吸总反应式和燃烧反应式相同,但是在燃烧时底物分子与 O_2 反应迅速激烈,能量以热的形式释放;而在呼吸作用中氧化作用则分为许多步骤进行,能量是逐步释放的,一部分转移到 ATP 和 NADH 分子中,成为随时可利用的储备能,另一部分则以热的形式放出。

有氧呼吸是高等植物呼吸的主要形式,而马铃薯的呼吸作用,主要是指有氧呼吸。

3.4.1.2　无氧呼吸

无氧呼吸是指生活细胞在无氧条件下,把某些有机物分解成为不彻底的氧化产物,同时释放能量的过程。微生物的无氧呼吸通常称为发酵,根据氧化产物的不同可分为酒精发酵和乳酸发酵。高等植物也可发生酒精发酵和乳酸发酵,例如,苹果、香蕉储藏久了,会产生酒味,这便是酒精发酵的结果。马铃薯块茎、甜菜块根、玉米胚和青贮饲料在进行无氧呼吸时就产生乳酸。

呼吸作用的进化与地球上大气成分的变化有密切关系。地球上本来是没有游离的氧气的,生物只能进行无氧呼吸。由于光合生物的出现,大气中氧含量提高了,生物体的有氧呼吸才相伴而生。现今高等植物的呼吸类型主要是有氧呼吸,但也仍保留着能进行无氧呼吸的能力。如种子吸水萌动,胚根、胚芽等在未突破种皮之前,主要进行无氧呼吸;成苗之后遇到淹水时,可进行短时期的无氧呼吸,以适应缺氧条件。

3.4.2 呼吸作用的过程

有氧呼吸的全过程,可以分为三个阶段(图3-15):第一个阶段(称为糖酵解),一个分子的葡萄糖分解成两个分子的丙酮酸,在分解的过程中产生少量的氢(用[H]表示),同时释放出少量的能量。这个阶段是在细胞质基质中进行的。第二个阶段(称为三羧酸循环或柠檬酸循环),丙酮酸经过一系列的反应,分解成二氧化碳和氢,同时释放出少量的能量。这个阶段是在线粒体基质中进行的。第三个阶段(呼吸电子传递链),前两个阶段产生的氢,经过一系列的反应,与氧结合而形成水,同时释放出大量的能量。这个阶段是在线粒体内膜中进行的。以上三个阶段中的各个化学反应是由不同的酶来催化的。在生物体内,1mol的葡萄糖在彻底氧化分解以后,共释放出2870kJ的能量,其中有977kJ左右的能量储存在ATP中(38个ATP),其余的能量都以热能的形式散失了。

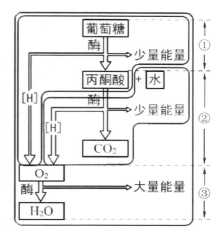

图3-15 马铃薯的呼吸作用的过程

无氧呼吸的全过程,可以分为两个阶段:第一个阶段与有氧呼吸的第一个阶段完全相同;第二个阶段是丙酮酸在不同酶的催化下,分解成酒精和二氧化碳,或者转化成乳酸。以上两个阶段中的各个化学反应是由不同的酶来催化的。在无氧呼吸中,葡萄糖氧化分解时所释放出的能量,比有氧呼吸释放出的要少得多。例如,1mol的葡萄糖在分解成乳酸以后,共放出196.65kJ的能量,其中有61.08kJ的能量储存在ATP中(2个ATP),其余的能量都以热能的形式散失了。

3.4.3 呼吸作用的生理意义

呼吸作用对植物生命活动具有十分重要的意义,主要表现在以下三个方面:
①为植物生命活动提供能量。

除绿色细胞可直接利用光能进行光合作用外,其他生命活动所需的能量都依赖于呼吸作用。呼吸作用将有机物质生物氧化,使其中的化学能以ATP形式储存起来。当ATP在ATP酶作用下分解时,再把储存的能量释放出来,以不断满足植物体内各种生理过程对能量的需要(图3-16),未被利用的能量就转变为热能而散失掉。呼吸放热,可提高植物体温,有利于种子萌发、幼苗生长、开花传粉、受精等。另外,呼吸作用还为植物体内有机物质的生物合成提供还原力(如NADPH、NADH)。

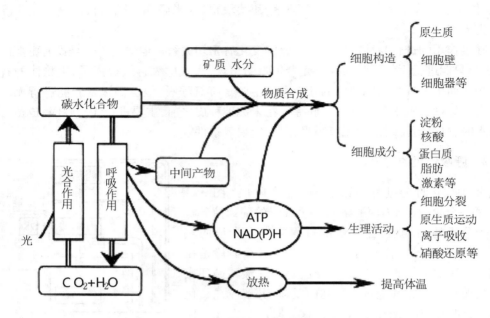

图 3－16 呼吸作用的主要功能示意图

②中间产物是合成植物体内重要有机物质的原料。

呼吸作用在分解有机物质过程中产生许多中间产物,其中有一些中间产物化学性质十分活跃,如丙酮酸、α－酮戊二酸、苹果酸等,它们是进一步合成植物体内新的有机物的物质基础。当呼吸作用发生改变时,中间产物的数量和种类也随之而改变,从而影响着其他物质代谢过程。呼吸作用在植物体内的碳、氮和脂肪等代谢活动中起着枢纽作用。

③在植物抗病免疫方面有着重要作用。

在植物和病原微生物的相互作用中,植物依靠呼吸作用氧化分解病原微生物所分泌的毒素,以消除其毒害。植物受伤或受到病菌侵染时,也通过旺盛的呼吸,促进伤口愈合,加速木质化或栓质化,以减少病菌的侵染。此外,呼吸作用的加强还可促进具有杀菌作用的绿原酸、咖啡酸等的合成,以增强植物的免疫能力。

3.4.4　呼吸作用的影响因素及其调控应用

3.4.4.1　呼吸作用生理指标及其测定方法

判断呼吸作用强度和性质的指标主要有呼吸速率和呼吸商。

1.呼吸速率

呼吸速率是最常用的代表呼吸强弱的生理指标,它可以用单位时间单位重量(干重、鲜重)的植物组织或单位细胞、毫克氮所放出的 CO_2 的量(QCO_2)或吸收的 O_2 的量(QO_2)来表示。常用单位有 $\mu mol \cdot g^{-1} \cdot h^{-1}$,$\mu l \cdot g^{-1} \cdot h^{-1}$ 等。

测定呼吸速率的方法有多种,常用的有:用红外线 CO_2 气体分析仪测定 CO_2 的释放量;用氧电极测氧装置测定 O_2 吸收量;还有广口瓶法(小篮子法)、气流法、瓦布格微量呼吸检压法等。通常叶片、块根、块茎、果实等器官释放 CO_2 的速率,用红外线 CO_2 气体分析仪测定,而细胞、线粒体的耗氧速率可用氧电极和瓦布格检压计等测定。

2. 呼吸商

植物组织在一定时间内,放出 CO_2 的量与吸收 O_2 的量的比值叫做呼吸商,又称呼吸系数。

$$RQ = \frac{\text{放出的 } CO_2 \text{ 量}}{\text{吸收的 } O_2 \text{ 量}}$$

通常,碳水化合物是主要的呼吸底物,脂肪、蛋白质以及有机酸等也可作为呼吸底物。底物种类不同,呼吸商也不同。如以葡萄糖作为呼吸底物,且完全氧化时,呼吸商是1。

以富含氢的物质如脂肪、蛋白质或其他高度还原的化合物(H/O 比大)为呼吸底物,则在氧化过程中脱下的氢相对较多,形成 H_2O 时消耗的 O_2 多,呼吸商就小,如以棕榈酸作为呼吸底物,并彻底氧化时,其呼吸商小于1。

相反,以含氧比碳水化合物多的有机酸作为呼吸底物时,呼吸商则大于1,如柠檬酸的呼吸商为1.33。

$$C_6H_8O_7 + 4.5O_2 \Longrightarrow 6CO_2 + 4H_2O$$

$$RQ = \frac{6}{4.5} = 1.33$$

可见呼吸商的大小和呼吸底物的性质关系密切,故可根据呼吸商的大小大致推测呼吸作用的底物及其性质的改变。

当然,氧气供应状况对呼吸商影响也很大,在无氧条件下发生酒精发酵,只有 CO_2 释放,无 O_2 的吸收,则 $RQ = \infty$。植物体内发生合成作用,呼吸底物不能完全被氧化,其结果使 RQ 增大,如有羧化作用发生,则 RQ 减小。

3.4.4.2 内部因素对呼吸速率的影响

不同的植物种类、代谢类型、生育特性、生理状况,呼吸速率各有所不同。一般而言,凡是生长快的植物呼吸速率就高,生长慢的植物呼吸速率就低。而同一植物的不同器官或组织,呼吸速率也有明显的差异。例如,生殖器官的呼吸较营养器官强;同一花内又以雌蕊最高,雄蕊次之,花萼最低;生长旺盛的、幼嫩的器官的呼吸较生长缓慢的、年老器官的呼吸为强;茎顶端的呼吸比基部强;种子内胚的呼吸比胚乳强(表 3-7)。

表 3-7 **植物器官的呼吸速率**

胡萝卜	根	25
	叶	440
苹果	果肉	30
	果皮	95
	种子(浸泡 15h)	
大麦	胚	715
	胚乳	76
	叶片	266
	根	960~1480

一年生植物开始萌发时,呼吸迅速增强,随着植株生长变慢,呼吸逐渐平稳,并有所下

降,开花时又有所提高。多年生植物的呼吸速率表现出季节周期性变化。温带植物的呼吸速率以春季发芽和开花时最高,冬天降到最低点。

3.4.4.3 外界条件对呼吸速率的影响

1. 温度

温度对呼吸作用的影响主要在于温度对呼吸酶活性的影响。在一定范围内,呼吸速率随温度的增高而增高,达到最高值后,继续增高温度,呼吸速率反而下降。呼吸作用有温度三基点,即最低、最适、最高点。所谓最适温度是保持稳态的最高呼吸速率的温度,一般温带植物呼吸速率的最适温度为 25～30℃。而呼吸作用的最适温度总是比光合作用的最适温度高,因此,当温度过高和光线不足时,呼吸作用强,光合作用弱,就会影响植物生长。最低温度则因植物种类不同而有很大差异。一般植物在接近0℃时,呼吸作用进行得很微弱。呼吸作用的最高温度一般在 35～45℃ 之间,最高温度在短时间内可使呼吸速率较最适温度的高,但时间稍长后,呼吸速率就会急剧下降,这是因为高温加速了酶的钝化或失活。在 0～35℃生理温度范围内温度系数($Q10$)为 2～2.5,即温度每增高 10℃,呼吸速率增加 2～2.5倍。温度的另一间接效应则是影响 O_2 在水介质中的溶解度,从而影响呼吸速率的变化。

2. 氧气

氧是进行有氧呼吸的必要条件,当氧浓度下降到 20% 以下时,植物呼吸速率便开始下降;氧浓度低于 10% 时,无氧呼吸出现并逐步增强,有氧呼吸迅速下降。在氧浓度较低的情况下,呼吸速率(有氧呼吸)随氧浓度的增大而增强,但氧浓度增至一定程度时,对呼吸作用就没有促进作用了,这一氧浓度称为氧饱和点。氧饱和点与温度密切相关。这种现象显然是由呼吸酶和中间电子传递体的周转率所造成的,也和末端氧化酶与氧的亲和力有关。由于氧浓度对呼吸类型有重要影响,因而在不同氧浓度下呼吸商也不一样。以葡萄糖为呼吸底物,当氧浓度低于无氧呼吸消失点时,呼吸商大于1;当氧浓度高于消失点时,无氧呼吸停止,呼吸商等于1。过高的氧浓度(70%～100%)对植物有毒,这可能与活性氧代谢形成自由基有关。相反,过低的氧浓度会由于无氧呼吸增强,过多消耗体内养料,甚至产生酒精中毒,原生质蛋白变性而导致植物受伤死亡。

3. 二氧化碳

二氧化碳是呼吸作用的最终产物,当外界环境中二氧化碳浓度增高时,脱羧反应减慢,呼吸作用受到抑制。实验证明,二氧化碳浓度高于 5% 时,有明显抑制呼吸作用的效应,这可在马铃薯块茎的储藏中加以利用。土壤中由于植物根系的呼吸作用特别是土壤微生物的呼吸作用会产生大量的二氧化碳,如土壤板结,深层通气不良,积累的二氧化碳可达 4%～10%,甚至更高,如不及时进行中耕松土,就会使植物根系呼吸作用受阻。

4. 水分

植物组织的含水量与呼吸作用有密切的关系。在一定范围内,呼吸速率随组织含水量的增加而升高。干燥种子的呼吸作用很微弱,当种子吸水后,呼吸速率迅速增加。对于整体植物来说,接近萎蔫时,呼吸速率有所增加,如萎蔫时间较长,细胞含水量则成为呼吸作用的限制因素。

影响呼吸作用的外界因素除了温度、氧气、二氧化碳、水分之外,呼吸底物的含量(如可溶性糖)、机械损伤、一些矿质元素(如磷、铁、铜等)对呼吸也有显著影响。此外,病原菌感染可使寄主的线粒体增多,多酚氧化酶活性提高,抗氰呼吸和 PPP 途径增强。

【参考文献】

[1]门福义,刘梦芸.马铃薯的光合作用与产量形成[J].马铃薯,1982,1.

[2]门福义.马铃薯的光合作用[J].马铃薯,1984,1.

[3]刘梦芸,门福义.马铃薯同化产物积累、分配与转移[J].马铃薯,1984,1.

[4]门福义,刘梦芸,等.马铃薯丰产群体植株光合产物日变化规律的研究(一),干物率及其日变化[J].马铃薯杂志,1991,3.

[5]门福义,刘梦芸,等.马铃曹丰产群体植株光合产物日变化规律研究(二),非还原糖含量及其日变化[J].马铃薯杂志,1991,4.

[6]门福义,刘梦芸,等.马铃薯丰产群体植株光合产物日变化规律研究(三),还原糖含量及其日变化[J].马铃薯杂志,1991,2.

[7]门福义,刘梦芸,等.马铃薯丰产群体植株光合产物日变化规律研究(四),淀粉含量及其日变化[J].马铃薯杂志,1992,2.

[8]蒋先明,等.马铃薯不同生长时期 14C 同化产物的运转和分配[J].马铃薯杂志,1988,3.

[9]浩森.马铃薯的碳水化合物(上)[J].马铃薯,1982,1.

[10]浩森.马铃薯的碳水化合物(下)[J].马铃薯,1982(增刊).

[11]李合生.现代植物生理学[M].北京:高等教育出版社,2002.

[12]中国科学院上海植物生理研究所,等.现代植物生理学实验指南[M].北京:科学出版社,1999.

[13]赵世杰,等.植物生理学实验指导[M].北京:中国农业科技出版社,1998.

[14]周朝发.马铃薯采收与储藏技术[J].农民文摘,2007(10).

[15]张生梅.马铃薯的储藏[J].现代农业科技,2008(14).

[16]李玉波,李懋辉.浅谈马铃薯栽培技术与管理[J].黑龙江科技信息,2010(26).

[17]解建侠.土豆及其根系生长的模拟研究[D].昆明:昆明理工大学,2009.

第4章 马铃薯生长发育的基础

马铃薯生长发育是生命活动中十分重要的生理过程,包括生长、发育和分化三个既有联系又有区别的生命现象。

生长是植物体体积和重量的不可逆增加,是量的变化,它是通过细胞的分裂和伸长来实现的。根、茎、叶等体积和重量的增加,整个植物体的由小到大都是生长的过程。

分化是指植物体各部分形成特异性结构的过程,是质的变化,它是通过分生细胞转变成具有特定结构和生理机能的成熟细胞来实现的。在细胞水平、组织水平和器官水平上均可表现出来。茎尖的生长点细胞转变为叶原基、花原基的过程,受精卵细胞转变为胚的过程,形成层细胞转变为输导、机械等成熟组织的过程都是分化。

发育是指在整个生命活动周期中,植物体的构造和生理机能从简单到复杂的变化过程,是质的变化。它是通过细胞的分化而导致组织、器官的分化和形成来实现的。根、茎、叶的形成,在内外的作用和影响下,由营养体向生殖器官(花、果实)的转变等都是发育。

4.1 植物的生长物质

在马铃薯的生长发育过程中,除了需要水分和营养物质的供应,还要受到一些生理活性物质的调节和控制。这些调节和控制植物生长发育的物质,称为植物生长物质。植物生长物质包括两大类:一是植物体自身代谢过程中产生的,称为植物激素。二是人工合成的,具有植物激素活性的有机物,称为植物生长调节剂。

4.1.1 植物激素

植物激素有四个重要特性:①内源性,它是植物生命活动中细胞内部的产物,并广泛存在于植物界;②调控性,可通过自身生命活动调节和控制植物生长发育;③移动性,可从植物的合成位点运输到作用位点;④显效性,在植物体内含量甚微,多以微克计算,但可起到明显增效的作用。

目前,国际公认的植物激素有五大类:生长素、赤霉素、细胞分裂素、脱落酸和乙烯。

1. 生长素

(1)生长素的特性

生长素即吲哚乙酸,简称 IAA。因生长素在植物体内易被破坏,所以,生产上一般不用吲哚乙酸来处理植物,而多采用与其类似的生长调节剂如吲哚丁酸、萘乙酸等处理植物。吲哚乙酸的结构式如下:

（2）生长素的作用

生长素能促进植物的伸长生长、促进插枝生根、诱导单性结实和控制雌雄性别。

生长素最基本的作用是促进生长,但是与生长素的浓度、植物的种类与器官、细胞的年龄等因素有关。生长素浓度较低时可促进生长,较高浓度时则抑制生长。双子叶植物一般比单子叶植物敏感。根比芽敏感,芽比茎敏感,幼嫩细胞比成熟细胞敏感。

2.赤霉素

（1）赤霉素的特性

赤霉素简称 GA。配成溶液易失效,适于在低温干燥条件下以粉末形式保存。赤霉素的结构式如下:

（2）赤霉素的生理作用

赤霉素能促进茎和叶的生长、诱导抽薹开花、促进性别分化、打破休眠、防止脱落、诱导单性结实和促进无籽果实的形成。

3.细胞分裂素

（1）细胞分裂素的特性

细胞分裂素简称 CTK,主要包括激动素、玉米素等。性质较稳定。细胞分裂素的结构式如下:

（2）细胞分裂素的生理作用

细胞分裂素能促进细胞扩大生长、诱导芽的分化、防止衰老和促进腋芽生长。

4. 脱落酸

（1）脱落酸的特性

脱落酸简称 ABA。是植物体内存在的一种强有力的天然抑制剂,含量极微,活性很高,作用巨大。脱落酸的结构式如下:

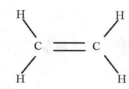

（2）脱落酸的生理作用

脱落酸能抑制植物生长、促进脱落、促进休眠和调节气孔关闭。

5. 乙烯

（1）乙烯的特性

乙烯简称 ETH,是一种促进器官成熟的气态激素。由于乙烯是气体,使用比较困难,所以一般都用它的类似物乙烯利代替。

（2）乙烯的生理作用

乙烯能加速果实成熟,促进脱落衰老,调节植物生长和促进开花。

在植物生长发育过程中,任何一种生理反应都不是单一激素作用的结果,而是各种激素相互作用的结果,各种激素之间的相互作用是很复杂的,有时表现为增效作用,有时表现为拮抗作用。了解各种激素对植物的生理作用、激素间的相互作用,以及和环境间的关系,在农业生产上具有非常重要的意义。

4.1.2 植物生长调节剂

随着植物激素的研究和发展,人们合成了许多具有激素活性的物质,以便更有效地控制植物的生长发育,这就是目前普遍应用的植物生长调节剂。

1. 生长促进剂

（1）萘乙酸（NAA）

生理作用:扦插生根,控制枝条生长,疏花疏果,防止采前落果,促进菠萝开花,组培中广泛用于生根。

（2）吲哚丁酸（IBA）

生理作用:果树上主要用于促进扦插生根,引起的不定根多而细长,组培中用于生根,吲哚丁酸适应范围广泛而且安全,是目前最主要的调节剂。

(3)2,4-二氯苯氧乙酸(2,4-D)

生理作用:高浓度时可作为除草剂,低浓度时可防止番茄落花落果并诱导无籽果实的形成,组培中浓度适当时可诱导外植体脱分化。

(4)萘氧乙酸(NOA)

生理作用:促进扦插生根,防止采前果实脱落。

(5)6-苄基腺嘌呤(6-BA,BAP)

学名绿丹。生理作用:可显著增加葡萄果粒和果柄的固着力,减少果粒脱落,可促进苹果侧芽萌发,增大分枝角度,在组培中应用较为广泛。

(6)四氢吡喃基苄基嘌呤(PBA)

活性及移动性高于6-苄基腺嘌呤。

2. 生长延续剂和生长抑制剂

(1)乙烯利(CEPA)

乙烯利是目前生产上应用最广泛的调节剂,发挥作用的最适温度是 20~30℃。

生理作用:促进果实成熟,抑制营养生长,促进花芽形成,诱导雌花形成和雄花不育,促进橡胶乳汁分泌,延迟花期,提早休眠,提高抗寒性。

(2)矮壮素(CCC)

生理作用:抑制营养生长,使植物茎秆加粗,叶色加深,叶片加厚加宽,能够更好地进行光合作用,并抗倒伏,促进花芽形成,增加坐果。

(3)三碘苯甲酸(TIBA)

三碘苯甲酸是一种阻碍生长素运输的物质。

生理作用:消除顶端优势,促进腋芽生长,分枝增多,植株矮化。

(4)比久(B_9)

生理作用:抑制顶端优势,刺激果树新梢生长,利于花芽形成,减少采前落果,促进果实着色。

比久在农业生产上应用比较广泛,但有试验表明,其对人和牲畜均有毒副作用,致癌性强烈,所以在农业生产中要禁止使用。

(5)多效唑(PP_{333})

生理作用:延缓植株营养生长,促进生殖生长。

(6)马来酰肼(MH,青鲜素)

生理作用:抑制茎的伸长,防止洋葱、马铃薯、大蒜等在储藏时发芽,抑制烟草腋芽生长。但马来酰肼可能致癌和使动物染色体畸变,所以,对食用植物最好以不用为宜。

(7)整形素(形态素)

生理作用:抑制茎的伸长生长和种子萌发,促使葡萄、番茄产生无籽果实。

(8)烯效唑(S3307)

生理作用:同多效唑,但比多效唑强 2~4 倍,是目前应用较多的一种植物生长调节剂。

4.2　植物的生长与分化

植物的生长是以细胞的生长为基础的,由于细胞的生长和分化,形成各种组织,多种组织构成器官,所以我们说,细胞生长是植物生长的基础。

4.2.1　植物生长的一般规律

植物的生长是一个体积和重量不可逆增加的过程,这一阶段生长的好坏,直接影响植物的产量和品质。植物的生长具有一定的规律性。

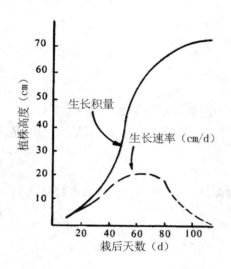

图4-1　植物生长大周期

1. 植物生长大周期

在植物的生长过程中,个别器官或整个植物体的生长速度,都表现出"慢—快—慢"的基本规律,即开始时生长缓慢,以后逐渐加快,达到最高点,然后生长减慢以致最后停止的过程,称生长大周期(图4-1)。

植物生长表现出的大周期现象可从两方面解释:首先,植物体的器官由细胞组成,细胞生长表现为"慢—快—慢"的规律,所以,器官生长才表现出生长的大周期现象。另外,对整个植物体而言,生长初期,根系不发达,吸收水和无机盐的能力差,叶片小而少,光合强度弱,合成的有机物少,因而生长速度慢;生长中期,根系逐渐发达,吸收能力增强,叶面积增加,光合效率增强,有机物合成增加,各器官生长速度加快。生长后期,植株逐渐衰老,根系吸收能力下降甚至停止,叶片开始脱落,叶面积减少,有机物合成量减少,生长减慢。

了解植物生长大周期在生产上具有重要的实践意义:植物生长是不可逆的,一切促进或抑制生长的措施必须在生长最快速度到来之前采取行动,若错过大周期,生长速度下降时再采取补救措施就来不及了;生长大周期通过的速度和幅度,对每种植物和器官具有严格的时间性和数量感,高产栽培中运用的综合技术措施保证植物或器官的生长大周期的出现,在时间上要准时,数量上要定量,若错失预期要求,不是引起早衰就是造成迟熟,高产目标就将落空;同一植株的不同器官,生长大周期出现的时间是不同的,有先有后有重叠,在采取措施控制某一器官生长时,一定要注意考虑对其他器官的影响。

2. 植物生长的周期性

整株植物或植物器官的生长速率按季节或昼夜发生规律性的变化,这种现象叫做植物生长的周期性。

植物生长随昼夜表现出的快慢节律性变化,称为昼夜周期性。植物的昼夜生长主要受环境条件如温度、光照强度和植物体内水分状况的影响。在水分适宜,温暖白天的生长速度快于夜晚,若白天温度增高,光照增强,空气干燥,植物的生长将受到抑制。

植物的生长随季节表现出的快慢节律性变化,称为季节周期性。植物季节周期性主要受四季温度、水分和光照条件的控制。例如,温带的多年生木本植物,春季发芽,夏季旺盛生长,秋季落叶,生长停止,冬季休眠,完成一个生长季,第二年春季又发芽……这样,在长期的环境条件与植物的相互作用下,成为植物自身的遗传特性。

3.极性

一株植物形态学的上下两端存在差异的现象,称为极性。即使植物器官的放置方向发生颠倒,极性现象也不会改变,例如,无论将枝条正挂或倒挂在潮湿环境中,总是在形态学的上端长芽,下端长根。所以,在生产实践中进行扦插、嫁接时一定要注意极性,不能颠倒,否则将无法成活(图4-2)。

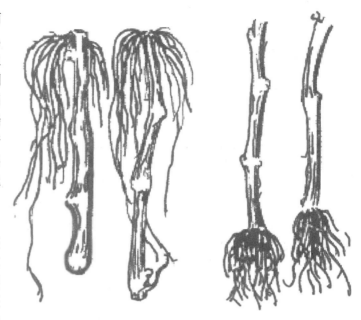

4.再生性

在适宜的条件下,植物的离体部分能恢复所失去的部分,重新形成一个新个体,这种现象叫再生性。在生产上采用扦插、压条进行繁殖,就是利用了植物的再生能力。

图4-2　植物生长的极性

5.无限性

植物生长与动物生长有本质的不同,动物的生长只是各种器官的生长增大,不再形成新的器官,并且生长有一定的限度;植物由于存在始终保持胚胎状态的顶端分生组织和侧生分生组织,一生中不但能不断长高增粗,还能不断产生新的器官。植物的无限性表明了植物的可塑性,也给生产提供了可控性。

6.植物生长的相关性

植物体的各个器官在生理上是相互独立,相互联系的。植物体的各个部分在生长过程中相互促进与控制的现象,叫做相关性。

(1)地上部分和地下部分的相关性

根系为地上部分提供水、无机盐、赤霉素和细胞分裂素等,茎、叶为根系供应蛋白质、糖类、维生素和吲哚乙酸等,所以,根系发达,树冠也相应高大;枝叶生长不好,根系的生长也受阻;枝叶生长过旺,根系的生长就被削弱。所以,我们一定要根据生产目的,调控地上部分和地下部分的生长,以达到提高产量的目的。

(2)主茎和分枝,主根和侧根的相关性

由于主茎的顶芽生长而抑制侧芽生长的现象,叫做顶端优势。主根和侧根也存在顶端优势,主根和主茎总是比侧根和侧枝生长快。生产上要根据顶端优势原理采取有效措施,促进或控制植物生长。

(3)营养生长和生殖生长相关性

营养生长是生殖生长的基础,生殖生长所需的养料大多数由营养器官供应,营养生长不好,生殖器官生长也不好。营养器官生长过旺,茎叶徒长,养分消耗较多,生殖器官分化延迟,生育期延长,产量低。生殖器官生长过旺,营养物质向生殖器官转移,营养器官生长减慢,甚至衰老死亡。在果树生产上采取适当供应水、肥,合理修剪或适当疏花疏果等措施,保证其稳产、高产。

4.2.2　植物生长的影响因素

植物的生长是植物体内的各种生理活动协调一致,共同作用的结果。因此,所有影响植物生理活动的条件都影响植物的生长,主要包括温度、光、水分、矿质营养和生长物质等。

1. 温度

植物只有在一定的温度范围内,才能正常生长。温度对植物的生长也具有最低温度、最适温度和最高温度,称为植物生长的温度三基点。

植物正常生长的温度不是恒温,而是要有比最适温度稍低的昼夜温度变化,即白天温度高,夜间温度低,具有一定的温差,并呈现周期性的变化,这种现象称为温周期。白天温度较高,利于光合作用的进行,夜间温度低可减少有机物的消耗,利于光合产物的积累,使植物体内的积累大于消耗,加速了植物的生长。

2. 光照

光对植物生长的影响,除通过代谢作用影响其生长外,还可通过抑制细胞伸长、促进细胞分化而对植物的器官分化和形态建成产生直接影响。光对植物形态建成产生的直接影响称光范型作用。光是绿色植物正常生长所必需的条件,光可影响植物的器官分化、形态建成、光合作用等。

(1)光照强度

适宜的光照强度可促进光合作用的顺利进行,为植物的生长提供足够的物质和能量。在黑暗条件下,植物表现为:茎细、节长、脆弱(机械组织不发达)、叶片小而卷曲、根系发育不良和全株发黄,这种现象称为黄化现象。

(2)光周期

一天中,光照和黑暗的交替,称为光周期。光周期除了能诱导植物开花外,还影响植物花茎的伸长,块根和块茎的形成,芽的休眠和叶片的脱落等。

(3)光质

不同波长的光对植物生长有不同的影响。短波的蓝紫光有抑制植物生长的作用,其中紫外光的抑制作用更显著,它可以使植物矮化。所以,在育苗时常采用浅蓝色的塑料薄膜覆盖,它能透过紫外光,抑制植物徒长,与无色薄膜相比,幼苗生长得更健壮。

3. 水分

水是植物生长所必需的。土壤含水量、蒸腾作用的大小、空气湿度等都影响植物的生长。当水分缺乏时,影响植物细胞的分裂和伸长,所以影响植物的生长。当水分过多时,根系不发达,茎叶细幼徒长,影响产量。

植物的需水量受植物生育时期的影响,生产量大的时期也就是需水量大的时期,植物营养生长旺盛期和生殖器官形成期是对缺水最敏感的水分临界期。

4. 矿质营养

矿质营养和植物的生长有密切的关系,植物缺乏其中任何一种必需的矿质元素,都能影响生长。

5. 生长物质

植物生长物质包括植物激素和植物生长调节剂(在植物生长物质一节中已经论述),植物只有在各种生长物质的调节和控制下,才能以适宜的速度生长。

4.3 马铃薯的生理年龄

马铃薯生理年龄一词在文献中常见于描述种薯的性质及其后代的生长势、生产能力等方面。马铃薯种薯因长期利用无性繁殖,年龄逐代增大而导致种性退化的学说,就牵涉到生理年龄的问题。Vander Zaag 把处在开始正常发生芽条时期的种薯或顶端优势结束期前的种薯,称作生理上的幼龄、把达到正常发芽期终了的种薯称作生理上的老龄,并指出种薯生理年龄不同者,生长模式也十分不同。

4.3.1 关于年龄术语的含义

任何有机体,无论是整体,还是器官,组织或是细胞,都存在着发生、成长、老熟、衰亡,自幼龄、壮龄到老龄至衰亡的过程。随着生存时间的延长,在外部形态结构,内部生理生化功能都逐渐趋向衰老,最后终止生命,这是生物界生命发展的共同规律。一般系针对动植物由生到死的生存时间而言,以物理时间度量,称为时间年龄。因此,动植物随时间的推移,由幼龄、壮龄、老龄而至衰老死亡,这是生物的共同规律。就马铃薯种薯而言,按习惯是把植株上早结的种薯称老龄薯;晚结的种薯称幼龄薯,把长期储藏乃至萌芽萎缩的种薯称衰老薯,这都属种薯的一段时间年龄。

然而,在生产实践中同样时期年龄的种薯,却会因所处的栽培环境、储藏条件、种薯处理等有差别,其后代长相则表现形形色色的变化。有的健壮,有的衰弱,有的成熟早,有的成熟晚,有的高产,有的低产,有的提早夭折,有的寿命延长,等等。由此看来,在时间年龄之外必然存在一个生理年龄。但关于生理年龄的含义则因人而异,往往与时间年龄混淆,且含义笼统。例如,Toosey 定义为:"生理年龄即块茎在任一指定时间的生理状况",并用芽萌发的程度来表示。Kawakami 以种薯收获到其栽植所经过的月数称作当代年龄,并以此来量度生理年龄,实际上乃是一段时间年龄。Krijthe 用芽随着时间所表现的萌发力的变化来测定生理年龄,指出马铃薯种薯年龄现象的顺序为:独芽萌芽阶段,多芽萌发阶段,分枝阶段,小块茎形成阶段。Wurr, D. C. E. 认为生理年龄对马铃薯生产有着重要意义,但同时指出对其度量及下一个定义则很困难。他从生产实际的应用考虑,提出以温度作为时间尺度来测定生理年龄,并引进生理钟的概念来说明生理年龄的变化。

4.3.2 马铃薯的生理年龄

首先从形态发生与解剖学来分析,我们已知整个植物的生长发育体系之得以建立,在于具备发达的轴性,包括茎轴与根轴。茎轴顶端分生组织可产生侧轴,包括叶、芽、侧枝及花等,都属轴型的重复过程,由此而建立起器官多样、执行各种功能的地上系统。根轴顶端分生组织就没有直接产生侧轴的能力,而是间接地从茎轴内部的维管组织周围的细胞分裂产生侧轴,只具有吸收及运转水分、营养物质和支持植物体的功能。轴性发展的结果,便构成由时间年龄不同的细胞、组织和器官镶嵌的植物体。

再从植物个体发育来看,植物体乃从接合子开始,经过胚胎发育建立轴系统,进而建立营养体系和生殖体系最终完成一个生活周期。一年植物在完成生殖生长后,生命随之结束。因此,生理年龄应开始于合子形成,终止于植物结实成熟后死亡。但生理年龄的生老死亡,并不像时间年龄那样与时俱逝。例如,结球甘蓝、小麦作物若不遭受低温影响,或像玉米、大豆等短日照作物若始终在长日照条件下,则将始终处于营养生长阶段,时间年龄虽与时俱增,但生理年龄却处在不断进行营养生长的生理壮龄阶段。所以,生理年龄除受时间因素影响外,更重要的是受着与外界条件相联系的生理活性或生理上的表现的影响。外界条件中主要因素是温度、光质和光周期。习惯上也是拿生理方面的表现来表达生理年龄的。尾田氏从植物个体各部分在年龄上有镶嵌性的观点出发,指出能否用分生组织的生理年龄来代替个体的生理年龄。

根据上面的分析,马铃薯的生理年龄的起点自然应从接合子开始,但在生产上马铃薯都用块茎繁殖,块茎则由茎轴的侧轴分生组织细胞的分裂及其相继膨大而来。因此,栽培的马铃薯其生理年龄的起点,应从匍匐茎尖端发生块茎开始。前述 Kawakami 计算生理年龄系从块茎收获开始则欠合理;而 Wurr 量度种薯生理年龄是从块茎发生开始,似符合上述分析。

马铃薯通过块茎繁殖时是从块茎到块茎,进而言之,是从侧轴分生组织到侧轴分生组织。其间并不像有性繁殖那样,由异质性个体通过受精过程重新建立轴性。而是都来源于原初的主轴顶端分生组织(即最初合子建立的茎端分生组织),除非发生突变,组织的性质才会发生质变。于是产生一个问题,即块茎的年龄能否逐代累计。关于时间年龄,对于一年一枯荣的宿根性草本植物,是有逐代计龄的。衰老导致马铃薯退化的学说,就是基于按时间年轮逐代计龄来推论的。

根据前面块茎逐代发生的组织学规律,似乎也应存在逐代生理年龄,与此同时也应存在当代生理年龄。前者系从合子形成开始,直到无性块茎系的死亡,后者则从块茎发生开始,直到块茎栽植后新块茎的形成。这里又存在另一个问题,就是逐代生理年龄是否和逐代时间年龄那样与时俱增,随着趋向衰老而终至于死亡。从自古以来始终用无性繁殖方式保持下来的果树、薯类、蔬菜等植物来看,逐代生理年龄变化不大。除非其间接受了外来的不利影响,如马铃薯感染了病毒,导致种薯衰老死亡。否则如山药利用灵余子(气生块茎)更新,大蒜利用天蒜(气生鳞茎)复壮,以及马铃薯利用茎尖分生组织更新(当然这里有脱毒的一面)就无从解释了。此外,也可能接受有利的影响,例如,营养芽的突变而产生一个新特征。

综上所述,马铃薯通过种薯进行无性繁殖,只要生长点的分生组织不遭受任何不良影响,就能长期健康保持下去。关于这一点,早在 20 世纪末德·康多尔便有分生组织的细胞永葆青春的看法。然而,事实上生长点分生组织毕竟也会发生生理年龄的衰老现象,但这都是发生于某一当代,至于这一影响是否能通过块茎繁殖传递给后代,尚有待进一步研究,这将对马铃薯的留种保种有重要的指导意义。

4.3.3　生理年龄的作用

马铃薯种薯的生理年龄对生产上的影响,表现在出苗与否、出苗早晚、田间株势强弱,最终表现在产量的高低。这种影响主要是受当代生理年龄的变化决定的。例如,衰老的种薯栽植后长期处在 12℃ 以下的土壤温度,萌发的芽就不能伸长生长而形成小薯,俗称"梦生薯",从而造成缺苗断条。而新收的幼龄薯,如用人工打破休眠,处在同样温度则不发生这种现象。所以前者春播应稍晚;后者则可稍早,才能出苗早而整齐。

Kawakami 将收获后的种薯分期栽植,发现种薯有一最适当代年龄以获得高产,即在当代年龄 4、6 月之间产量最高,但他忽视了储藏和栽培条件对生理年龄的影响。这由 Krijthe 的一个试验可以说明,他将尚未萌芽的种薯置 2℃ 储藏,每隔一个月取出一批在 20℃ 放 4 周,然后切下萌发的芽进行称重,并以此表示芽萌发力。从而证明种薯萌芽过程受生理年龄支配。可惜他没有进一步找出影响的物质基础。然而可以想到,这与种薯养分的释放程度、生长素的情况有关,从而与酶的种类、活性等有关。

种薯芽萌发力的差异,在生产上反映于出苗早晚,从而影响到叶面积指数的进程、大小,以及收期和最终产量。Wurr 对此曾勾画了一幅模式图,可以清楚表明这一事实。

Wurr 认为,由于种薯生理年龄通过对芽条萌发、生长、发育的影响,从而也对出苗、叶、块茎等产生了影响,这一分析看来是对的,但是过于笼统了。实质上,这是由于种薯的主侧轴分生组织生理年龄有差别所造成的,而这些差别又受着种薯在母体时田间条件及收获后的储藏条件所影响。

以马铃薯品种白头翁为材料,一在阳畦繁殖,于 3 月 15 日收获;二在大田繁殖,于 6 月 20 日收获(种前曾用甘油赤霉素液处理顶部芽眼),同时于 8 月 18 日播种来比较它们的生理活性表现。10 月 13 日进行生长分析表明(图 4-3),不论是发生的茎数、根茎叶的生长量,还是块茎生长情况,阳畦薯的生理活性表现都显著优于大田薯。可以推想,阳畦薯之所以表现生理活性较强,是由于其中酶的方向、活性较强,从而释放的养分、激素较多,以及由此带来的细胞增殖和生长较快的结果。

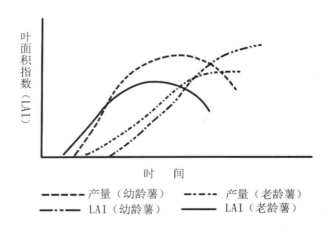

图 4-3 生理老龄与生理幼龄种薯叶及块茎发育模式图

4.3.4 生理年龄的量度

要研究种薯的生理年龄及其影响,首先要有一个标准量度。前面已提到生理年龄是从种薯栽植后,后代的长相及其生产力新体现出的年龄上的幼、青、壮、老,这既包括时间因素,但更重要者为生理活性因素。所以,最好是用生理活性为指标,结合时间因素和环境条件等作为度量标准,可能较为合理。当然最好是度量分生组织的活性,并结合其形态与结构的变化则更加合理。但是,这比较困难。根据 Wurr 的意见,这一量度必须能定量,并且简单而实用。所以他提出以时间尺度的温度来测量生理年龄,因为种薯的生理活性主要受温度作用,用温度作为计量单位便于测定计量。他根据从种薯发生直至栽植,种薯在田间和储藏过程中的平均温度(白天 0℃以上的土壤温度),以种薯所经受的积温与其产量对比起来作图,发现种薯后代生产量(生理活性的反映),与其所经受的积温值呈现二项式的关系,而与前述 Kawakami 的产量受当代年龄影响的曲线基本相同。

种薯从块茎发生到栽植有一个以积温内度量单位的生理年龄,这既包含了时间年龄而又不是时间年龄。同时发现,不同的品种为获得最高生产量,种薯所要求的积温不同。

4.3.5　生理年龄的控制机能

种薯生理年龄受什么因素所控制,其机理还不清楚。但从现今已知匍匐茎的横地生长、块茎发生、块茎休眠与内生激素有着密切关系的事实,可以推测种薯生理年龄之所以发生变化是受激素水平,如赤霉素、脱落酸、吲哚乙酸等的影响,从而又受一定的酶系统所控制;以及其他因素,如氮素代谢,糖量变化等的影响。而以上种种又显然受着种薯发生和形成时田间环境因素,以及其后储藏的条件影响。对于这些都没有联系到生理年龄的控制机理来研究过。

Wurr 关于种薯生理年龄的变化设想了一个用时钟指针走动的比拟,认为田间的种种因素多半影响着时钟的启动时间,或指针的开始走动,对种薯来说意指打破休眠的时间;而一般的储藏条件则影响指针的走动速度,也就是指芽萌发的速度,两者的结合就影响种薯的最终年龄。如图 4－4 所示,从栽植至时钟启动的时间(图 4－4 A－B)不论早熟栽培或晚熟栽培的种薯都相同,但启动后时钟的走动速度或生理年龄的变化,则因储藏温度的冷暖而大不相同(图 4－4 B－C)。显然,储藏在高温走动快,生理年龄变化大;在低温走动慢,生理年龄变化小。但关于这一代表生理年龄变化的时钟,究竟是怎样得到启动,以及怎样才使走动发生快慢的不同,Wurr 却未作

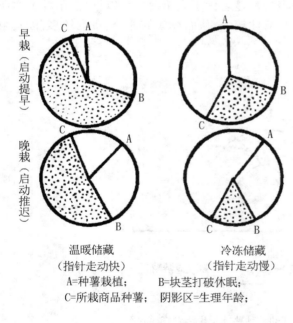

温暖储藏　　　　　　冷冻储藏
（指针走动快）　　　　（指针走动慢）

A=种薯栽植;　　B=块茎打破休眠;
C=所栽商品种薯;　阴影区=生理年龄;

图 4－4　用时钟走动比拟种薯生理年龄图

进一步的交代。

显然,Wurr 想采用生理钟这一概念来说明种薯生理年龄变化的机理,现试从近代关于生理钟方面的研究来说明这一问题的实质。所谓生理钟是用来表示一种节奏性的生理现

象,如菜豆初生叶的昼夜运动,及地中海伞藻的叶绿体长轴与短轴之比的变化(暗期是2.3、2.6,明期是4.9、5.6)等,它们所发生的计时机理。这样,内生节奏的周期性是由生理钟推动的,钟的指针则代表生理活性而受钟控制。换言之,钟能控制生理活性,而不是生理活性控制钟。控制钟发出指令者主要是环境因素,特别是明暗变化,当然也还有温度、气体等(图4-5)。接受影响的位置,根据研究在细胞,而细胞中的细胞核起着重要作用,因而又与脱氧核糖核酸的含量有关。因此,中岛提出,可用核酸代谢作为线索来探讨内生节奏的计时机理。如果计时机理涉及细胞及其核酸,则Wurr关于种薯生理年龄计时机理的设想中存在一些有待研究的问题,诸如种薯接受环境因素的部位在何处,核酸以及其他左右生理年龄的变化的物质如何,等等,都有待于进一步的研究。

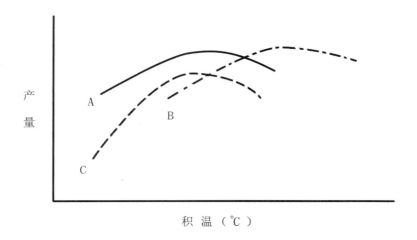

图4-5 不同品种的种薯积温与产量的关系

【参考文献】

[1] 黄冲平,王爱华,胡秉民. 马铃薯生育期和干物质积累的动态模拟研究[J]. 生物数学学报,2003(3).

[2] 王爱华,黄冲平. 马铃薯生育期进程的计算机模拟模型研究[J]. 中国马铃薯,2003(2).

[3] 黄冲平. 大棚栽培马铃薯地膜覆盖对比试验[J]. 浙江农业科学,2000(6).

[4] 曹卫星,罗卫红. 作物系统模拟及智能管理[M]. 北京:华文出版社,2000.

[5] 骆世明,彭少麟. 农业生态系统分析[M]. 广州:广东科技出版社,1996.

[6] 门福义,刘梦芸. 马铃薯栽培生理[M]. 北京:中国农业出版社,1995.

[7] 袁华玲. 二倍体马铃薯原生质体培养及体细胞杂交的研究[D]. 北京:中国农业科学院,2008.

[8] 郑顺林. 营养因素对马铃薯块茎发育生理特性影响的研究[D]. 雅安:四川农业大学,2008.

[9] 蒲育林. 马铃薯微型薯活力及其调控机理研究[D]. 兰州:甘肃农业大学,2008.

[10] 柳俊. 马铃薯试管块茎的形成机理及块茎形成调控[D]. 武汉:华中农业大学,

2001.

[11] 张志军. 马铃薯试管薯快繁及其调控机理研究[D]. 杭州:浙江大学 ,2004.

[12] 李会珍. 利用试管薯诱导途径探讨马铃薯品质形成及其调控研究[D]. 杭州:浙江大学, 2004.

[13] 王季春. 脱毒马铃薯雾培结薯的优势机理研究[D]. 重庆:西南农业大学 ,2005.

[14] (英)P. M. 哈里斯. 马铃薯改良的科学基础. 蒋先明,等,译. 北京:中国农业出版社,1984,314 – 337.

[15] 王军. 马铃薯种薯生理年龄[J]. 马铃薯,1984(2):75 – 82.

[16] 蒋先明. 试评马铃薯的生理年龄(综述)[J]. 国外农学——杂粮作物,1984(4):1 – 4.

[17] 刘梦云,等. 马铃薯种薯生理特性研究[J]. 中国农业科学,1985(1):18 – 23.

[18] 刘梦云,等. 马铃薯不同芽龄种薯生理特性研究[J]. 马铃薯杂志,1990(4):193 – 200.

[19] 刘梦云,等. 马铃薯种薯播前不同催芽方法的生物学效应[J]. 内蒙古农牧学院学报,1992(3):45 – 50.

[20] 刘梦云,等. 马铃薯带毒种薯生理变化的研究[J]. 华北农学报,1992.

[21] 刘梦云,等. 马铃薯种薯芽条生育规律的研究[J]. 马铃薯杂志,1992,3.

[22] 刘梦云,等. 马铃薯不同种收期块茎作种的生理效应[J]. 马铃薯杂志,1991,3.

[23] 吕清燕,等. 马铃薯芽条长度对植株生长及产量的影响[J]. 马铃薯杂志,1992,2.

第5章 马铃薯植株的生长发育

5.1 马铃薯植株生长及影响因素

在农业生产中,一般采用马铃薯块茎进行繁殖,用块茎无性繁殖长成的马铃薯植株,从块茎萌芽,长出枝条,形成主轴,再到以主轴为中心,先后长成地下部分的根系、匍匐茎、块茎,地上部分的茎、分枝、叶、花、果实时,成为一个完整的独立的植株,同时也就完成了它的由发芽期、幼苗、发棵期、结薯期且块茎休眠期组成的全部生育周期。

5.1.1 块茎萌芽及其与环境的关系

5.1.1.1 块茎萌芽

块茎上萌发的芽,由于品种和萌芽时的条件不同而异。一个块茎通常是顶芽先萌发,并且生长势强,幼芽粗壮,其次是块茎中部各芽从上而下逐个萌发,这些芽的长势较顶芽弱而纤细,而且越接近基部的芽眼萌发的芽越细弱,以基部各芽萌发最晚,生长势最弱,有些基部芽甚至不萌发而处于休眠状态。这种现象通常称为块茎的顶端优势。

马铃薯块茎内含有丰富的营养和水分,已通过休眠的块茎,只要有适宜的发芽条件,块茎内的酶就开始活动,把块茎内储藏的不可给态的淀粉、蛋白质分解成糖和氨基酸等,并通过输导系统源源不断运送至芽眼,于是幼芽便开始萌发。

5.1.1.2 块茎萌芽期间其内含物的变化

1. 不同块茎的物质含量

块茎内部的储藏物质含量及性质不同,其生理机能就有差异,从而也就影响整个植株的生育状况和产量。据研究测定结果表明,块茎中干物质、淀粉、维生素 C 等物质含量,以老龄大薯为最高,幼嫩小薯次之,感病退化薯最低。然而蛋白氮与非蛋白氮比值则以幼龄小薯为最高,老龄大薯与感病退化薯相近(表 5 – 1)。蛋白氮与非蛋白氮比值愈大,蛋白氮的含量愈高,块茎的生活力愈强,幼龄小整薯正好具备这种特性。

2. 干物质、淀粉、蛋白氮含量的变化

在块茎发芽过程中,块茎内部物质进行一系列生理生化变化,首先表现在储藏态养分与可给态养分含量及酶的活性变化。从表 5 – 1 可以看出,三种类型块茎的内含物——干物质、淀粉、蛋白氮的含量,在整个发芽期间都是逐渐减少的,只是下降速度有区别;其中以幼龄小薯下降速度最快,说明其内部生理活动最旺盛,而在芽尚未萌动之前,幼龄小薯三种物质减少的速度最慢,这种生理现象正有利于块茎的发芽生长。感病退化薯与此相反,即在芽未萌发以前,三种物质既已迅速下降,发芽后反而下降很慢,严重影响了块茎的正常萌发生长,老龄大薯介于上述二者之间。

表 5 - 1 　　　　　　　　　　　不同种薯各物质含量

项目　　种薯类别	干物质(%)	淀粉(%)	维生素C(μg)	蛋白质(%)	非蛋白氮(%)	蛋白氮　非蛋白氮
老大薯 80～100g	27.08 28.90	17.87 19.05	12.00	0.58 0.54	0.47 0.58	1.23:1 0.93:1
嫩小薯 15～50g	23.68 22.30	12.39 12.05	9.13	0.76 0.78	0.46 0.45	1.65:1 1.73:1
感病退化薯 50～100g	23.01 20.70	12.01 8.40	7.47	0.56 0.54	0.53 0.55	1.05:1 0.98:1

3. 还原糖、非蛋白氮的变化

从表 5 - 2 可以看出,幼龄小薯在芽未萌动的休眠期间,还原糖和非蛋白氮含量变化很小,说明这期间其生命活动不旺盛,有利于保持块茎的生活力,当芽开始萌动后,还原糖和非蛋白氮含量迅速增加,从而保证了幼芽生长有充分营养物质的供应。老龄大薯和感病退化薯则相反,在休眠阶段其还原糖含量上升快,而在萌芽初期还有一个下降过程,这是不正常的生理状态。

4. 淀粉酶和抗坏血酸氧化酶活性的变化

块茎内的淀粉是通过淀粉酶的催化作用最后分解成葡萄糖的,所以整个发芽过程也是淀粉酶活性逐渐增高的过程。研究表明,幼龄小薯在整个发芽期间,淀粉酶的活性最强,而抗坏血酸氧化酶的活性最低,感病退化薯的淀粉酶活性最低,老龄大薯居中。由此可知,幼龄小薯比老龄大薯和感病退化薯具有更旺盛的生命力。

表 5 - 2 　　　　　　　　　　种薯发芽期间几种物质含量的变化

种薯类别	测定日期(月/日)	干物质含量 %	各期增减百分率	淀粉含量 %	各期增减百分率	还原糖含量 %	各期增减百分率	蛋白氮含量 %	各期增减百分率	非蛋白氮含量 %	各期增减百分率
80～100g 老大薯	1/15	27.08		17.87		1.83		0.58		0.47	
	3/1	26.98	- 0.37	17.57	- 1.30	2.31	+ 26.20	0.57	- 1.70	0.47	0
	4/30	26.18	- 0.29	16.56	- 5.70	1.96	- 15.2	0.52	- 8.80	0.48	+ 2.10
	5/29	20.70	- 20.90	12.66	- 23.60	5.01	+ 155.60	0.32	- 38.50	0.35	- 27.10
15～50g 嫩小薯	1/15	22.68		12.39		3.12		0.76		0.46	
	3/1	22.60	- 0.35	12.19	- 1.00	3.29	+ 5.40	0.75	- 1.80	0.46	0
	4/30	21.89	- 3.10	10.89	- 10.60	3.88	+ 17.90	0.64	- 14.70	0.53	+ 15.20
	5/29	16.98	- 22.10	7.61	- 30.10	7.90	+ 103.60	0.44	- 31.30	0.39	- 26.40
50～100g 退化薯	1/15	23.01		12.01		2.47		0.56		0.53	
	3/1	21.02	- 8.60	10.92	- 9.10	4.65	+ 88.30	0.51	- 3.50	0.51	+ 1.90
	4/30	20.10	- 4.30	9.76	- 10.60	3.55	- 23.70	0.51	- 5.60	0.52	- 3.70
	5/29	18.87	- 6.10	8.07	- 17.30	5.08	+ 43.10	0.47	- 7.80	0.42	- 19.20

5.1.1.3 影响块茎萌芽的主要因素

1. 温度

影响幼芽萌发和根系生长的主要因素是温度,因为块茎内含有大量水分和营养物质,只要温度适宜它便可以萌发。在温度不低于4℃时,已通过休眠的块茎就能萌发,但幼芽不能伸长,在5~7℃时,幼芽开始萌发伸长,但非常缓慢,如长时间处于这种低温下,幼芽便形成极短的匍匐茎,顶端膨大形成小薯,或直接从块茎芽眼处长出仔薯,俗称梦生薯。当温度上升到10~12℃时,幼芽生长健壮而迅速,而以18℃为最适,超过36℃时,幼芽不易萌发,常造成大量腐烂。

马铃薯从播种到出苗所需积温,以10cm土层5℃以上温度计算,需要260~300℃,全生育期需总积温为1000~2500℃。在一定温度范围内,温度愈高,发芽出苗愈快。但在高温条件下发芽,幼芽虽然生长快,但幼芽和根系生长细弱,相反,在较低温下发芽,虽发芽慢些,但幼芽健壮,根系发达。因此,生产上春播的适宜播期,一般都在10cm土层温度稳定在7~8℃时进行,马铃薯幼苗不耐低温,幼苗在-1℃时就会受冻,-4℃时就会被冻死。

2. 光照

光线强弱能直接影响幼芽生长状况。当块茎在黑暗处生芽时,幼芽细长而无颜色,块茎在光照下生芽时,幼芽短壮并带有绿色或红紫、蓝紫等色泽。幼芽的色泽是由于细胞汁液中的叶绿素和花青素造成的,是马铃薯极稳定的性状,幼芽的形状因品种而异,同时也与发芽时环境的光线、温度、湿度等条件密切相关。因此,在相同条件下进行发芽的块茎幼芽的色泽、形状、茸毛的疏密等,是鉴别品种的重要依据。

3. 块茎质量与栽培措施

块茎质量好坏与栽培措施对发芽出苗也有很大影响。土壤疏松通气良好有利于发芽生根,促进早出苗,出壮苗,深播浅覆土比深播深覆土的地温增高快,通气好,出苗快,施用速效性磷肥作种肥,能促进发芽出苗。不同品种发芽出苗的早晚,整齐程度也是不一致的,特别是块茎质量对发芽出苗的影响尤为重要,幼龄健康的小整薯,组织幼嫩,代谢旺盛,生命力强,而且具有顶端优势,所以出苗齐、全、壮,出苗率高,经过催芽的块茎比未催芽的块茎出苗快而齐。如用老龄大块茎、幼龄小块茎和已感病退化的块茎等不同质量的块茎作种进行试验发现,不同质量的块茎发芽状况有明显的差异,这种差异从芽开始萌动起就已表现出来。老龄大块茎芽的生长和叶片分化最快,幼龄小块茎次之,感病退化块茎最慢,显然老龄大块茎营养物质丰富起主导作用。从幼芽健壮程度上看,不同质量的块茎同样存在着差异,如幼龄小块茎虽然每个薯块萌发芽数少,但单薯重和根重却都高于老龄大块茎和感病退化块茎,且根系发达,根与芽的比值大,说明幼龄小朴薯的苗生长健壮,而感病退化薯表现了弱苗的特征。幼龄小块茎播种至出苗的时间比老龄大块茎长,一般比老龄大块茎出苗晚5~6d,经催芽处理后,仍晚2~3d。感病退化块茎不仅发芽出苗慢、出苗率低、生长势也很弱,显然已失去了利用价值。

5.1.2 马铃薯植株的生长发育及主要的影响因素

5.1.2.1 马铃薯根的生长发育及主要的影响因素

马铃薯用块茎繁殖所发生的根系均为纤细的不定根,为须根系,用种子繁殖所发生的根,为直根系。马铃薯的根系量较少,仅占全株总量的1%~2%,比其他作物都少,一般多分布在土壤浅层,受外界环境变化的影响较大。但一些品种能依水肥条件的变化而改变,如在干旱缺水的土壤条件下,其根系发育强大,入土也较深广,在水分充足的土壤条件下,则根系发育较弱。

1. 须根的形成与生长

马铃薯由块茎繁殖的植株,形成了具有较强大分枝的须根系。在须根系中,根据根系发生的时期、部位、分布状况及功能的不同,又可把须根分为两类:一类是在初生芽的基部靠块茎处密缩在一起的 3 ~ 4 节上的中柱鞘所发生的不定根,又称芽眼根或节根,这是马铃薯在发芽早期发生的根系,分枝能力强,分布深而广,是马铃薯的主体根系。

薯块在萌动时,首先发芽,当幼芽伸长到 0.5 ~ 1cm 时,在幼芽的基部出现根原基,之后很快形成幼根,并以比幼芽快得多的速度生长,在出苗前,就已形成了较强大的根群。在幼根的表面,有大量的根毛,通过根毛吸收水分和养分。须根从 4 叶期开始至块茎形成末期,生长迅速,根随之增大,一般为 0.5 ~ 1.3mm,多分布在接近块茎的地下茎基部。每主茎可发根 20 ~ 40 条,每条根还可发生 1 次、2 次、3 次支根,分枝根较短。

随着芽条的生长,在地下茎的中上部各节陆续发生的不定根,称为匍匐根。匍匐根绝大部分在出苗前已发生,有的在出苗前已生长达 16 ~ 18cm。每节上发生的匍匐根,一般为 4 ~ 6 条,也有 2 ~ 3 条或 10 条以上者,它们成群地分布于地下茎条节腋芽的侧方。在地下茎各节不定根发生后,在每个节上便陆续发生匍匐茎。匍匐根分枝能力较弱,长度较短,一般 10 ~ 20cm,多分布在 0 ~ 10cm 的表土层内,生育期培土后,被埋入土中的基部茎节和近地面的茎节还能继续发生匍匐根,但这些后期发生的匍匐根,长度更短,不分枝或分枝很少,绝大多数分布在表土层。据研究,马铃薯的匍匐根对磷素有很强的吸收能力,被吸收的磷素能在短时间内转移到茎叶中去(表 5 - 3)。

表 5 - 3　　　　　　　　马铃薯不同根系对磷的吸收

品种名称	测定日期（月/日）	生育时期	匍匐根（脉冲/分·50mg 干物）	芽眼根（脉冲/分·50mg 干物）	两种根之和（脉冲/分·50mg 干物）	芽眼根/匍匐根	备注
白头翁	6/30	块茎增长期(盛花)	1133	194	1627	1:2.29	
	7/9	块茎增长期(盛花)	12378	1751	14132	1:7.06	
乌盟 601	6/30	块茎增长初期(开花)	2042	2074	4116	1:0.98	样品灰化
	7/9	块茎增长期(盛花)	3796	526	4332	1:7.08	
同薯 8 号	6/30	块茎形成(现蕾)	2925	627	3552	1:4.67	
	7/9	块茎增长初期(开花)	2216	1225	3111	1:1.83	

马铃薯的根系一般为白色,只有少数品种是有色的。主要根系分布在土壤表层30cm左右,多数不超过70cm,个别深达150~200cm,它们最初与地面倾斜向下生长,达30cm左右,然后折向下垂直生长。根系的数量,分枝的多少,入土深度和分布的广度,因品种而异,并受栽培条件影响。早熟品种根系生长较弱,入土较浅,在数量和分布范围都不及晚熟品种,土壤结构良好、土层深厚、水分适宜的土壤环境,都有利于根系发育,及时中耕培土,增加培土厚度,增施磷肥等措施,都能促进根系的发育,特别是有利于匍匐根的形成和生长。

2. 直根系

马铃薯由种子萌发产生的实生苗根系,具有主根和侧根之分,称为直根系。种子在萌发时,首先是胚根从种子的珠孔突破种皮伸出,长成一条较纤细的主根,其上生有短的单细胞的根毛。主根发生后,便垂直向地下伸展,生长十分迅速,当子叶展开出苗时,主根可长达1cm以上,当第一对真叶展开时,主根已长达3cm以上,这时,除子叶下部约1cm长度(下胚轴)不生侧根外,在主根各部分均已产生侧根,并与主根呈一定角度,倾斜向下伸展。当5~6片真叶展开后,子叶脱落,这时侧根上又长出二级侧根,随着植株不断生长发育,在二级侧根上又可长出三级侧根……最后形成了大量而纤细的多级直根系,似网状般分布在土壤耕作层中。由于各级侧根的形成,又加下部的主根也非常纤细,不易分清主根和侧根;尤其是经过移栽的实生苗,往往由于主根和侧根被切断,促使在埋入土壤中的茎节上及部分匍匐茎节上发生许多不定根,最后,实际上形成了与块茎繁殖极相似的强大的网状根系。不过没有经过移栽的实生苗,其根系分布深度比经过移栽的要深得多,而且接近地表部分的主根也较明显,但总根量却不如移栽的实生苗多。

3. 影响根系发育的主要外界因素

马铃薯根系发育好坏,直接受土壤的通气性、养分、水分和温度等条件的影响。在干旱的条件下,根系入土深、分枝多、总根量多,抗旱能力强,在水分充足的条件下,根系入土浅、分枝少、总根量也少。因此,马铃薯生育前期降水量大或灌水多,土壤含水量高,后期发生干旱时,则抗旱能力降低,对产量影响较大。在疏松深厚、结构良好、富含有机养分的土壤上栽培马铃薯,其根系发达,总根量多,分布深而广,抗旱和抗涝能力均强。

马铃薯根系发育好坏,除受外界条件影响外,还因品种而异,一般晚熟品种比早熟品种根系发达,总根量多,在土壤中分布深而广。马铃薯根系的生长发育早于地上部茎叶的生长,一般在地上部茎叶达到生长高峰值前2~3周,根系已经达到了最大生长量,大体在块茎增长期根系便停止生长。在马铃薯开花初期至地上部茎叶生长量达到高峰期间,根系的总干物重、茎叶总干物重与块茎产量之间存在着显著的正相关关系。因此,强大的根系是地上部茎叶生长繁茂,最后获得较高块茎产量的保证。

5.1.2.2 马铃薯茎叶的生长发育及主要的影响因素

1. 茎的形成与生长

马铃薯由于块茎内含有丰富的营养物质和水分,在出苗前便形成了具有多数胚叶的幼茎。它是由块茎芽眼萌发的幼芽发育形成的,每块块茎可形成1至数条茎秆,通常整薯比切块薯形成的茎秆多,大整薯比小块茎形成的多。栽培种的茎大多数是直立的,很少有弯向一侧或半匍匐状的;有些品种在生育后期略带蔓性或倾斜生长。马铃薯茎的高度和株丛繁茂程度因品种而异,受栽培条件影响也很大,一般高度在30~100cm。茎的节间长度也因品种而异,早熟品种一般较中晚熟品种为短,但在密度过大或施用氮肥过多时,茎就长得高大而细弱,节间变长,有时株高可达2m以上,生育后期常造成植株倒伏,茎基部叶片由于光照不足,迅速枯黄脱落,甚至造成部分茎秆腐烂死亡,严重影响光合作用的正常进行。

马铃薯的茎具有分枝的特性。由于品种不同,分枝有直立与张开两种。上部分枝与下部分枝、分枝形成早与晚、分枝多与少之别,一般早熟品种茎秆细弱,分枝发生得较晚,在展开7~8片叶时,从主茎上发生分枝,总分枝数较少,且多为上部分枝,凡是丰产的中晚熟品种,多数茎秆粗壮、分枝发生得早,在展开4~5片叶后,从主茎的基部迅速发生分枝,分枝的发生一直延续到生长末期。

马铃薯的分枝多少,还与块茎的大小有密切关系,通常每株有分枝4~8个,块茎大,则分枝多,一般整薯作种较切块作种的分枝也多。

马铃薯茎的再生能力很强,在适宜的条件下,每一茎节上都可发生不定根,每节的腋芽都能形成一棵新的植株。所以在生产和科研实践中,利用茎再生能力强这一特性,采用剪秧扒豆、育芽瓣苗、剪枝扦插、压蔓等措施来增加繁殖系数,提高产量。特别是在茎尖组织脱毒生产无毒块茎工作中,利用茎再生能力强这一特性,采用脱毒苗茎切段的方法来加速繁殖,效果很好。

马铃薯出苗后,叶片的数量和叶面积生长迅速,但茎秆伸长缓慢,节间短缩,植株平伏地表,侧枝开始发生,但总的生长量不大,在苗期茎叶干重只占一生总干重的3%~4%。当进入块茎形成期,主茎节间急剧伸长,在该期植株高度可达最大高度的1/2左右,同时侧枝也开始伸长。进入块茎增长期后,地上部生长量达到最大值,株高达到最大高度,分枝也迅速伸长,建立了强大的同化系统。

马铃薯块茎形成期是以茎叶生长为主,块茎增长期则是以块茎膨大增长为主,从块茎形成期进入块茎增长期,有一个转折阶段:早熟品种大致从现蕾到第一花序开花,晚熟品种大致从第一花序始花到第二花序盛花前后,在转折阶段,存在着制造养分(根、茎、叶的同化作用)、消耗养分(新生根、茎、叶的生长)和积累养分(块茎的生长)三个相互联系、相互促进和相互制约的过程,从而影响到该阶段生育进程的快慢,以致影响生物产量和经济产量的比例和产品器官的适期形成。因此,应在此期之前采取水肥措施,促进茎叶生长,使之迅速形成强大的同化体系,并要通过深中耕,高培土等措施,达到控上促下,使上述三个过程协调进行,促进生长中心由茎叶迅速向块茎转移。

在密度过高,水肥过大,尤其氮素肥料施用过量时,会造成茎叶徒长,节间过度伸长,茎秆细弱倒伏,分枝减少,匍匐茎数量增加或串出地面形成地上枝条,匍匐茎结薯率降低,结薯期推迟,薯块小,产量低。

2. 叶的形成与生长

(1)叶的形成

用种子繁殖时,在发芽时首先生出两片对生的子叶,然后陆续出现3~6片互生的单叶或不完全复叶(从第4~7片真叶为不完全复叶),从第6~9片真叶开始形成该品种的正常复叶。最初的幼叶较小,形状近桃形或卵形,叶正面密生茸毛,背面极少,当4~6片真叶展开时,子叶便失去作用而枯萎脱落。子叶寿命一般可达50d以上,对于幼苗期的光合作用起着重要作用。

用块茎繁殖的马铃薯的叶原基是顶端分生组织侧面第2层细胞借助平周分裂形成的。幼叶的原基向顶生长,羽状复叶的发育是向基发生的。初生叶为单叶或不完全复叶。叶片肥厚,颜色浓绿,叶背往往有紫色,叶面密生茸毛。第1片叶为单叶,全缘,从第2~第5片叶皆为不完全复叶,即从第2片叶开始,首先出现有1对或1个侧生小叶和1个顶生小叶的不完全复叶,以后继续出现有2对、3对直至7对侧生小叶和1个顶生小叶的复叶。一般从第5~6片叶开始即为该品种固有的复叶形状。复叶的侧小叶对数因品种而异,是鉴别品种的重要依据。

(2)叶的生长

1)主茎叶片的生长

叶片是组成马铃薯光合机构的主要部分,是形成产量最活跃的因素。在整个生育期间,叶片的形成与解体在不断地进行,现以晋薯2号为例,说明主茎叶片生长变化规律。幼苗出土后,经过3~5d,即有4~5片叶展开,叶面积可达65cm²,以后每隔2~3d展开1片;主茎中部的8~10片叶,每片叶展开的时间为4~5d,该期正是块茎形成期(孕蕾),是由茎叶生长为中心向块茎生长为中心的转折时期;存在着营养制造分配、消耗和积累三者之间的矛盾,因而出现叶片生长速度减缓的现象。当12片叶以后,仍为2~3d展开1片。至植株顶部现蕾止,主茎叶片展开完毕,这时全株主茎叶面积约1080cm²,至开花期,主茎叶面积达最大值,约为2175cm²/株。

晋薯2号属中晚熟品种,主茎叶片一般为13~17片。1~5片为不规则叶片,从第6片叶开始为本品种正常叶形和大小。单个复叶叶面积以1~5片为最小,平均每个复叶为50cm²左右,尤以1~3片更小;7~14片叶面积较大,一般平均每个复叶为150~247cm²,而15~17片叶面积又逐渐变小。

晋薯2号主茎叶片寿命是:1~5片和最后2~3片为25d左右,中部6~11片(主茎叶为13片时)或11~14片(主茎叶为17片时)的寿命为35~40d。主茎叶片从开始展开到全部枯死约60d,主茎叶面积占全株最大叶面积的20%。

2)侧枝叶片的生长

晋薯2号一般主茎叶出现7~8片时,侧枝开始伸长,通常第3~5叶位的侧枝最先伸长,随后各叶位的侧枝几乎都陆续发生,但最后形成枝条的往往只有3~5个,以基部2~5和上部12~13叶位的侧枝长成枝条者为多,其他各叶位的侧枝长到10cm左右便停止生长,并逐渐衰亡。从植株现蕾主茎叶展开完毕开始,侧枝便迅速伸长和叶面积显著增大,到盛花期,主茎叶片已基本枯黄,侧枝叶面积达到最大值,平均每株约为4824cm²,是主茎叶面积的2.2倍,是顶端分枝叶面积的3.7倍,约占全株总叶面积的58%~80%。这种优势一直保持到生育后期。马铃薯产量的80%以上是在开花后形成的,而这个时期的功能叶片主要是侧枝叶。因此,侧枝叶在马铃薯产量形成中是极其重要的。

晋薯2号马铃薯植株的顶端分枝,是从开花期开始迅速生长的,其叶面积约占全株总叶面积的20%~40%。由于马铃薯顶端分枝属假轴分枝,所以分枝不断产生,植株高度越来越高,但最后能长成分枝的一般只有2~4个。

3.影响茎叶生长的主要外界因素

(1)温度

马铃薯的光合作用最适宜的温度范围为16~20℃。这个温度也基本是马铃薯生长发育的最适宜温度。一般温度增高可促进茎的伸长和叶片的展开,但温度过高则会使发育受到不良影响,特别是在高温而光照不足的情况下,叶片会变成大而薄,茎秆显著伸长,节间变细,极易倒伏。茎生长最适宜的温度是 18℃,6～9℃伸长极缓慢,茎的最大日增重量就发生在 18℃时。叶片在 16℃较低温度比在 27℃较高温度下生长较快,叶片生长最低温度是 7℃,叶片在低温条件下比在高温条件下虽叶数较少,但小叶面积大,面平展。叶片生长最适温度为 12～14℃,叶片日增重最大时期也发生在 12～14℃时,昼夜温差对茎的生长没有影响,叶片生长则以夜温较低最适宜。土温在 17～22℃范围内,对茎叶生长较适宜,土温升高,叶面积会变小,叶和茎的干物率升高。

（2）光照

光照强度不仅影响马铃薯的光合作用,而且对茎叶的生长有密切的关系。马铃薯的光饱和点为 30000～40000lx,在此范围内,光照强度大,茎叶生长繁茂,光合作用强度高,块茎形成早,块茎产量和淀粉含量均较高。据日本北海道大学中世古公男先生对马铃薯进行遮光试验,使光照强度减少到自然光的 75%、53% 和 30%,结果全株总干物重随着光照强度的降低而减少,在自然光照为 30% 的处理区内,干重减产 60%～67%。叶和茎的干物重也随着光强的减弱而减少,当光照进一步减弱时,叶片变薄、叶面积增大、茎秆也有徒长现象发生。光照强度还对光合产物在各器官中的分布有影响,茎叶在旺盛生长的情况下,如果光照变弱,向茎叶中分配的光合产物的量增高,相反,向块茎中积累的光合产物减少,从而使块茎增长速度降低。主要原因是由于在弱光下影响了光合作用强度,使光合产物减少所致。

每天日照长短,不仅对块茎形成和增长产生影响,对地上部茎叶的生长也有很大影响。每天日照超过 15 小时（长日照条件）,茎叶生长繁茂,匍匐茎大量发生,但块茎延迟形成,块茎产量下降,每天日照在 12 小时（短日照条件）以下时,块茎形成提早,同化产物向块茎运转快,块茎产量高,同时茎秆伸长速度快,并提前停止生长,茎秆长度、叶片数目、茎叶重减少,生育期显著缩短。一般早熟品种对日照反应不敏感,特别是极早熟品种,即使在长日照条件下也能结薯,获得一定量的产量,晚熟品种则必须在短日照条件下才能形成块茎,获得较高的产量。

日照长度、光照强度和温度三者相互的影响。高温一般可促进茎的伸长,而不利于叶片的生长和块茎的形成,特别在弱光条件下,这种影响更显著。但高温的不利影响,可被短日照抵消,短日照可使茎秆矮壮、叶片肥大、块茎提早形成。因此,在高温短日照条件下块茎的产量往往比高温长日照条件下较高,在高温弱光照和长日照条件下,会使茎叶徒长,块茎几乎不能形成,匍匐茎过度伸长并形成地上枝条。马铃薯开花则需要强光,长日照和适当高温。

综上所述,马铃薯各个生育时期对产量形成最有利的条件是:幼苗期短日照、强光和适当高温,有利于促进根系生长发育、壮苗和提早结薯,块茎形成期长日照、强光和适当高温,有利于建立强大的同化系统,块茎增长期及淀粉积累期短日照、强光、适当低温和较大的昼夜温差,有利于块茎形成和同化产物向块茎中运转,促进块茎高产。

（3）水分

马铃薯的蒸腾系数在 400～600 之间,是需水较多的作物。在严重干旱的条件下（田间最大持水量达 30% 时）,地上部生长受阻,植株矮小,叶面积小,块茎产量降低,当田间最大持水量在 40% 以上时,对地上部生育和产量影响较小,但在长期高温干旱的条件下,则生育停止,以后再降雨,地上部和块茎同时恢复生长,往往使块茎产生两次生长,形成畸形块茎,从而降低产量和品质。全生育期间,土壤湿度保持在田间最大持水量的 60%～80% 最为适宜。生育期间每天需供水 3 ~ 5mm 便可满足马铃薯的水分要求,故生育期间降水 300 ~ 500mm 以上的地区,在没有灌溉的条件下,都可以栽培马铃薯。

(4)土壤及养分

马铃薯对土壤要求虽不严格,但以表土层深厚,结构疏松、排水通气良好和富含有机质的土壤为最适宜,特别是孔隙度大,通气良好的土壤,才能满足根系发育和块茎增长对氧气的需要。沙壤土上栽培马铃薯,出苗快而整齐,茎叶生长繁茂,块茎形成早,薯块整齐,薯皮光滑,产量和淀粉含量均高。

马铃薯对土壤酸碱度的要求以 pH5.6 ~ pH7 为最适宜,土壤含盐量达到 0.01% 时,植株表现敏感。

对马铃薯地上部生育影响较大的营养元素是氮素。在氮素不充足时,植株矮小,叶面积变小,光合作用规模和强度降低,因而块茎产量不高。相反,有些地区过量施用氮素肥料,刺激大量合成蛋白质,使地上部茎叶迅速而大量生长,茎叶过于繁茂,过量地消耗光合产物,推迟了茎叶鲜重和块茎鲜重的平衡期,使块茎的形成和增长得不到足够的营养供给,因而造成块茎产量降低,薯块变小,品质变劣。

5.1.2.3 马铃薯花、果实和种子的生长发育及主要的影响因素

1. 开花习性

马铃薯从出苗至开花所需时间因品种而异,也受栽培条件影响。一般早熟品种从出苗至开花需 30 ~ 40d,中晚熟品种需 40 ~ 55d。在我国的中原或北方作区,秋冬季栽培的马铃薯,因日照和温度等原因,常不能正常开花。

马铃薯的花一般在上午 5 ~ 7 时开放,下午 4 ~ 6 时闭合,开花有明显的昼夜周期性,即白天开放,夜间闭合,第二天再继续开放。每个花序每日可开放 2 ~ 3 朵花,每朵花开放时间为 3 ~ 5 天,一个花序开放的时间可持续 10 ~ 50d。早熟品种一般只抽一个花序,开花持续的时间也短,当第一花序开放结束后,植株即不向上生长,有时虽然第一花序下方一节的侧芽继续向上生长,并分化出第二花序,但早期便脱落而不能开花。中、晚熟品种能抽出数个花序,而且侧枝也能抽出花序,所以花序多,花期长,每个植株可持续开花达 50 天以上。开花的顺序是第一花序、第二花序依次开放,但不是第一花序开放结束后第二花序开放,而是第一花序开放数朵花后,第二花序即开始开放,第三花序、第四花序……依次类推。每一个花序是基部的花先开放,然后由内向外依次开放。开花后雌蕊即成熟,成熟的雌蕊柱头呈深绿色,呈油状发光,用手触摸有黏性感觉。雄蕊一般开花后 1 ~ 2d 成熟,也有少数品种开花寸与柱头同时成熟或开花前即已成熟散粉,成熟的花药顶端开裂两个小孔,裂孔边缘为黄褐色,花粉即从裂孔散出。

马铃薯受精发生在受粉后 36 小时或 40 ~ 45 小时,通常的双受精方式也存在。胚乳核在受粉后 60 ~ 70 小时分裂,受粉后大约 7d,通过进一步分裂形成 4 细胞的原胚,进而原胚的顶细胞产生胚的子叶部分,下一个细胞产生胚轴和中柱的原始细胞,大约 10d 形成棍形胚,12d 左右形成圆形胚。马铃薯是白天授粉作物,天然杂交率极低,一般在 0.5% 以下。花无蜜腺,但也有土蜂采食其花粉而作传粉媒介者。品种间开花结实情况差异很大,一般生育期长的品种比生育期短的品种开花期长,开花繁茂。但也有的品种不开花,这主要是由于花粉和胚珠育性的遗传性和某些栽培环境条件所决定的。所以,有些品种结实率很高,而有些品种则结实率很低,甚至根本不能开花结实。马铃薯的花粉不孕是非常普遍的现象。其中

重要的原因之一就是环境条件造成的,如在较高的温度条件下,会造成花粉母细胞分裂不正常,从而形成不孕花粉,病毒和真菌也会造成某些花粉粒不育。

2. 果实与种子

马铃薯开花授粉后 5 ~7d 子房开始膨大,形成浆果;经 30 ~40d 浆果果皮由绿逐渐变成黄白或白色,由硬变软,并散发出水果香味,即达充分成熟。种子很小,呈扁平卵圆形,黄色或暗灰色,表面粗糙,胚呈弯曲状,包藏于胚乳中;千粒重为 0.4 ~0.6g。

刚采收的种子,一般有 6 个月左右的休眠期。充分成熟的浆果或经充分日晒的后熟过程,其种子休眠期可以缩短。当年采收的种子发芽率一般仅为 50% ~60%,经储藏 2 年的种子,其发芽率达到最高。

3. 影响开花结实的外界环境条件

马铃薯开花结实除与品种有密切关系外,对温度、湿度和光照等条件十分敏感。一般开花期日平均气温在 18 ~20℃,空气相对湿度在 80% ~90%,每日光照时数不低于 12 小时,开花繁茂,结实率较高,低温、干旱或连日阴雨等都会影响开花结实。气温达 12℃时能形成花芽,但不开花,气温在 15 ~20℃的条件下,马铃薯可产生较多的正常可育花粉,当气温达到 25 ~35℃时,花粉母细胞减数分裂不正常,花粉育性降低。因此,在一天内上午 6 ~8 时开花最盛,下午较少,中午与夜间花冠闭合。当条件适宜时,花冠张开非常迅速,大约在几秒钟或 2 ~3 分钟便张开,当条件不适宜时,则立即停止开放。

此外,在花柄节处形成离层,从而造成花蕾、花朵、果实脱落,也是开花不稳的原因之一,雄性不育、遗传与生理不育或胚珠退化等,都能影响正常开花结实。

加强田间管理等农业技术措施,可以促进开花结实。播种时,预先施足氮、磷、钾复合肥料,可促进幼苗生长和花芽分化。现蕾前如遇大气干旱,应采取人工小水勤浇,以增加田间湿度、降低土温。这一措施对提高结实率效果十分显著。因为当气温高达 25 ~35℃时,花粉母细胞减数分裂受到严重影响,使花粉育性降低。通过浇水可调节田间小气候,使气温降到 15 ~20℃,相对湿度达到 70% 以上。我国中原二季作地区,如河南、安徽的北部地区,采取此项管理措施后,马铃薯早熟品种如丰收白、白头翁等在低海拔、低纬度、气温较高的条件下,也能正常开花结实。

此外,摘除花序下部的侧芽,可减少养分消耗,相对地使养分集中到花序上部,能促进开花结实,在孕蕾期用 20 ~50ppm 赤霉素喷洒植株,也可防止花芽产生离层,刺激开花结实;在花柄节处涂抹 0.2% 萘乙酸羊毛脂,可以防止落花落果,根外喷施微量元素或磷酸二氢钾,也可促进开花结实,有条件的地区可适当增加氮肥施用量,促进茎叶及花序生长或实行喷灌,提高空气湿度,都可促进开花结实。

5.2　马铃薯生长发育特性

5.2.1　生长特性

一棵用种薯无性繁殖长成的马铃薯植株,从块茎萌芽,长出枝条,形成主轴,到以主轴为中心,先后长成地下部分的根系、葡萄茎、块茎,地上部分的茎、分枝、叶、花、果实时,成为一个完整的独立的植株,同时也就完成了它的由发芽期、幼苗、发棵期且块茎休眠期组成的全部生育周期,从而可带来丰厚的产量和良好的经济效益。

马铃薯这个物种在长期的历史发展和由野生到驯化成栽种的过程中,对于环境条件逐步产生了一些适应能力,造成它的特性,形成了一定的生长规律。了解并掌握这些规律,应用它,利用它,就能在马铃薯种植上创造有利条件,满足它生长需要,达到增产增收的种植目的。

1. 喜凉特性

马铃薯植株的生长及块茎的膨大,有喜欢冷凉的特性。马铃薯的原产地南美洲安第斯山高山区,年平均气温为5℃,最高月平均气温为21℃左右,所以,马铃薯植株和块茎在生物学上就形成了只有在冷凉气候条件下才能很好生长的自然特性。特别是在结薯期,叶片中的有机营养,只有在夜间温度低的情况下才能输送到块茎里。因此,马铃薯非常适合在冷凉的地带种植。我国马铃薯的主产区大多分布在东北、华北北部、西北和西南高山区。虽然经人工驯化、培养、选育出早熟、中熟、晚熟等不同生育期的马铃薯品种,但在南方气温较高的地方,仍然要严格选择气温适宜的季节种植马铃薯,不然就不会有理想的收成。

2. 分枝特性

马铃薯有地上茎和地下茎两种。匍匐茎、块茎都有分枝的能力。地上茎分枝长成枝杈,不同品种马铃薯的分枝多少和早晚不一样。一般早熟品种分枝晚,分枝数量少,而且大多是上部分枝,晚熟品种分枝早,分枝数量多,多为下部分枝。地下茎的分枝,在地下的环境中形成匍匐茎,其尖端膨大就长了块茎。匍匐茎的节上有时也长出分枝,只不过它尖端结的块茎不如原匍匐茎结的块茎大。块茎在生长过程中,如果遇到特殊情况,它的分枝就形成了畸形的薯块。上年收获的块茎,在下年种植时,从芽眼长出新植株,这也是由茎分枝的特性所决定的。如果没有这一特性,利用块茎进行无性繁殖就不可能了。另外,地上的分枝也能长成块茎。当地下茎的输导组织(筛管)受到破坏时,叶子制造的有机营养向下输送受到阻碍,就会把营养储存在地上茎基部的小分枝里,逐渐膨大成为小块茎,呈绿色,一般是几个或十几个堆簇在一起。这种小块茎叫做气生薯,不能食用。

3. 再生特性

如果把马铃薯的主茎或分枝从植株上取下来,给它一定的条件,满足它对水分、温度和空气的要求,下部节上就能长出新根(实际是不定根),上部节的腋芽也能长成新的植株。如果植株地上茎的上部遭到破坏,其下部很快就能从叶腋长出新的枝条,来接替被损坏部分的制造营养和上下输送营养的功能,使下部薯块继续生长。马铃薯对雹灾和冻害的抵御能力强的原因,就是它具有很强的再生特性。在生产和科研上可利用这一特性,进行"育芽掰苗移栽","剪枝扦插"和"压蔓"等来扩大繁殖倍数,加快新品种的推广速度。特别是近年来,在种薯生产上普遍应用的茎尖组织培养生产脱毒种薯的新技术,仅用非常小的一小点茎尖组织,就能培育成脱毒苗。脱毒苗的切段扩繁,微型薯生产中的剪顶扦插等,都大大加快了繁殖速度,收到了明显的经济效果。

4. 休眠特性

新收获的块茎,如果在最适宜的发芽条件下,即20℃的温度、90%的湿度、20%氧气浓度的环境中,几十天也不会发芽,如同睡觉休息一样,这种现象叫块茎的休眠。这是马铃薯在发育过程中,为抵御不良环境而形成的一种适应性。休眠的块茎,呼吸微弱,维持着最低的生命活动,经过一定的储藏时间,"睡醒"了才能发芽。马铃薯从收获到萌芽所经历的时间叫休眠期。

休眠期的长短和品种有很大关系。有的品种休眠期很短,有的品种休眠期很长。在同样的 20℃ 的储存条件下,郑薯 2 号、丰收白等休眠期为 45d,克新 4 号、虎头等品种的休眠期是 60～90d,晋薯 2 号、克新 1 号。高原 7 号等品种的休眠期则要 90d 以上。一般早熟品种比晚熟品种休眠时间长。同一品种,如果储藏条件不同,则休眠期长短也不一样,即储藏温度高的休眠期缩短,储藏温度低的休眠期会延长。另外,由于块茎的成熟度不同,块茎休眠期的长短也有很大的差别。幼嫩块茎的休眠期比完全成熟块茎的长,微型种薯比同一品种的大种薯休眠期长。

块茎在适宜发芽的环境里不发芽,这种休眠叫自然休眠或生理休眠。当块茎已经通过休眠期,但不给它提供发芽条件,因而不能发芽。这种受到抑制而不能发芽的休眠,叫被迫休眠或强制休眠。如果储藏温度始终保持在 2～4℃,就可以使马铃薯块茎长期保持休眠状态。

在块茎的自然休眠期中,根据需要可以利用物理或化学的人工方法打破休眠,让它提前发芽。休眠期长的品种,它的休眠一般不易打破,称为深休眠;休眠期短的品种,它的休眠容易打破,叫做浅休眠。

块茎的休眠特性在马铃薯的生产、储藏和利用上,都有着重要的作用。在用块茎做种薯时,它的休眠的解除程度,直接影响着田间出苗的早晚。出苗率、整齐度、苗势及马铃薯的产量。储藏马铃薯块茎时,要根据所贮品种休眠期的长短,安排储藏时间和控制窖温,防止块茎在储藏过程中过早发芽而损害使用价值。如果块茎需要较长时间和较高温度的储藏,则可以采取一些有效的抑芽措施。例如,施用抑芽剂等,防止块茎发芽,减少块茎的水分和养分损耗,以保持块茎的良好商品性。

5.2.2　马铃薯植株生长发育过程及其特点

马铃薯具有有性和无性两种繁殖方式。当前生产上应用的主要是无性繁殖方式,即通过播种块茎,经过一系列生育过程,再收获大量的优质块茎。这种无性繁殖作物,其生育时期的划分,不能像禾谷类作物那样按照营养生长和生殖生长相互关系来划分,应根据其无性繁殖的生育特点来划分。现将各生育时期的生育特点,器官形成中心和对主要环境条件的要求分述如下:

1. 休眠期

马铃薯从种薯播种、土壤耕作、施肥灌溉、中耕培土直到一系列的生理活动。栽培马铃薯的目的是要获得块茎的优质高产。这就需要按照马铃薯的生长发育过程中生理活动的特性联系外界环境条件,采取相应的农艺措施,才能对产量形成过程进行合理调控。

马铃薯生长过程一般分为五个时期、三段生长的规律性变化。

马铃薯块茎收获后,放到适于发芽的条件里,也长时间不发芽。这种现象称为生理性的自然休眠,是植物对不良环境的适应。休眠期的长短关系到块茎的储藏性、播后能否及时发芽。这个问题在两季作区尤为重要。两季作区夏收秋种,应选择休眠期短的品种。

块茎的休眠期长短受储藏温度影响比较大,温度 0～4℃ 块茎休眠期大大延长,而在 25℃ 左右的温度下,因品种不同休眠期从 1 个月到 3 个月不等。马铃薯块茎芽休眠的原因,据研究认为,由于块茎内部产生一些抑制生长锥的细胞进行分裂和生长的多元酚类抑制物质,如脱落酸,抑制 β - 淀粉酶蛋白酶和核糖核酸酶的活性。这个抑制作用与赤霉素的作用正好相反。又如很早发现的叶绿原酸存在于块茎皮内,由鸡钠酸和咖啡酸脱水合并而成。在块茎成熟过程中咖啡酸不断积累,从而抑制生长过程。在发芽时,咖啡酸完全消失,叶绿原酸增加,从而刺激生长过程。马铃薯块茎的休眠受酶的活动方向所决定,与环境条件密切相关。

2.发芽期(第一段生长)

马铃薯的生长从块茎上的芽萌发开始,从芽萌生至出苗是发芽期,此期进行主茎第一段的生长。

随着休眠解除,芽的生长锥细胞分裂并相继地增大,从而加强起来。于是,发生芽的伸长生长和叶原基的增多,生长锥变成半圆球状,最后形成一个明显的幼芽出土时,主茎上的叶原基已分化完成。这一期进行主轴第一段生长。第一段基部贴近芽眼的几个茎节,发生主要吸收根系。位于地下的这一段主茎,一般有 8 个茎节,每节发生或分化匍匐茎,是结薯部位。匍匐茎侧下方发生 3 ~ 5 条匍匐根,为块茎提供养分和水分,对磷的吸收能力特别强。同时,此期还进行着主茎轴第二、第三段的茎轴与叶片的分化生长,以及主茎轴顶端花芽及下方两侧枝的分化。这一阶段是马铃薯建立根系、发苗、结薯和第二段和第三段进一步生长的基础。此段生长的中心是芽的伸长、发根和形成匍匐茎,营养和水分主要靠种薯,按茎叶和根的顺序供给。生长速度和好坏受制于种薯和发芽需要的环境条件是否具备。解决好第一段的生长是马铃薯高产稳产的基础。

3.幼苗期(第二段生长)

从出苗到第 6 叶(早熟品种)或第 8 叶(中晚熟品种)展平,即完成了第一个叶序的生长,叫团棵,是主茎的第二段生长,是马铃薯的幼苗期。此期的生长中心仍为茎叶和根,但生长量不大。叶片展开的速度很快,约两天发生一片叶。此期间,第三段的茎叶已分化完成,顶端孕育着花蕾,侧生枝叶开始发生。出苗 7 ~ 10d 发生匍匐茎,团棵前匍匐茎顶端开始膨大。幼苗期 15 ~ 18d,但此期对最终产量影响较大,开始进入"块茎"过程,因此,栽培上应以促根、壮棵为中心,保证根系、茎叶和块茎的协调分化与生长。

4.发棵期(第三段生长)

从团棵(第 6 ~ 8 叶展平)到第 12 叶或第 16 叶展平,早熟品种以第一花序开花,晚熟品种第二花序开花为第三段生长结束的标志,为期 30d 左右,称为马铃薯的发棵期。此期间,马铃薯的主茎开始急剧拔高,主茎叶已全部长成,并有分枝及分枝叶的扩展。根系继续扩大,块茎膨大到鸽蛋大小,块茎的干物重已超过此期植株总干物重的 50% 以上,说明生长中心已由同化系统的建立转向块茎生长,所以,第三段生长是以发棵为中心,建立强大同化系统(茎叶)的重要阶段。

5.结薯期(块茎的形成)

第三段生长完成便进入以块茎生长为主的结薯期。此期茎叶发展日益减少,基部叶片开始转黄枯落,地上部分的养分向块茎输送,块茎迅速膨大,尤其开花期的十多天膨大最快,50% 左右的产量在这阶段形成。结薯期的长短受气候条件、病害和品种的熟期性影响,一般为 30 ~ 50d。此期重点为保秧攻蛋延长结薯期。

【参考文献】

[1] 刘梦芸,门福义.马铃薯种薯生理特性的研究[J].中国农业科学,1985(1).

[2] 刘梦芸,门福义.马铃薯种薯生理特性研究(二)[J].马铃薯,1983(1).

[3] 山东农学院.作物栽培学(北方本)下册(马铃薯)[M].北京:中国农业出版社, 1980.

[4] 宋伯符,唐洪明,等.用种子生产马铃薯[M].北京:中国农业科技出版社,1988.

[5] P. M.哈里斯.马铃薯改良的科学基础[M].蒋先明,等,译。北京:中国农业出版 社,1984.

[6] 契莫拉,等.马铃薯(上册)[M].北京:财政经济出版社,1955.

[7] 门福义,刘梦芸.马铃薯的光合作用与产量形成[J].马铃薯,1982.

[8] 刘梦芸,门福义.马铃薯同化产物的积累、分配与转移[J].马铃薯,1984(1).

[9] 门福义,刘梦芸.马铃薯对氮、磷、钾的吸收,分配与转移[G].马铃薯论文集.1984.

[10] 黄冲平.马铃薯生长发育的动态模拟研究[D].杭州:浙江大学,2003.

[11] 黄冲平,王爱华,胡秉民.马铃薯生育期和干物质积累的动态模拟研究[J].生物 数学学报,2003(03).

[12] 王爱华,黄冲平.马铃薯生育期进程的计算机模拟模型研究[J].中国马铃薯, 2003(02).

[13] 郑顺林.营养因素对马铃薯块茎发育生理特性影响的研究[D].雅安:四川农业 大学,2008.

[14] 张志军.马铃薯试管薯快繁及其调控机理研究[D].杭州:浙江大学,2004.

[15] 李会珍.利用试管薯诱导途径探讨马铃薯品质形成及其调控研究[D].杭州:浙 江大学,2004.

[16] 李成军.化控技术在马铃薯生长发育中的作用[J].中国马铃薯,2007(10).

[17] 田长恩.植物生长调节剂在马铃薯生产中的应用[J].中国马铃薯,1993(04).

第6章 马铃薯块茎的生长发育

6.1 匍匐茎的生长发育

马铃薯块茎是由匍匐茎顶端膨大形成的。匍匐茎的形成是块茎形成的第一阶段,匍匐茎顶端的膨大是块茎形成的第二阶段。这两个过程是受不同因素所控制,有它们各自独立的一面,但块茎是在匍匐茎的基础上发展起来的,匍匐茎的生育状况就会直接影响到块茎的生长发育,所以在研究块茎的生长发育之前,必须先对匍匐茎有一定的认识。

6.1.1 匍匐茎的生长

用块茎繁殖的匍匐茎一般在出苗后 7 ~ 10d 开始发生,此时地上部多已长出 5 ~ 10 个叶片,但发生的时间因品种、播种期和种薯年龄,环境条件等而有很大差异。早熟品种发生较早,一般 5 ~ 7 叶片发生匍匐茎,晚熟品种形成较迟,要到 8 ~ 10 叶片才发生,就是同一熟性的不同品种匍匐茎发生早晚也相差很大,低温下形成匍匐茎早于高温,种薯生理年龄越大,匍匐茎发生的越早。播种时芽条生长锥已到花芽分化阶段的种薯,有的在播种时就已有匍匐茎形成。匍匐茎发生后经过 15 ~ 20d 即停止生长,顶端开始膨大形成块茎,所以匍匐茎形成越早,块茎形成也越早。在出苗后 15d 左右就已形成了全生育期最高匍匐茎数的 60% 以上,以后也一直有匍匐茎的形成。

匍匐茎顶端膨大形成块茎,但不是所有匍匐茎都能形成块茎。各时期所形成块茎的匍匐茎数只占匍匐茎总数的 60% ~ 87%,最后成熟收获时匍匐茎数和块茎数都比中期最高值低,匍匐茎和块茎在生育期间都有自行消亡的情况发生(表 6 - 1),这也许是营养竞争不力的结果。在一个植株上,匍匐茎通常在地下茎节中下部最先发生,然后向下向上逐渐发育,以地下茎节 1 ~ 6 节上发生的匍匐茎数最多。一个主茎上形成的匍匐茎数量的多少,因品种栽培技术、环境条件而异,早熟品种一般有 6 ~ 7 层匍匐茎,能成薯的有 4 ~ 8 层,中晚熟品种一般 9 ~ 12 层,能成薯的有 6 ~ 9 层。培土高度、土壤干湿程度、温度,营养面积,播种深度等对匍匐茎的形成数量都有影响,分层分次培土,增加培土高度,把地上茎节埋入土内,就可使茎节上腋芽生长成匍匐茎。营养面积大,光照充足的条件下植株生长繁茂,匍匐茎显著增多,通常低温比高温形成的匍匐茎多,适当增加播种深度可使匍匐茎数增多,但并不是愈深愈多,随播种深度增加,下层结的匍匐茎数减少,可能与空气不足关系最大(表 6 - 2)。匍匐茎数与播种期早晚没有明显的相关性。

匍匐茎具有向地背光性,黑暗潮湿有利匍匐茎的发育,培土不及时,或干旱高温不仅使匍匐茎形成数量减少,还使已形成的匍匐茎穿出地面形成叶枝。

表6-1　　　　　　　　　　　马铃薯匍匐茎的生长与块茎的形成

测定时间（月/日）	每主茎匍匐茎数（个/主茎）	各时期匍匐茎数占最高匍匐茎数（%）	块茎个数（个/主茎）	块茎个数占匍匐茎数（%）	备注
6/4	5.2	68.0	0	0	
6/18	6.0	79.0	3.6	60.0	
7/9	6.8	85.0	4.6	69.7	4月29日播种,5月27日出苗,密度5000株/亩
7/28	6.4	84.0	4.2	85.7	
8/10	6.2	82.0	5.4	87.0	
8/24	7.6	100.0	6.0	78.9	
9/8	5.8	76.0	4.2	72.4	

　　匍匐茎的长度因品种和环境条件而变化。高温、长日照、弱光高氮有利匍匐茎的伸长，一般长度为3~10cm,短者不足1cm,长者可达30cm以上,野生种甚至可过1~3m。匍匐茎入土不深,大部分集中在地表0~20cm土层内。

表6-2　　　　　　　　　　　播种深度对匍匐茎生长的影响

播种深度（cm）	地下主茎节数（个）	各节位发生的匍匐茎数									
		1	2	3	4	5	6	7	8	9	总计
3	5.86 ± 0.201	1.20	1.20	1.53	1.63	1.45	0.65	0.43			8.09
6	6.20 ± 0.190	1.10	1.30	1.13	1.53	1.48	1.12	0.12	1.00		8.79
9	6.57 ± 0.179	0.83	1.20	1.13	1.60	1.26	1.04	0.53	0.66		8.25
15	7.91 ± 0.211	0.93	0.90	1.13	1.13	1.23	1.46	1.19	0.93	0.43	9.33
平均	6.64 ± 0.195	1.02	1.15	1.23	1.88	1.86	1.07	0.56	0.64	0.11	

6.1.2　匍匐茎的形成机理

　　许多实践和试验都证明,主茎上任何一个侧芽都具有发育成为匍匐茎或叶枝的潜在可能性。单节切段快速繁殖就是很好例证,Boot试验指出,一棵正常生长的植株,在有顶端优势存在情况下,潮湿黑暗的条件有利于匍匐茎的形成,如果切去顶芽和除去全部地上部的侧芽,则匍匐茎就长成叶枝穿出地面,成为地上枝条。若在茎顶切口表面用吲哚乙酸（IAA）和赤霉素（GA）处理,侧芽发育成横向地性的匍匐茎,Wareing等人把GA用于完整的植株的茎也能使茎顶区发生气生匍匐茎。可见,在有天然的或补给的 IAA 时,GA 都能刺激匍匐茎的发育。顶端分生组织合成生长素类物质,IAA 自顶端向基部的运输具有严格的极性,GA 虽然没有严格极性,但具有刺激芽萌发和节间伸长的影响。远离茎顶的地下茎节上匍匐茎的发育又是从基部先开始,这可能与茎顶的顶端优势的作用及根系输送来的物质有关系。

Kumar 及 Wareing 的试验指出,如果去顶和去地上芽,也不用 IAA 和 GA 处理切口,只是在地下茎节上及时除去长出的根系,匍匐茎照样正常横向水平生长,但如果不及时除去根系,在有根系生长的情况下,匍匐茎则会叶枝化而穿出地面,如果在有顶端优势的情况下,即使有根系也可能发育成匍匐茎,一株有顶尖和侧芽的正常植株,如果在地下匍匐茎尖用激素处理,匍匐茎也会变成叶枝,由此可见细胞分裂素类激素对侧芽的发育作用与赤霉素相反,马铃薯主茎上侧芽究竟是发育成叶枝还是匍匐茎,取决于体内细胞分裂素和生长素之间的适当比例。

在正常生长的情况下,根系合成的细胞分裂素类物质在生长素的影响下通过木质部自下而上向顶运送,不至于使细胞分裂素类物质积聚在匍匐茎尖,同时又保证了茎顶分生组织细胞分裂的进行,在不具顶端优势的情况下,细胞分裂素类物质就会在茎尖聚积而使之叶枝化。许多资料表明,长日照(16 小时)夜间高温(25℃以上)以及弱光照都会使植株叶片 GA 含量增加,而短日照(8 小时)低温条件,强光照则会使 GA 含量减少,这可能就是为什么在长日照高温下只促进匍匐茎伸长而抑制块茎形成的原因。由上可以说明,匍匐茎的生长取决于植物体内激素的适当比例,环境因素的变化引起植物体内激素种类的质和量的变化,最终引起匍匐茎形态的变化。

6.2 马铃薯块茎的生长过程

6.2.1 块茎形态建成过程

从匍匐茎顶端开始膨大,就标志着块茎形成的开始。匍匐茎顶端膨大,最先是从顶端以下弯钩处的一个节间开始膨大,接着是稍后的第二个节间也结合进块茎的发育之中,由于这两个节间的辐射状扩大,钩状的顶端变直,此时匍匐茎节和顶部有鳞片状小叶,其一着生于发育着的块茎基部或附近,另一则着生于块茎的中上部,随后在匍匐茎顶端已经存在的:节间和侧芽逐渐被结合并膨大。当匍匐茎顶端膨大成球状,削面直径达 0.5cm 左右时,在块茎上已有 4~8 个芽眼明显可见,并成螺旋形排列,在块茎顶部也可看到 4~5 个顶芽密集在一起,当块茎直径达 1.2cm 左右时,鳞片状小叶消失,表明块茎的锥形建成,此后块茎在外部形态上,除了体积的增大,再没有明显的变化(图 6-1)。

块茎的生长是一种向顶生长运动,最先膨大的节间位于块茎的基部,最后膨大的节间位于块茎的顶部。块茎及其顶芽是匍匐茎主轴的一部分,其上着生的侧芽(即芽眼)是次生轴。块茎主轴上的每个芽眼自下而上逐渐停止生长,当芽眼停止生长时,该芽眼下面的块茎组织也很快停止生长,当顶芽停止生长时,整个块茎也就停止生长了。块茎基部芽眼生长的提早停止,可能是由于顶芽及其上部侧芽的生长对它们产生抑制作用的结果。而顶芽生长的停止可能是由于缺乏光合产物供应所致。所以就一个块茎来看,顶芽最年青,基部最年老。一个块茎从开始形成到停止生长需经 80~90d,就一植株块茎生长来看,要到地上部茎叶全部衰亡后才停止,但植株上的部分块茎则可能在这之前就已停止,可见,同一株上的块茎成熟程度是很不一致的。

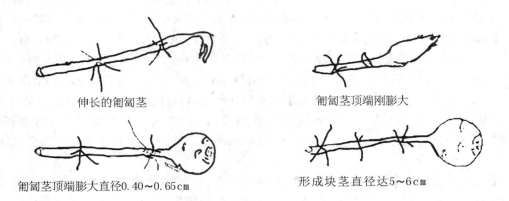

伸长的匍匐茎　　　　　　　　　　　匍匐茎顶端刚膨大

匍匐茎顶端膨大直径0.40~0.65cm　　　　形成块茎直径达5~6cm

图 6 - 1　匍匐茎顶端膨大形成块茎的过程

块茎的形成过程,从组织学上看,是由匍匐茎顶端分生组织不断增殖分化生长,形成层的不断分裂分化生长以及皮层薄壁细胞、束间薄壁细胞、髓部薄壁细胞恢复再分裂的结果。Booth 等人认为,块茎的早期发育最初归因于髓部细胞的扩大,Lehman 认为块茎生长主要依靠储藏薄壁细胞组织的分裂和膨大两过程;另有些人认为外髓细胞分裂比之内髓细胞的分裂更为重要。Reeve 等人对栽培种 Rennebec 及 RussetBurbank 的块茎在发育过程中观察结果,块茎体积增大 225 倍到 260 倍,前者细胞体积增大 15 ~ 20 倍,后者增加 18 倍,表明块茎发育过程中细胞分裂一定相当多,并认为细胞的扩大对超过 30 ~ 45g 块茎显得更为重要,Plaisted 发现细胞分裂要继续到块茎达到 200g。

6.2.2　调控块茎始成的因素

虽然块茎是由匍匐茎顶端膨大发育而成,但是并不是所有的匍匐茎顶端都能膨大结薯,也不是所有条件下的匍匐茎都能膨大形成块茎,这说明匍匐茎形成块茎是有条件的。人们对环境因子温度、光照、营养等环境条件,以及这些环境因子所控制的刺激块茎形成的本质都做了研究。最初有一种学说认为,结薯是由于植株体内同化产物加强向匍匐茎中输送并积累的缘故。另一种学说则认为,马铃薯体内存在着某种诱导结薯的刺激物质(成薯素)。直至 20 世纪以来,科学家们才对块茎形成的机理有了较为深入的认识。目前比较多的看法是,作为块茎形成的直接原因是诱导块茎形成的多种激素参与过程,是多种激素综合调节的结果,而环境因子、日照长度、温度等因素是刺激植株体内激素成分和比例变化的结果。

1. 激素对块茎形成的调控

(1)赤霉素(GA$_3$)

赤霉素抑制块茎形成的作用,已被大量试验所证明:用赤霉素处理剪枝插条及在继代培养的匍匐茎培养基上及试管薯的培养中,增加赤霉素的处理都可严重抑制块茎的形成;用赤霉素处理植株,即使在短日照下也会延迟块茎的形成,还会使结薯减少,甚至使块茎变成匍匐茎,同样从已结薯的植株中提取出来的 GA 妥比不结薯的植株少;老化块茎形成芽薯时,芽内 GA 就减少,但把老化块茎在 GA 中浸渍,芽薯的形成就完全被抑制。胡云海、蒋先明在试管苗培养液 MS 中加 GA 的所有水平上,均无微型薯形成,而脱落酸和乙烯利的各项处理都能促进块茎的形成。在匍匐茎形成块茎时,内源赤霉素活性大大降低的事实也足以说明赤霉素对块茎的形成起负作用(图 6 - 2)。

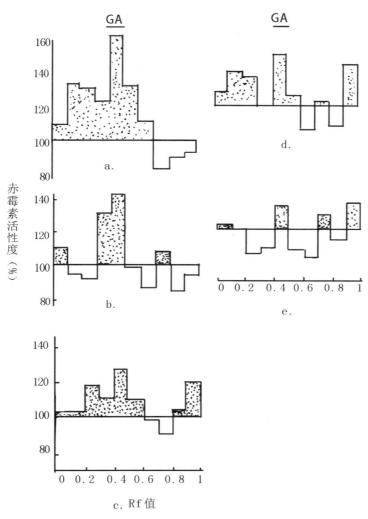

a. 伸长中的匍匐茎 ;b. 膨大开始前的匍匐茎 ;
c. 肥大中的匍匐茎;d. 小块茎形成后;e. 生育中的块茎
图 6 - 2 匍匐茎顶端生长过程中 GA 活性变化

(2)脱落酸(ABA)

胡云海、蒋先明的试验结果指出,在培养基中加入脱落酸,对结薯数和成薯指数都有促进,但都未达到显著水平,在 Wareing 等人的试验也指出,单节插条接受一定短光照后可形成块茎,但去除插条的叶片后块茎不会形成,如喷施脱落酸或嫁接一个经短日照诱导的叶片时又可形成块茎,但如果是生长在长日照条件下的插条,脱落酸或嫁接叶片均不会形成块茎,而 Hussey 和 Stacey 则发现脱落酸对不同品种效果不同,有时甚至抑制和抵消由细胞分裂素所诱导的块茎,脱落酸促进块茎形成的作用只有在特定条件下才发生(表 6 - 3)。可见脱落酸本身并不诱导块茎形成,它的主要作用可能是抵消 GA 的活性,植株本身 GA 活性降低时脱落酸的作用就减弱。

表 6 - 3　　　　　　　　　ABA 对 10 个茎节平均数和平均块茎重的影响

ABA(mg/l)	无 BAP		1ppm BAP		备注
	块茎数(个)	块茎重(g)	块茎数(个)	块茎重(g)	
0	1.0	24	8.3	101	培养 14 周,品种 为 Rod Craigs Royal
0.015	1.7	52	6.3	97	
0.06	1.0	64	7.3	69	
0.25	0	–	5.0	47	
1.00	0	–	5.7	38	

(3)细胞分裂素类(CTK)

许多试验都表明细胞分裂素类对块茎形成有显著的促进作用。Palmer 及 Smith 指小纲胞分裂素(CTK)在无菌条件进行诱导结薯,被诱导植株的地上部中,细胞分裂素含量比对照高 10 倍,6 天后地下部也达到最高直,而 8～10d 地下部便开始结薯。在使用各种细胞分裂素中,以激动素的处理最好,结薯率高达 80%～100%,用有标志第 8 个碳位 8 - C^{14}激动素来培养匍匐茎,可观察到有标记物质聚集在结薯部位。胡云海、蒋先明的试验也指出细胞分裂素所试各浓度对块茎的形成数和成薯指数虽呈抛物线形式变化,但都有促进,BA 的最佳浓度分别为 11.59ppm 和 10.04ppm,KT 的最佳浓度分别为 14.72ppm 和 12.63ppm,ZT 为 10.75ppm 和 10ppm,共效应大小为 BA > KT > ZT(表 6 - 4)。

以上结果都证明,细胞分裂素是刺激块茎形成的物质,但在 Eneing 的试验指出,用 BA 处理叶一芽插条会抑制无柄块茎的生长,推迟块茎形成的作用。也有在块茎刚形成时测定匍匐茎中细胞分裂素增高不多,只是进入块茎膨大期才迅速上升的报道,可见细胞分裂素并不是唯一对块茎形成起刺激的决定因子,它可能与其他激素相配合调节块茎的形成。

表 6 - 4　　　　　　　　　不同细胞分裂素对微型薯形成的影响

处理	浓度(ppm)	结薯数(N)(个/瓶)	块茎重量(W)(g/个)	块茎直径(D)(mm)	成薯指数(N×W×D)
BA	0	1.0	0.367	6.9	2.53
	5	4.3	0.351	6.7	10.11
	10	5.0	0.388	5.9	11.45
	15	4.2	0.348	5.2	7.6
	20	3.3	0.194	6.0	3.84

续表

处理	浓度 （ppm）	结薯数（N） （个/瓶）	块茎重量（W） （g/个）	块茎直径（D） （mm）	成薯指数 （$N \times W \times D$）
KT	0	1.0	0.367	6.5	2.39
	5	2.3	0.307	7.0	4.94
	10	3.1	0.321	7.0	6.97
	15	3.3	0.343	6.6	7.47
	20	3.2	0.265	6.8	5.77
ZT	0	1.0	0.367	4.5	1.65
	5	2.7	0.194	5.8	3.04
	10	4.0	0.261	5.6	5.85
	15	2.8	0.103	4.0	1.15
	20	1.8	0.130	4.4	1.03

（4）生长素类（IAA 和 NAA）

一般认为 IAA 和 NAA 可以增大块茎体积,但不能诱导结薯,可是在胡云海、蒋先明的激素对微型薯影响的试验中,IAA 和 NAA 对块茎形成都达到显著或极显著的促进作用（表6-5）。IAA 对块茎的形成和膨大有促进作用,这可能与 IAA 促进细胞纵向分裂的作用有关。

表6-5 生长素对微型薯形成的影响

处理	浓度 ppm	结薯数（个）	显著性		成薯指数	显著性	
			5%	1%		5%	1%
IAA	0	0	cd	BCD	0	bcd	BCD
	1.0	1.63	b	AB	0.55	ab	AB
	2.0	3.00	a	A	1.01	a	A
	3.0	1.13	bc	AC	0.42	abc	ABC
NAA	0	2.43	bc	ABC	1.24	bcd	BCD
	1.0	2.00	cd	BCD	1.59	bc	BC
	2.0	3.50	ab	AB	1.99	b	AB
	3.0	3.63	a	A	3.63	a	A

（5）乙烯

乙烯对块茎形成的影响,看法很不一致。有的试验证明,乙烯有促进块茎形成的作用。将乙烯施到土壤中能抑制匍匐茎的伸长而促进增粗,增加结薯,在另一试验中发现由乙烯促进增粗的匍匐茎中不含淀粉,增粗部位也不完全集中在匍匐茎顶端。在胡云海、蒋先明的试验中乙烯利对微型薯的数量和成薯指数的影响都达到极显著水平,乙烯利释放出的乙烯促进了块茎的形成。但 Hussey 和 Stacely 在封闭容器中的培养茎节,块茎形成受到了强烈的抑制,这是由于乙烯在培养容器中积累,而这又可被在容器中加入乙烯吸收剂($KMnO_4$)所逆转(表 6 - 6),证明乙烯在容器中的积累抑制了块茎的形成。所以,关于乙烯对块茎形成影响的机制及影响因素是尚需进一步研究的问题。

表 6 - 6　　　　　　　　　　　　　**乙烯对每 10 个茎节产生块茎数的影响**

处理		8 小时光照		24 小时光照	
		Vlster Sceptre	Red Craigs Roya	Vlster Sceptre	Red Craigs Roya
无激素	封闭	0	0	0.3	0
	不封闭	4.7	3.0	0	0
2.0mg/l BAP	封闭	0.3	4.0	0.7	2.3
	不封闭	1.03	8.0	8.8	2.8
1000ml/l CCC	封闭	0	1.0	4.7	2.0
	不封闭	8.7	7.5	1.7	1.5
2.0mg/l BAP	无菌水	–	1.0	–	2.3
	$KMnO_4$	–	5.3	–	4.6
无激素	无菌水	–	0.3	–	0
	$KMnO_4$	–	2.0	–	0

(6)生长调节剂

由于赤霉素的抑制块茎形成的作用,人们就试图通过阻抑赤霉素的合成,阻抑生长的延缓剂以促进块茎的形成。目前用得较多的有以下几种:

矮壮素(CCC):　在前面表 6 - 6 中可以看到,在马铃薯茎节培养结薯中,加入 1000ppm 矮壮素显著增加了结薯数,平均增加 25.6 倍,与 BAP 作用相当。在 Pretoria 大学所进行的盆栽试验中,Hamines、Hammes 及 Nel 曾证明,在不能正常结薯的每天 18 小时光照条件下,应用矮壮素也能导致结薯。在我们的试验中用 1000ppm 矮壮素处理植株,除幼苗期和齐苗期对结薯影响不显著外,块茎形成期处理植株,单株结薯增加 12.4%,块茎增长期处理增加 16.3%,均达显著差异,并增加了块茎产量(表 6 - 7)。矮壮素促进块茎的作用,很可能是矮壮素调节了植株体内激素的平衡作用,因为矮壮素是赤霉酸生物合成的强有力的抑制剂,同时矮壮素能刺激细胞分裂素的产生并促进细胞分裂素由其生物合成的根部向外输送。此外,矮壮素还能影响糖类代谢中各种酶的活性。

除了矮壮素之外,还有多效唑(PP_{333})、香豆素(Coumarin)、比久(B_9)等生长延缓剂,一般外部施用,在一定范围内都能抑制植株生长促进块茎形成,其作用可能是通过抑制生长促进衰老,加强营养物向成薯部运送和转化有关。另外,胡云海、蒋先明的试验中也指出,油菜类酯(BR)对块茎的形成也有显著的促进作用。BR 是一种新型植物调节剂,它不仅能促进植株生长,而且能促进细胞分裂和愈伤组织增殖,但抑制分化,它能促进块茎形成,与 IAA 的作用相似。

表6-7 矮壮素对块茎形成的影响

处理时间	结薯数		块茎重量		平均薯重	
	个/株	比标准 CK±%	kg/亩	比标准 CK±%	g/个	比标准 CK±%
CK_0	7.5		3251.0		78.5	
齐苗期	8.5	+7.5	3166.0	+0.25	74.5	+5.4
幼苗期	8.0	+1.2	3274.5	+3.7	79.3	+12.3
CK_1	8.2		3065.0		62.8	
块茎形成期	8.6	+12.4	3381.0	+11.4	66.3	+2.3
块茎增长期	8.9	+16.3	3325.5	+3.0	65.4	+0.4
CK_2	7.1		3001.0		66.8	

2. 碳水化合物的代谢与块茎形成

块茎是光合产物的储藏器官,主要以淀粉的形式储藏在块茎中。在块茎形成之前,我们首先看到的是,光合产物以可溶态糖的形式在匍匐茎顶端积聚,当匍匐茎顶端膨大成块茎时,糖分迅速减少而淀粉含量迅速增加。日本冈沢养三用含有 C^{14} 的 CO_2 进行光合作用的试验,结果发现,在块茎形成期间,有60%~80%的光合产物通过匍匐茎向块茎运行。另外,在用茎切段培养中也发现,8%的蔗糖能结薯,2%的蔗糖就不能结薯。所以,匍匐茎顶端膨大形成块茎的最可靠标志是光合产物向匍匐茎顶端积聚,并以淀粉的形式储藏起来。但是这种光合产物运行的方向可以用赤霉素处理茎叶所逆转,这时光合产物向块茎运行的量下降到仅占总量的10%,而大部分光合产物向地上茎叶运行,从而抑制了块茎的形成。Pi-amer 和 Smith 在培养匍匐茎的实验中,发现在只有6%蔗糖而没有激素的情况下,匍匐茎顶端没有淀粉的积累,只有激素存在的情况下,匍匐茎顶端才会有淀粉的积累而形成块茎。胡云海、蒋先明的试验也指出,在茎节继代培养诱导液 MS 中加入糖类,在低浓度糖分(蔗糖为0~10%浓度或葡萄糖0~5%)无块茎形成,而以25%和20%浓度为最好,形成块茎数最多;而麦芽糖不能促进块茎形成,但是如果蔗糖与 BA 配合使用,即使蔗糖只有6%也同样能结薯。据推测,激素可能是通过提高淀粉合成酶的活性和抑制淀粉水解酶活性而对块茎形成起作用的。与此相反,赤霉素对这两类酶的活性起着相反作用,从而抑制块茎的形成。由此可见,块茎的形成必须要有充足的碳水化合物和淀粉的合成。

3. 环境因子的影响

(1)温度

马铃薯在其系统发育过程中,形成了喜欢冷凉的条件,许多资料都指出只有在冷凉的条件下才有利于块茎的形成。7~21℃就能形成块茎,形成块茎的最适温度是15~18℃,超过21℃就会受抑制,块茎生长速率显著降低。在高温下形成的块茎,形状不整齐,表皮粗糙,表皮色深,日平均温度超过24℃就严重受抑,29℃就停止。Burt 指出,把植株置于7℃或7℃以下,7d 就能诱导块茎发育。前苏联蔬菜和马铃薯研究所试验,在18℃、25℃和27℃水平上栽植马铃薯,结果在25℃土温中块茎产量降低15℃,而在27℃下块茎产量降低达40%,且夜间温度比白天温度的影响更大。Gregory 试验表明,夜温10℃,白天温度7~30℃对块茎

的影响不大,而夜温 23℃,白天温变 17℃,块茎的生长受抑制

温度的影响又受光周期所制约,在长日小于 16 小时下,低温的作用更为显著,白天温度是 17℃,夜温 10℃,长日下照样能形成块茎,但 17℃以上就不能形成块茎(表 6 – 8)。试验还证明夜间较低的气温比土温对结薯影响更大;马铃薯根保持在 10℃、20℃和 30℃水平的恒温中,这些植株栽培在蛭石钵内,置于夜温 12℃ 和 23℃ 的温室,结果最好收成是夜温 12℃ 的温室,可见主要是地上部叶子处在夜温低温下,根系周围的温度没有影响。所以,为了使马铃薯地下部能结薯,只能在夜间温度低的季节才能栽培。这就是为什么要在高纬度、高海拔或者选择冷凉季节栽培马铃薯的道理。试验证明,温度的影响是通过对激素平衡发生影响的,高温下赤霉素含量增加。同时温度的影响也可以被一些生长调节剂所逆转,在低温条件下,如果施加赤霉素处理,则会抑制块茎形成。Palamer 和 Smith 指出,激素诱发块茎形成也可以被 35℃高温完全抑制。

表 6 – 8   温度和光周期对块茎形成的影响

温度(℃)		块茎产量(g)		块茎数量(个)	
日中	夜温	短日(8 小时)	长日(16 小时)	短日(8 小时)	长日(16 小时)
17	23	159	0	9.7	0
30	17	365	0	4.3	0
17	10	565	392	6.5	19.8
30	10	540	15	6.5	4.0

(2)光周期

块茎形成与光周期有极密切关系,S. andigina 种的结薯绝对需要短日照,而普通栽培种 S. tuberosum 虽然在一定光照强度和连续光照的长日照下也可产生块茎,但比在短日照下结薯晚,一般要晚 3 ~ 5 周。植株给予 9 小时短日照处理 25 ~ 30d 可形成块茎。Gregorychapman 认为诱导作用需要至少 14d 的短日照,但如果短日照 14d 后继续 14d 长日照,这种诱导作用又会消失。感受刺激的区域是顶芽,诱导叶片长度小于 5cm,这种刺激能缓慢地向植株其他部分转移。可以通过一个试验来说明:将植株摘顶,只保留近顶部的两个侧枝,一个侧枝用短日照处理,另一侧枝用长日照处理,结果短日照处理的侧枝结薯,而长日照处理的侧枝则未结薯。试验指出,光周期的刺激作用能穿过嫁接部位,把经短日照处理植株作接穗,嫁接到长日照处横的砧木上,14d 后砧木就开始结薯了,假若用长日照处理的作接穗,则不能结薯。光周期所产生的刺激作用,以及所引起的块茎形成对光周期的反应,看来无特殊的发育阶段性,因为只要光周期适宜,即便只有一个叶片的单节枝条,也一样能形成块茎。

(3)其他环境因子

块茎的形成除受温度和光周期影响外,还与土壤水分、养分及种薯有关。块茎形成期土壤水分充足,氮肥不可过多,特别是硝态氮。在胡云海试验中指出,硝态氮浓度与成薯指数成直线负相关。磷钾肥等可以促进块茎形成,据 Balamani 报道,钙可能对块茎形成也有一定作用。

关于环境因子的作用实质,大多数人认为,光周期、温度、营养成分等对块茎形成所起的

作用是通过体内诱导结薯的物质而起作用的,这种物质可能是几种刺激物质共同作用的结果,冈泽养三的研究指出,在16小时长日和25℃以上高温或弱光照的环境,都会使叶片赤霉素含量增加,向地上部运行,促进了匍匐茎的生长,抑制块茎的形成,相反,在低温短日照处理,叶中赤霉素含量急剧减少,匍匐茎停止生长,块茎很快形成(图6-3)。在短日照8小时,如果添加50ppm赤霉素,结果使匍匐茎伸长不结薯。

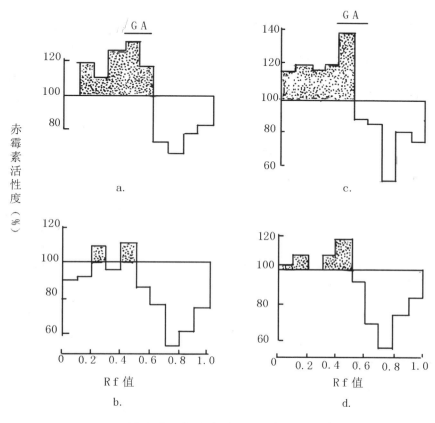

a.16小时; b.8小时; c.18℃; d.13℃

图6-3 日照长度和温度对马铃薯叶中GA含量的影响

6.2.3 块茎形成的数量

马铃薯植株形成块茎数量的多少,主要取决于每茎上发生的匍匐茎数以及匍匐茎形成块茎的条件,所以一切影响匍匐茎和块茎形成的条件都会影响块茎形成的数量。马铃薯在整个生育期间都有块茎形成,单株结薯数的多少还要取决于品种的遗传基因,同时受自然环境条件和栽培水平的影响,不同品种之间,单株形成块茎数量有很大差异,比如内蒙古农家品种"老两口",单株结薯数少,一般2~4个,而晋薯2号平均结薯8~10个。一般来说,结薯数多的品种对外界环境条件反应较敏感,结薯少的品种比较迟钝,相对来说结薯数少的品种适应性比较广。单株结薯数受种植密度的影响大,不同栽植密度下单株结薯数是随密度的增加而减少(表6-9),随着每穴主茎数的增加而减少,而且在肥力较低地块的结薯数比高肥力地块少,显然营养状况对块茎数的影响较大。单株结薯数与降水灌溉密切相关,在降雨较多的年份,特别是块茎形成期的降雨对块茎数的影响最大。据 E. Maierhofer 调查,当块茎形成期降雨量不足 15mm 时,Frsting 品种结薯数为 11.5 个,降雨量达 80mm 以上时,单株结薯数增加到 22 个。在高炳德的试验中可以看到结薯期浇水比不浇水的单株结薯增加 21.8%。此外增加磷肥的施用,特别是氮磷的配合也可使结薯数增多(表 6 - 10)。

表 6 - 9   栽培密度对块茎数的影响

主茎数 个/穴	3500 穴/亩		5000 穴/亩		9000 穴/亩		3000 穴/亩		5000 穴/亩	
	个/穴	个/穴	个/穴	个/穴	个/穴	个/穴	个/穴	个/穴	个/穴	个/穴
1	6.0	6.0	6.0	6.0	2.2	2.2	9.5	9.5	7.0	7.0
2	6.8	3.4	6.0	3.0	4.6	2.3	12.6	6.3	8.6	4.3
3	8.4	2.8	7.5	2.5	5.6	1.9	14.7	4.9	10.4	3.5
4	10.4	2.6	8.0	2.0	16.0	1.5	19.8	4.9	12.3	3.0

表 6 - 10   浇水施肥对块茎形成的影响

	CK	P	N	NP	平均
不浇水	8	7	8	9	8.00
浇水	9	10	9	11	9.75
差值	1	8	1		
t 值					3.46

6.2.4 块茎形成的时间和部位

马铃薯块茎几乎可以在马铃薯生长的任何时间形成,在窖藏期间,或在播种后尚未出苗前,就可以从种薯芽条直接生成细小块茎,有的甚至到植株开花后也不形成块茎,而有的植株生长十分旺盛,1~2m 高才形成块茎,也有的只有一片小叶一个节就能形成块茎;在马铃薯整个生育期间的任何时候把地上枝条埋入黑暗潮湿土壤中,在适宜温度和光照下,使其匍匐茎最后形成块茎。在植株生长茂密遮阴潮湿的条件下,还可由地上茎叶的腋芽直接形成气生块茎,Laver 曾经在无叶的情况下生产出 4 个世代的块茎。可见块茎的形成可以在马铃薯生育期间任何时间和茎节上的任何部位,不论长势和发育程度的悬殊多大,都可能形成块茎。在大田正常条件下,一般在出苗后 20~25d 左右开始形成块茎,经过催芽的块茎一般只需 15d 左右就开始形成,实际上在马铃薯整个生育期间几乎都有块茎形成,只是各时期形成的块茎数不等而已。

块茎开始形成的时间早晚,品种之间有很大差异,有的品种在地上部尚未现蕾(出苗后 6~15d)就有块茎形成,比如紫花白、丰收白、东农 303 等。而有的品种需 25~30d,但大多数品种在地上部现蕾,地下部开始形成块茎。块茎形成的时间早晚更受环境条件的影响,高温长日延迟块茎的形成,氮肥过多也推迟块茎形成,而磷肥则有促进块茎提早形成的作用,土壤干旱也将推迟块茎的形成,而影响块茎形成早晚的最主要因素是种薯的年龄,老龄种薯使块茎形成明显提早,在 13～17℃室温散光下催芽 30 天的种薯,比未催芽处理的植株形成块茎可提早 8～12d。

6.2.5 块茎的增大与增重

块茎形成的同时,块茎的体积也在不断增大。同一植株上的不同块茎,其生长速率是不同的,且随时间而变化。块茎最后大小与其最初的大小无显著的相关性,最后收获的块茎也并不是形成最早和生长时间最长的块茎。所以,任何时刻长得最大的块茎也并不一定具有最大生长速率。谢从华研究中指出,同一植株上 5 个块茎,其绝对生长率的加权平均数分别为:2.1819,1.0615,0.6177,0.5948 和 0.1510cm/天,其差值达 14 倍以上。块茎的大小是与块茎生长速率及生长时间密切相关,但生长速率是影响块茎大小的主要因素,我们常可看到一些晚熟品种的块茎并不比生长期短的早熟品种的块茎大。块茎的最后体积与块茎绝对生长率的加权平均数具有极显著的直线相关(图 6-4)。

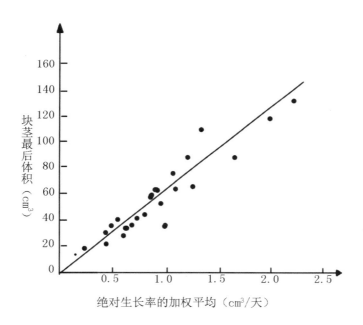

图 6-4 块茎的最后增长体积与块茎绝对生长率加权平均数的关系

块茎的增大依靠细胞的分裂和细胞体积的增大,所以块茎的增大速率与细胞数量和细胞增大速率直接相关。根据谢从华的研究,块茎增大速率与块茎细胞数呈极显著相关,与细胞的平均大小相关性不显著,因此影响块茎细胞分裂的因素可能是控制块茎大小的关键。但是从块茎增大过程的剖面细胞结构变化中可以看出,细胞体积的增大,特别是髓部和皮层部分细胞体积的增大具有重要地位。

块茎的重量无论是鲜重还是干重自始至终都在增长,只是各时期增长速率不同,从块茎形成到淀粉累积期的两个多月时间内所积累的重量占总重量的 40%～60%,而淀粉累积期至成熟的后一个月左右内也同样积累了总量的 40%～60%。块茎整个生长过程,增重最高速率是在生育中后期,即茎叶生长已达高峰阶段,而块茎形成的早期和后期接近成熟阶段,增长速率较低,但重量增加可以一直到茎叶完全枯萎时止。所以,在茎叶未完全枯萎前收获,都会降低块茎的重量,但有时还会出现生长到最后的块茎重量还有下降的情况(表6 - 11),这多发生在植株贪青晚熟和成熟后未及时收获,在田间由于呼吸的消耗和水分的蒸发都会产生重量减少的现象。

马铃薯块茎增重,主要取决于光合产物的积累及流向块茎的量。因此,一切影响光合产物的因素及光合产物的运转分配的因素都会影响块茎增大增重。块茎中的干物质90%以上来自光合作用同化产物,所以块茎的生长随时都在竞争所产生的同化产物,表现出一个植株上不同块茎之间及块茎生长与茎叶生长之间的矛盾,促进了茎叶生长往往就会抑制块茎的生长,但一旦块茎形成之后,较大的茎叶生长量和较高的光合产物就能在较长时间内保持高速率的块茎生长,块茎生长逐渐占优势又会阻碍地上茎叶生长,最后导致茎叶的衰亡,块茎生长也就终结。所以一般情况下,块茎始成时叶面积小的植株,块茎膨大增重速率相对低,时间短,最后产量也低;相反,块茎始成期是在较大叶面积之后,块茎膨大增重率就高,持续时间也长,块茎产量就高。因此,凡是促进茎叶生长的因素,在推迟块茎形成的同时又会有更多的同化产物供应块茎始成之后迅速生长和持续生长的需要,而使块茎增大增重率提高。而这一切受控于遗传基因、种质基础,以及环境条件与栽培技术水平,一般早熟品种和中熟品种茎叶生长量少,块茎生长时间短,地上部与地下部鲜重平衡值低,所以块茎增长相对低于晚熟和中晚熟品种,早熟大块品种一般在块茎形成之后即进入高速率的增长,而晚熟大块种干物率高的品种,在整个生长期间都维持较高的增长速率,而且维持时间长;相反晚熟小块茎品种在整个期间都以较低的增长速率增长(表6 - 11)。

表 6 - 11　　　　　　　　　　　　不同品种块茎增长规律

月/日	白头翁(早熟)				乌盟 601(中熟)				晋薯 2 号(中晚熟)			
	茎叶		块茎		茎叶		块茎		茎叶		块茎	
	g/株	g/天	g/株	g/天	g/株	g/天	g/株	g/天	g/株	g/天	g/株	g/天
6/18	4.00	–	0.8	–	3.40	–	0.6	–	5.60	–	0.30	–
7/9	–	–	–	–	23.10	0.94	13.50	0.61	32.40	1.28	10.00	0.46
7/20	22.00	0.56	31.00	1.01	31.00	0.99	38.00	2.23	40.00	0.69	30.00	1.82
7/30	30.00	0.80	50.8	1.68			58.90	2.09	50.00	1.00		
8/8	9.80	- 1.13	56.00	0.58	32.00	0.11	96.64	4.64	94.00	4.89	120.00	4.74
8/24	–	–	62.00	1.88	32.00	0.00	156.00	3.75	50.00	- 2.75	140.00	1.25
10/9	–	–	–	–	–	–	–	–	28.00	- 3.88	182.00	2.47

块茎始成之后的增长阶段对光周期的要求不敏感,而充足的光照是增加光合产物累积的重要保证,但并不是光照越长越好,糖分输送到块茎的速度,12 小时光照比 19 小时光照快 5 倍,块茎增大增重最适温度 16～20℃,尤其是夜间低温更为有利,温度超过 30℃加上水分亏缺,已形成的块茎还会使块茎上面的芽生长出来,长成匍匐茎。所以适当低温,尤其夜间的低温是块茎增大增重的重要条件。

随着块茎的生长,需水量逐渐增多,块茎增长最迅速阶段也是需水量最多,对水分相当敏感的阶段,块茎生长期最适宜的水分,是保持土壤水分含量在田间持水量的60%~80%,迅速膨大增重期应保持在75%~80%,到生育后期逐渐降到60%。块茎生长期间水分的亏缺对块茎增大增重影响最大,水分不足使块茎产量显著降低,土壤湿度过大又会引起块茎的腐烂,干湿交替常造成块茎次生生长。土壤氮肥过多,植株地上部贪青晚熟,或者干湿交替,使生育后期地上部重新恢复生长,就会造成营养物质倒流向茎叶的生长,而减少向块茎的物质提供量,或者由于土壤贫瘠造成植株过早衰亡,等等,都会影响块茎的增大增重。

6.2.6　块茎生长异常现象

马铃薯块茎除受病毒病菌感染外,还因为生理上某些异常所造成的生理障碍而使块茎发生种种病理病态,以致造成块茎产量和品质严重降低,给储藏加工带来严重的损失。

1. 块茎的绿化

在田间暴露于地表的块茎,收获后储藏期间在电灯光或散射光下暴露的块茎,其表面部分变绿,甚至在块茎内部也部分变绿或黄绿,并伴随着块茎品质变劣,食味麻辣,食用后易发生中毒现象。发生这种现象,是出于块茎接受日光的直接或间接照射或人工光线照射的作用下,使周皮、皮层薄壁组织的淀粉体变成绿色淀粉体而变绿,同时在光的作用下使马铃薯素大量增加。通常只要光强在24小时不低于3~11瓦就会发生。马铃薯素是有麻辣味的有毒物质,因此,绿化了的块茎大大降低食用价值。块茎变绿的程度是受遗传基因所控制,同时也因块茎的成熟程度、温度的高低有所不同,一般未成熟块茎和高温条件更易变绿,在5℃未发生绿变的块茎,在20℃下变绿就相当普遍。

2. 纤细芽

某些块茎在萌芽时,块茎上萌发的芽条很纤弱,称为毛芽。这种成线状现象多发生于感染卷叶病毒或纺锤块茎病毒和高浓度赤霉素处理的块茎,一般赤霉素20ppm浓度浸种块茎就多发生纤细芽。这种块茎多不表现顶端优势。

3. 块茎的空心

块茎的空心发生于块茎中央部位,在块茎外表无任何症状,髓部细胞内含物消失,小片细胞死亡,然后随着块茎的生长扩大,空心洞周围形成了木栓组织,呈星形放射状或二三个空洞相联结成大洞,植株地上部也无任何症状。这种现象多发生于大块茎。据测定,块茎直径超过8.89cm,块茎空心率43.3%,而直径在3.81~5.07cm,其空心率只有0.2%。空心现象多发生于块茎迅速增大期间,生育期多肥多雨或株行距过大,进一步刺激了茎叶的迅速生长,使块茎内淀粉再度被转化成糖而被转移,使块茎内同化产物的再度重新分配,造成块茎内干物质减少或块茎内缺乏某些微量元素等原因而造成髓部细胞的死亡,形成了空洞。一般在稀植,田间缺株的相邻株以及缺钾的情况下易发生空洞。生长早期的脱叶遮阴和适当密植可减轻空心。

4. 块茎内萌芽

块茎的萌芽不向外部生长,而向块茎内部生长,使块茎发生裂开缝隙,有时在萌芽顶端产生小块茎(块茎内块茎)或穿透块茎,芽条从块茎另一头穿出。老化薯或储藏窖中在高温下储藏,下层块茎多易发生。这补块茎内萌芽现象是由于外部萌芽的生长点遭到破坏,由基部的腋芽生长,随后由于环境因素迫使生长着的芽条对周皮产生压力,比如原来的芽眼受到周围块茎的挤压,或由于向基部伸展的芽丛的机械作用的结果。

5. 块茎薯肉的变黑

块茎薯肉变黑有以下几种情况:①薯心发黑。一般块茎外表没有任何症状,切开块茎后,在中心部位呈黑色或深褐色。变色部分轮廓清晰,形状不规则,有的变黑部分分散在薯肉中间;有的变黑部分中空,变黑部分不失水,但变硬,放在室温下还可变软。发病的主要原因是高温通气不良,造成块茎髓部中心缺氧,窒息,细胞破坏,造成酶促变褐所致,这种病多发生在块茎成熟期遇到高温和土壤过湿而产生通气不良以及在运输过程或窖藏过程通风不良,贮温过高,氧气不足,二氧化碳过高,氧气在空中含量低于 14% ~15% 时最易发生,40 ~42℃ 条件下储存 1 ~2d;36℃ 条件下储存 3d;27 ~30℃ 条件下储存 6 ~12d 即能使薯心发黑。②块茎内部的黑斑。块茎表面没有任何症状,切开薯块后,可以看到黑斑沿着维管束扩展或穿过维管束扩展到块茎内部,这种情况的发生是由于块茎在运输收获储藏过程,块茎遭到碰撞,皮下组织受到损伤,在 24 小时后,其受伤部位变黑,一般在低于 10℃ 的条件下易发生。这是由于受伤部位细胞受到损伤,引起酪氨酸等酚类物质在酶促作用下氧化变黑,发发酵反应的结果。③在煮前变黑的位置,或是煮前不变黑的位置,在煮后均发生了薯肉变黑。这种情况下的薯肉颜色变黑是由于氯原酸与铁形成了络合物的结果,这多发生在块茎的基部,因铁集中在基部,顶部很少发生。一般是在煮后 1 小时左右出现不同强度的灰绿色,最后变暗变黑。还有一种情况是在油煎过程薯片迅速变黑,这种变黑是由于还原糖和氨基酸的 Maillard 反应的结果,在一般温度下这个反应进行得很慢,只有经过几个月后才能发生,但当块茎被加热,特别是油温高的情况下,糖与氨基酸迅速发生反应形成了类黑色素颜色产物,导致薯肉变黑。④块茎低温受冻而引起薯肉变黑,当块茎在 -1 ~2℃ 下 8 小时左右,块茎轻微受冻,恢复后就会发生薯肉变黑,这可能是受冻部分细胞被破坏引起酶促反应的结果。此外,块茎感染锈病之后也会引起薯肉发黑。

6. 水薯和甜尾现象

水薯,就是块茎切开后薯肉稍有透明,成水渍状。这种块茎内水分含量高而干物质含量少,淀粉含量很低。产生这种情况的根本原因是由于有机物质供给不足,而块茎细胞的分裂、增大和吸水率的迅速增加的结果。这多发生于后期氮肥过多,茎叶倒伏或过安生长,影响了光合产物的供给,因而使淀粉的累积减少,而含水量高。甜尾薯,即块茎尾部含糖量高,淀粉含量少,这也是由于块茎前期生长很快,在光合产物不足的情况下,由块茎尾部淀粉水解成糖转移供给块茎顶部继续生长和顶部的淀粉合成,从而造成尾部糖分增多,淀粉减少,水分相对较多,而使尾部变甜并成水渍化。随着水分的损失,基部萎蔫。

7. 块茎薯肉变褐

块茎表面无任何症状,但切开后,在薯肉部分分布着大小不等,形状不规则的褐色斑点,褐色部分细胞已经死亡,成为木栓化,淀粉粒已基本消失,煮熟不烂,严重者完全失去食用价值。发生这种情况可能是土壤水分不足,干旱造成,或者土壤缺磷,缺钙。卷叶病毒及晚疫病严重时,块茎剖面部也有可能出现褐斑症状。

8. 皮孔肥大

在正常情况下,块茎表面的皮孔不向表面突出,但当土壤湿度过大或储藏过程湿度过高,则造成皮孔周围细胞增生,使皮孔张大并突起,形成许多类似疮痂病病症的小斑点,既影响块茎的形状美观,又极易被菌病感染,使块茎不易储藏。防止皮孔肥大的办法是,在马铃薯生育期间,注意特别是低洼易涝地块的培土和排水,以及成熟期土壤水分控制和调节在60%左右为适。储藏前期采取通风等措施,以减少块茎湿度过高。

9. 芽薯

芽薯就是在种薯芽眼处,曲芽部分不能正常伸长,就在萌芽部分直接形成块茎,这种块茎也有叫梦生薯。这种情况多在春季播种过早,播种后长期处于低温的情况下发生。产生的原因,可能是由于已经过休眠的块茎,酶的活动增强,种薯可利用态的养分迅速增加,并在萌芽部分积聚,萌生后土壤温度过低,一般不足13℃,影响了芽条的正常伸长,但此时温度却适于块茎形成,于是在萌芽部分膨大形成块茎。这种情况在土壤干旱的情况下更易发生,此外,这也与品种本身对温度的敏感程度有关。

6.3 块茎的休眠

6.3.1 休眠现象与休眠期

刚收获的块茎如果放在最适宜的发芽条件下(温度20℃,湿度90%,氧浓度29%),块茎也不发芽生长,这种现象称为块茎的自然休眠,或称生理休眠。这是马铃薯在系统发育过程为抵御不良环境所造成的绝种之灾所形成的一种适应性。这种处于休眠状态的块茎,仍保持着生命活动,维持着最低的生理代谢功能,经过一定储藏期之后,才具有发芽生长的能力。这是马铃薯所固有的生理特性。通常把块茎从收获那天计起直至块茎解除生理休眠,开始芽的萌动(一般以在块茎上至少有一个芽长达2mm长为萌动标准)所经历的这段时间称为休眠期,以天数或小时或日数或周数作单位。但实际上,自块茎开始形成那天起,虽然生长在植株上,但在适宜萌芽条件下,块茎上的芽也并不萌发,所以有人把块茎休眠期从块茎形成之日算起,将块茎的休眠期分成两个阶段,把块茎形成至收获这段时间为休眠前期或称休眠Ⅰ(收获前)和收获后至芽开始发芽这段时期为休眠后期或称休眠Ⅱ(收获后)。但处于休眠前期的块茎生长点分生组织还在继续分裂、分化、增大,而休眠后期的芽的分生组织基本上处于休眠状态,而且处于休眠前期的块茎,在夏季高温长日条件下,由于叶片赤霉素含量的增加,或者叶面喷施赤霉素,当赤霉素转移到块茎,就会打破块茎的休眠状态,而发生块茎的次生生长,所以休眠前期是不稳定的。但是就一个品种来说,整个休眠期(包括前期和后期,即休眠Ⅰ和休眠Ⅱ)似乎是一定的,即从块茎形成到萌发,在正常条件下,休眠期长短基本一定,因此休眠前期的长短就直接影响到休眠后期的长短,这可能就是我们一般所说的早收的块茎休眠期为什么长的道理。

6.3.2 影响休眠期长短的因素

不同品种休眠期长短有很大差异,同在20℃条件下,丰收白、威拉等品种休眠期只1.5个月,为休眠期短的品种,克新4号、白头翁、虎头等的休眠期为2个多月,属休眠期中等品种,晋薯2号、波兰1号、男爵等则是3个月以上的休眠期,属休眠期长的品种。

BurLon在10℃下对11个品种的休眠期进行测定,结果其变化范围为5~10周,一般早熟品种的休眠期比晚熟品种长。块茎休眠期长短还因储藏条件和田间生长条件而有很大变化,据有关报道,在冷湿之后收获的块茎休眠期比正常条件下收获的块茎长1个多月,在显

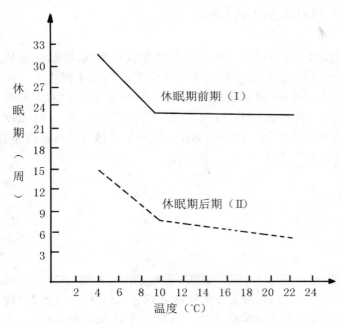

图 6-5　在不同温度下马铃薯不同品种的休眠期平均值

著干热季节所收获的块茎,休眠期可缩短 9 周,储藏温度在 1℃至 22℃之间,休眠期随着温度的增高逐渐缩短,储藏温度从 22℃降到 4℃,休眠期延长 150%(图 6-5)。另外,还有人认为在开始储藏阶段,低浓度氧有缩短休眠期作用,在储藏后期,低浓度氧又有延长休眠的作用,块茎成熟度不同,休眠期长短有很大差异。Burton 研究 7 月收获的块茎休眠期为 19.5 周,变幅 17~27 周,延长到 9 月份收获的块茎休眠期为 8 周,变幅 5~14 周,而在块茎形成后不久即收获的块茎,休眠期是 24 周,变幅 20~23 周。就一个块茎上各个芽眼上芽的休眠还有级差,顶芽最晚终止生长,最先通过休眠,基部芽最早终止生长,却最

晚通过休眠。在长期低温储藏下,不同芽之间休眠期的级差减少,顶端优势减弱。春薯比夏薯休眠期短,这可能与春季高温干旱的气候条件有关。

　　块茎经过一定时期的休眠,达到解除自然休眠之后,幼芽在生理上已具备了伸长的可能,这时如果不具备发芽条件,芽的生长处于抑制状态,而不能萌发生长,称为被迫休眠。它与自然休眠的区别就在于,当给予发芽的适宜条件,芽就会迅速萌发伸长。所以,一般把放在 20℃下不萌发芽的叫处于自然休眠,在 20℃下发芽的,而在 5℃下不发芽的为被迫休眠。

　　块茎处于自然休眠状态,可以人为地打破休眠,但不同品种打破休眠的难易程度不一样,一般把易被人为打破休眠的称浅休眠(或者称休眠强度弱),不易被人为打破的为深休眠(称休眠强度强)。休眠的深浅与品种及块茎年龄有关,比如郑薯 2 号、丰收白易打破休眠,而乌盟 601、雪花白、高原 7 号则很难打破休眠。生理年龄小的比年龄大的更难打破休眠。

6.3.3　块茎休眠的生理机制

　　关于块茎休眠的生理机制,目前还是一个有争论的问题,归结起来,大概有以下几点:

1. 氧气与休眠

　　最早研究认为,块茎进入休眠是因为块茎薯皮阻碍了空气的进入,致使块茎呼吸减弱,内部生理活性降低,使高分子有机物质不易被转化成简单可利用态营养供幼芽生长,是因为能量和养分缺乏造成不能发芽,因此通过擦破薯皮、切块等措施可提前打破休眠。但是刚收获的块茎周皮尚未完全木栓化,而是随着储藏期的延长,薯皮木栓化加深,薯皮加厚,至休眠通过时的薯皮远比刚收获时厚,而且刚收获时的軼茎内的细胞间隙氧气含量比通过休眠时

高,所以休眠并不是氧气不足。于是又有人提出块茎休眠是因为氧气过多,当把氧气含量从20%降到2%~10%时,促进块茎很快萌发,氧气增加到20%,休眠期反而延长。这些看法与事实产生了矛盾,无法解释块茎休眠的生理实质。

2. 休眠与激素

认为块茎处于休眠状态是由于块茎内激素在起作用。块茎内产生一种抑制发芽的叫β-抑制剂和脱落酸的天然植物激素,这类物质能抑制细胞分裂和生长,抑制α-淀粉酶和β-淀粉酶、蛋白酶和核糖核酸酶活性,抑制块茎对氧的吸收和磷的吸收,从而抑制了高分子淀粉、蛋白质的分解与能量传递,使芽条生长得不到所需的营养和能量而受抑制,这正好与赤霉素、吲哚乙酸、细胞分裂素等刺激生长的激素相反,二者有拮抗作用。从通过休眠的块茎中可以看到刺激生长的激素增加和抑制物质的减少,以及给休眠块茎用赤霉素处理促进休眠很快通过,促进芽的萌发生长和用脱落酸、矮壮素等抑制性激素处理块茎、抑制萌芽使休眠期延长可得到进一步解释(图6-6)。所以,块茎的休眠与发芽很大程度上取决于抑制和促进物质两者的平衡。这两类物质同时存在于块茎内,刚收获的块茎以及低温储藏下的块茎内抑制性脱落酸、β-抑制剂类物质含量高于赤霉素等生长刺激性物质,经过储藏,直到赤霉素类物质占主导地位,活化作用大大超过了抑制作用,体内生理代谢活跃,块茎解除了休眠。当将休眠块茎用赤霉素处理就会使休眠提前通过,促进发芽。因此,一般认为马铃薯块茎的休眠和发芽,主要受抑制和促进物质两者的平衡所控制,但其作用机制尚不十分清楚。

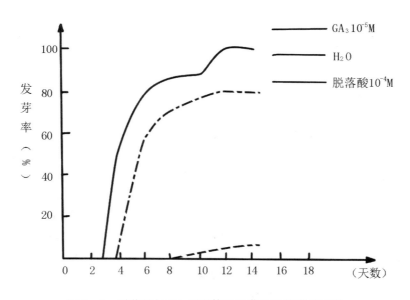

图6-6 脱落酸与GA对离体马铃薯块茎发芽的影响

3. 休眠与抗坏血酸

据研究,抗坏血酸具有活化生长素的作用,在块茎休眠解除时,还原型的抗坏血酸能把不活跃的生长素活化,从而促进了芽的萌发。日本田川等人对块茎萌芽部、皮层部、髓部的抗坏血酸消长测定表明,在休眠期,块茎各组织的含量有逐渐减少的趋势,但当休眠结束的

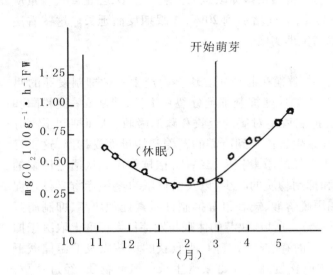

图 6 - 7　块茎储藏在 10℃ 下呼吸作用的变化与休眠的关系

同时,在萌芽部和皮层部抗坏血酸含量特别是还原型的抗坏血酸有显著的积累,这一事实说明了抗坏血酸在解除休眠,促进芽的萌发方面起了重要作用。

4.休眠与呼吸

在休眠块茎中,呼吸作用一直很弱,在结束休眠开始发芽时,呼吸作用显著增强(图 6 - 7)。呼吸作用的增强表明代谢作用的增强,呼吸作用为形成芽条生长提供所必需的用于脂类及氨基酸合成的有机酸等中间产物和所需能量(ATP)创造了条件。但是呼吸作用的显著增强,一般是在芽已开始萌动才明显表现出来。所以,呼吸作用增强是块茎通过休眠的表现。块茎在结束休眠开始发芽时,呼吸作用显著增强,这可能是由于在休眠期间工作着的某些呼吸系统作用的加强,也可能是新的能量产生系统的加入或代替了在休眠期间工作的原来的系统。

5.休眠与酶活性变化

酶是全部代谢作用的基本因素,它决定着生化过程的速度和方向,细胞的全部动力几乎都决定于酶的存在,因此块茎休眠和发芽与酶活性变化具有密切的关系。但各种酶在块茎休眠中的作用,还存在一些尚不明确的问题。

近年来的文献中,对细胞色素氧化酶系统给予了更多的注意,认为这一酶系统在维持总的呼吸过程十分活跃的,块茎的呼吸至少有 70% 是经过细胞色素氧化酶而发生的。据日本学者川田等的研究,在块茎形成初期,首先出现抗坏血酸氧化酶,随着块茎的膨大成熟,细胞色素氧化酶构成了呼吸的主要通道,并同时出现了多酚氧化酶;但到了成熟期,抗坏血酸氧化酶的活性却消失了。当块茎休眠结束时,多酚氧化酶的活性也消失了,即使再继续强制块茎休眠,多酚氧化酶的活性也很低。此外,在生育过程中,遇不良环境条件,块茎发生二次生长时,以及用赤霉素、硫脲等人工打破块茎休眠时,多酚氧化酶的活性都会降低。这些事实说明了块茎的休眠与多酚氧化酶的活性有着密切的关系,认为休眠期间多酚氧化酶系统是块茎呼吸的主要通道,而当萌芽开始之后,便由羟基乙酸氧化酶系统所代替,也有人认为是被细胞色素氧化酶系统所代替,究竟是哪种酶系统还有争论。

实验发现,抗坏血酸氧化酶和多酚氧化酶在块茎休眠期间活性都弱,而在休眠即将通过之前活性显著增强,而在芽条显著伸长阶段其活性又显著下降。因此,休眠期间是以多酚氧化酶系统为呼吸主要通道的论断还需商榷。

磷酸的代谢与细胞的分裂生长的各种生理作用有密切的关系。当休眠结束块茎开始萌发生长时,除有生长素的存在外,还必须有大量的能量,而磷酸化酶的作用,正是促进能量释放反应的磷酸代谢过程。据研究,在块茎萌芽时,在生长部位细胞中的磷酸化酶活化了抗坏血酸,特别是还原型的抗坏血酸,从而促进了生长过程。许多资料表明,在休眠过程中磷酸化酶的活性是弱的,但在休眠结束时,在萌芽部,特别是顶部的芽,磷酸化酶的活性显著增高(图6-8)。

一般认为,马铃薯块茎在整个休眠期间,主要是在磷酸化酶的作用下促进能源释放反应的磷酸代谢过程,所以该期物质损耗少,休眠之后是淀粉酶的水解作用为主。有的资料还认为休眠期间仅有β-淀粉酶活动,α-淀粉酶是在萌芽期间所合成的。在研究中也发现在块茎休眠阶段淀粉酶活性很低,几乎测不到,只有当块茎休眠开始觉醒时,淀粉酶的活性才表现出来(图6-9)。由于淀粉酶的活动,淀粉水解成可用态的糖,为芽条生长提供物质基础。所以,淀粉酶活性的增强是块茎休眠觉醒的重要标志。

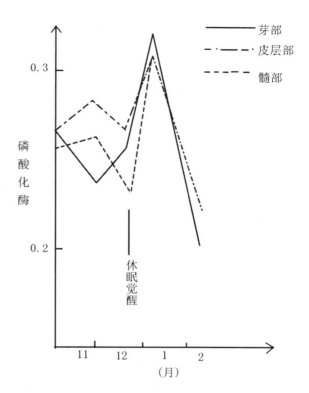

图6-8 块茎休眠与磷酸化酶活性的关系

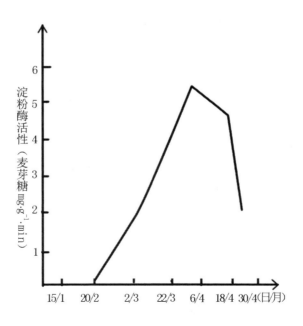

图6-9 块茎储藏期间淀粉酶活性的变化

6. 休眠与营养物质

块茎休眠期间生理活动十分缓慢,各种营养物质变化很少,基本趋向稳定,但当休眠觉醒,各种生理活动渐趋活跃,营养物质由储藏态向可溶态物质的转折性的飞跃变化,淀粉、蛋白氮的减少,还原糖和非蛋白氮的迅速增加,几乎都在同一时间出现转折性变化,而且与淀粉酶活性变化趋势相一致(表6－12)。可用态营养物质的增加,为芽条的生长提供了物质基础。但随着芽条的生长,营养物质向芽条转移及生长过程的消耗,而使种薯可用态养分又趋减少。

表 6－12　　　　　　　　　　　块茎休眠期间营养物质的变化

日期(月/日)	淀粉(%)	还原糖(%)	蛋白氮(%)	非蛋白氮(%)	备注
1/15	17.87	1.825	0.575	0.469	
3/22	17.44	4.525	0.548	0.485	芽始萌动
4/6	17.28	2.460	0.536	0.503	
4/18	16.62	2.320	0.525	0.510	
4/30	16.56	1.963	0.513	0.478	

7. 块茎组织结构的变化与休眠

块茎处于休眠期间,芽生长锥呈扁平状态,顶端分生组织包括原套和原体两部分,共有5层细胞,由它们产生的几层细胞在休眠阶段仍进行分裂活动,以非常缓慢的速度增加细胞数。随着休眠的觉醒,顶端分生组织有丝分裂迅速恢复和加强,细胞数迅速增加,芽生长锥由扁平逐渐突起,并分化出叶原基突起。当通过休眠时,生长锥各部分细胞的分裂和增大更快,于是发生芽的伸长和叶原基的增多,生长锥变成半圆球状,最后形成一个明显的幼芽。所以,一般用肉眼能见到芽萌动的小白点,作为块茎通过休眠的形态指标。

综上所述,可以得出以下结论:①外界和块茎内的氧气浓度是调节休眠的重要因素;②块茎内生长刺激剂和抑制剂之类物质的相互转化和比例是休眠解除和继续的先决条件;③块茎内酶系统活性的变化和营养物质的转化,呼吸强度的变化是解除休眠的物质基础和支配力量。

6.3.4　休眠的调节

由于块茎具有休眠的特性,给生产带来诸多的不便;有时为了提早播种,增季生产,常常需要迅速打破休眠,使种薯迅速发芽生长,不然影响正常成熟,影响块茎的产量和品质,而作为食用加工等为保证块茎品质又需要延长块茎的休眠期,不致因块茎发芽而降低块茎的品质。因此,必须依据生产的实际需要人为地控制调节块茎的休眠。

1. 缩短休眠期

最常用的方法是通过干扰块茎内脱落酸和赤霉素的激素平衡,用赤霉素浸种;还有用"rindite"刺激剂—氯乙醇:乙氯乙醇:四氯化碳＝7:3:1的混合液熏蒸,把块茎放在20℃温度下或调节氧浓度到3%～5%,二氧化碳浓度增加到2%～4%,切块、漂洗(减少脱落酸含量);或用赤霉素与乙烯的复合剂、硫脲、硫氰化钾等药剂浸种,均能缩短休眠期。

2. 延长休眠期

最常用的方法是在低温3～5℃下储藏,或用萘乙酸甲酯,2、4、5T,壬醇、异丙基苯基氨基甲酸酯等处理块茎。据报道,在马铃薯生育后期用顺丁烯二酰肼叶面喷施也很有效。

【参考文献】

[1]蒙美莲,门福义.中国马铃薯栽培生理研究进展[G].中国马铃薯学术研讨会与第五届世界马铃薯大会论文集,2004,3.

[2]刘梦云,门福义.马铃薯同化产物的积累、分配与转移[J].马铃薯,1989(1).

[3]高炳德.马铃薯产量形成与环境条件I产量形成及其限制因素分析[J].马铃薯,1985(1).

[4]刘梦芸,门福义.马铃薯块茎生长发育的研究[J].内蒙古农牧学院学报,1987,5.

[5]孙周平,李天来,等.马铃薯脱毒小薯雾培繁育基础理论与生产应用技术研究[D].沈阳农业大学,2008.

[6]谢从华,陈耀华.田恒林种植密度与马铃薯块茎大小的分布I.密度与块茎生长的关系[J].中国马铃薯,1991,7.

[7]张建旺,等.马铃薯储藏还原糖含量与不同因素的相关性分析[J].马铃薯杂志,1989,3.

[8]舒群芳,等.马铃薯块茎蛋白质分析[J].马铃薯杂志,1989,4.

[9]江制.种子休眠发芽的调节机理分析[J].生物科学动态,1979,5.

[10]赖广询.赤霉素对马铃薯地下繁殖器官发芽过程和转化酶活性及糖含量变化的影响[J].植物生理学通讯,1982,2.

[11]林秀俊,郑光跃.马铃薯的氨基酸、抗坏血酸及卡茄碱、茄碱含量变化及加工处理条件[J].马铃薯,1985,1.

[12]刘梦云,门福义.马铃薯发芽期间的生长特点及某些生理变化[J].马铃薯,1983,1.

[13]刘梦云,门福义.马铃薯种薯生理特性[J],中国农业科学,1985,1.

[14]邱似德译.储藏温度对补薯萌芽的影响[J].马铃薯,1983,2.

[15]门福义.马铃薯的休眠生理[J].马铃薯,1983,3.

[16]札山大记.马铃薯块茎的内部障害[J].国外农学——杂粮作物,1986,4.

[17]黑龙江省农科院.马铃薯栽培技术[M].北京:中国农业出版社,1984.

[18]刘梦芸,门福义.马铃薯块茎生长发育[J].内蒙农牧学院学报,1987,4.

[19]胡云海,蒋先明.不同糖类和BA对马铃薯试管薯的影响[J].马铃薯杂志,1989,3.

[20]郭得平,等.植物激素与马铃薯块茎形成[J].植物生理学通讯,1991,2.

[21]靳德永,等.早熟马铃薯品种选育方法的研究[J].马铃薯,1985,3.

[22]高炳德.灌水对产量形成和NPK吸收的影响[J].马铃薯,1987,1.

[23]谢从华.马铃薯块茎的生长模型及块茎生长率与细胞分裂的关系[J].马铃薯杂志,1990,3.

[24]胡云海,蒋先明.植物激素对微型薯形成的影响[J].马铃薯杂志,1992,1.

[25]白宝璋.马铃薯块茎形成与光周期和植物激素关系的研究进展[J].吉材农业大学学报,1986,8(2).

[26]孙周平,李天来.根据环境因子对马铃薯块茎生长发育影响的研究进展[J].沈阳农业大学学报,2001,12.

下篇　马铃薯的生长环境

　　环境条件影响马铃薯的生长发育,水(水分)、肥(营养)、气(大气)、热(温度)和土(土壤)客观决定马铃薯的生命进程。本篇根据不同的生产目标,为马铃薯的发育提供最适合的生长环境。

第7章　马铃薯生长与土壤环境

　　土壤是指覆盖于地球陆地表面,具有肥力特征的,能够生长绿色植物的疏松物质层,是人类赖以生存和发展的重要资源和生态条件。土壤之所以能生长植物,是因为土壤具有肥力,土壤肥力是土壤的本质特征。所谓土壤肥力是指土壤具有能同时并不断地供给和协调植物生长发育所需要的水分、养分、空气、热量、扎根条件和无毒害物质的能力。其中水分、养分、空气、热量(简称水、肥、气、热)是土壤的四大肥力因素,它们之间相互作用,共同决定着土壤肥力的高低。

　　土壤肥力根据其产生的原因可分为自然肥力和人为肥力,自然肥力是指母质、生物、气候、地形和时间各种自然因素共同作用下形成和发育的肥力。人为肥力是指人们对土壤进行耕作、施肥等经营措施影响下所形成的肥力。土壤肥力根据其表现的经济效益可分为有效肥力和潜在肥力。有效肥力是指在生产上能表现出来,并能产生经济效益的那部分肥力,又称经济肥力。没有在生产上表现出来的肥力叫潜在肥力。

7.1　土壤的固相组成

　　土壤的组成物质是土壤肥力的基础。任何一种土壤都是由固相(土壤矿物质、土壤有机质和土壤生物)、液相(土壤水分和土壤溶液)和气体(土壤空气)三相物质组成的一个整体。固相部分一般占土壤总体积的50%,其中矿物质占总体积的38%以上,有机质占12%左右,是土壤的主体,它不仅是植物扎根立足的场所,而且它的组成、性质、颗粒大小及其配合比率等,又是土壤性质的产生和变化的基础,直接影响着土壤肥力高低。土壤总体积中的另外50%为土壤孔隙,孔隙中分布着液相的土壤水和可溶性物质,还有气相的土壤空气。

7.1.1　土壤矿物质

　　土壤矿物质,如按重量计,一般占土粒的95%以上。因此,矿物质就成为土体的"骨架",它是植物矿质营养的源泉,也是影响土壤肥力的决定性因素之一。

　　1.土壤的矿物组成

　　自然界的岩石矿物经化学、物理和生物风化作用及外力搬运形成母质,母质在气候、生物、地形、时间等自然成土因素和人为因素的作用下形成土壤。

　　土壤矿物质是岩石矿物风化形成的矿物颗粒的统称,包括那些在风化过程中未改变化学成分和结构的原生矿物和由原生矿物经风化作用重新形成的次生矿物。

　　土壤矿物质的化学组成极为复杂,几乎包括地壳中所有的元素,但氧、硅、铝、铁、钙、镁、钠、钾、钛、磷这10种元素占土壤矿物质总重的99%以上,其他元素不过1%,以氧、硅、铝、铁为最多,称之为土壤的骨干部分(表7-1)。

表 7 - 1　　　　　　　　　　我国表层土壤的主要化学组成（g/kg）

成分	SiO_2	Al_2O_3	Fe_2O_3	CaO	MgO	K_2O	Na_2O	P_2O_5	SO_3	TiO_2
土壤	641.7	128.6	65.8	11.7	9.1	9.5	5.6	1.1	–	12.5

2. 土壤的机械组成

（1）土壤粒级

将土壤颗粒按粒经的大小和性质的不同分成若干级别，称为土壤粒级。同一粒级范围内土粒的矿物成分、化学组成及性质基本一致，而不同粒级土粒的性质有明显差异。根据土粒的大小不同可分为石砾、砂粒、粉砂粒和黏粒 4 个基本粒级，每级大小的具体标准各国不尽相同，但却大同小异。中国科学院南京土壤研究所等单位根据中国的土壤情况，拟定了我国的土粒分级标准（表 7 - 2）。

表 7 - 2　　　　　　　　　　中国的土粒分级标准

粒级名称		粒径（mm）
石块		>10
石砾	粗石砾	10 ~ 3
	细石砾	3 ~ 1
砂粒	粗砂粒	1 ~ 0.25
	细砂粒	0.25 ~ 0.05
粉粒	粗粉粒	0.05 ~ 0.01
	中粉粒	0.01 ~ 0.005
	细粉粒	0.005 ~ 0.002
黏粒	粗黏粒	0.002 ~ 0.001
	细黏粒	<0.001

（2）土壤质地

任何一种土壤，都是由粒径不同的各种土粒组成的，也就是说，任何一种土壤都不可能只有单一的粒级。但是土壤中各粒级的含量也不是平均分配的，而是以某一级或两级颗粒的含量和影响为主，从而显示出不同的颗粒性质。我们把土壤中各粒级土粒含量（重量）百分率的组合，叫做土壤质地（或称土壤颗粒组成、土壤机械组成）。通常所说的砂土、壤土和黏土等就是根据粗细不同的土粒各占的百分比来决定的，土壤质地是土壤的重要物理性质之一，对土壤肥力有重要的影响。

根据土壤中各粒级含量的百分率进行的土壤分类，叫做土壤的质地分类。中国科学院南京土壤研究所等单位综合国内研究结果，将土壤分为三大组十二种质地名称（表 7 - 3）。

我国北方寒冷少雨，风化较弱，土壤中的砂粒、粉粒含量较多，细黏粒含量较少。南方气候温暖，雨量充沛，风化作用较强，故土壤中的细黏粒含量较多。所以，砂土的质地分类中的砂粒含量等级主要以北方土壤的研究结果为依据。而黏土质地分类中的细黏粒含量的等级则主要以南方土壤的研究结果为依据。对于南北方过渡的中等风化程度的土壤,砂粒和细黏粒含量是难以区分的,因此,以其含量最多的粗粉粒作为划分壤土的主要标准,再参照砂粒和细黏粒的含量来区分。

表7-3 　　　　　　　　　　　　　　我国土壤质地分类标准

质地分类		颗粒组成(%,粒径:mm)		
组别	名称	砂粒(1~0.05)	粗粉粒(0.05~0.01)	细黏粒(<0.001)
砂土	粗砂土	>70	–	<30
	细砂土	>60~<70	–	
	面砂土	>50~<60	–	
壤土	砂粉土	>20	>40	
	粉土	<20		
	砂壤土	>20	<40	
	壤土	<20		
	砂黏土	>50		>30
黏土	粉黏土	–		>30~<35
	壤黏土	–		>35~<40
	黏土	–		>40~<60
	重黏土	–		>60

由于我国山地和丘陵较多,砾质土壤分布很广,将土壤的石砾含量分为三级(表7-4)。

表7-4 　　　　　　　　　　　　　　土壤石砾含量分级

3~1mm石砾含量(%)	分级
<1	无砾质(质地名称前不冠)
0~10	砾质
>10	多砾质

(3)土壤质地与肥力的关系

土壤的固、液、气三相组成中,液相和气相状况是由固体颗粒的特性和组合状况决定的,也就是决定于土壤质地状况。因此,土壤质地是土壤最基本的性状之一,它常常是土壤通气、透水、保水、保肥、供肥、保温、导温和耕性等的决定性因素,我国农民历来重视土壤质地问题,因为它和土壤肥力、作物生长的关系最为密切,最为直接。现将不同质地土壤的肥力特性综述于下。

砂土类 由于粒间孔隙大,毛管作用弱,通气透水性强,内部排水通畅,不易积聚还原性有害物质。整地无需深沟高畦,灌水时畦幅可较宽,但畦不宜过长,否则因渗水太快造成灌水不匀,甚至畦尾无水。砂性土水分不宜保持,水蒸气也很容易通过大孔隙而迅速扩散逸向大气,因此土壤容易干燥、不耐旱。毛管上升水的高度小,故地下水位上升回润表土的可能性小。

砂质土主要矿物成分是石英,含养分少,要多施有机肥料。砂土保肥性差,施肥后因灌水、降雨而易淋失。因此施用化肥时,要少施勤施,防止漏施。施入砂土的肥料,因通气好,养分转化供应快,一时不被吸收的养分,土壤保持不住,故肥效常表现为猛而不稳,前劲大而后劲不足。如只施基肥不注意追肥,会产生"发小苗不发老苗"的现象。因此,砂土施肥除增施有机肥作基肥外,还必须适时追肥。

砂质土经常处于通气良好状态,好气性微生物活动强烈,土壤中有机质分解迅速,易释放有效养分,促使作物早发,但有机质不易积累,一般有机质含量比黏土类低。

砂质土因含水量低,热容量较小,易增温也容易降温,昼夜温差较大,这对于某些作物是不利的,如小麦返青后容易因此而受冻害,但种植马铃薯及其他块根块茎作物时,则有利于淀粉的累积。砂土在早春气温上升时很快转暖,所以称为"热性土",但晚秋一遇寒潮,温度下降也快,作物易受冻害。

砂质土松散易耕,但缺少有机质的砂土泡水后容易沉淀、板实、闭气。

黏土类　黏质土由于粒间孔隙很小,多为极细毛管孔隙和无效孔隙,故通气不良,透水性差,内部排水慢,易受渍害和积累还原性有毒物质故需"深沟高畦",以利排水通气。

黏土一般矿质养分较丰富,特别是钾、钙、镁等含量较多。这一方面是因为黏粒本身含养分多,同时还因为黏粒有较强的吸附能力,使养分不易淋失,因黏土通气性差,好气性微生物受到抑制,有机质分解较慢,易于积累腐殖质,故黏土中有机质和氮素一般比砂土高。在施用有机肥和化肥时,由于分解慢和土壤保肥性强,表现为肥效迟缓,肥劲稳长。

黏土保水力强,含水量多,热容量较大,升温慢降温也慢,昼夜温差小。早春升温时土温上升较慢,故又称"冷性土"。在黏土上生长的作物其苗期也常由于土温低、氧气少、有效养分少而生长缓慢,小苗瘦弱矮黄;但生长后期因肥劲长,水分养分充足而生长茂盛,甚至贪青晚熟,出现所谓"发老苗不发小苗"的现象。

黏土干时紧实坚硬,湿时泥烂,耕作费力,宜耕期短。因此,黏土必须掌握宜耕期操作,注意整地质量。

壤土类　这类土壤由于砂黏适中,兼有砂土类、黏土类的优点,消除了砂土类和黏土类的缺点,是农业生产上质地比较理想的土壤。它既有一定数量的大孔隙,又有相当多的毛管孔隙,故通气透水性良好,又有一定的保水保肥性能,含水量适宜,土温比较稳定,黏性不大,耕性较好,宜耕期较长,适宜种植各种作物,"既发小苗又发老苗"。有些地方群众所称的"四砂六泥"或"三砂七泥"土壤就相当于壤质土。

含粗粉砂较多(40% 以上)而又缺乏有机质的土壤,泡水后也易淀浆板结、闭气,不利于植物根系发育和生长。

我国土壤质地的地理分布特点是:在水平方向上,自西向东,从北向南有由粗变细的趋势。在垂直方向上,从高到低也有相同的变化规律。

从上面的讨论中可以看到,土壤质地对于土壤性质和肥力有极为重要的影响,而土壤质地主要是一种较稳定的自然属性。但是,质地不是决定土壤肥力的唯一因素,一种土壤在质地上的缺点,可通过改善土壤结构和调整颗粒组成而得到改善。

(4)土壤质地的改良

改良土壤质地是农田基本建设的一项基本内容。实践证明,只要发挥人的积极因素,任

何不好的土壤质地都是可以得到改善的。根据各地经验总结,改良土壤质地有以下措施:

①增施有机肥料。

增施有机肥料,提高土壤有机质含量,既可改良砂土,也可改良黏土,这是改良土壤质地最有效和最简便的方法。因为有机质的黏结力和黏着力比砂粒强,比黏粒弱,可以克服砂土过砂和黏土过黏的缺点。有机质还可以使土壤形成团粒结构,使土体疏松,增加砂土的保肥性。各地农民群众历来有砂土地施土粪和炕土肥,黏土地施炉灰渣和砂土粪等经验。中国科学院南京土壤研究所在江苏铜山县孟庄村的砂土上,采用秸秆还田(主要是稻草还田),翻压绿肥,施用麦糠或麦糠和绿肥混施,都能改善土壤板结,使其迅速发暄变软。其中稻草、大麦草等禾本科植物含难分解的纤维素较多,在土壤中可残留较多的有机质,而豆科绿肥(如苕子)含氮素较多,而且植株较嫩,易于分解,残留在土壤中有机质较少,因此,从改良质地的角度来看,禾本科植物比豆科的效果好。

②掺砂掺黏、客土调剂。

如果砂土地(本土)附近有黏土、河沟淤泥(客土),可搬来掺混;黏土地(本土)附近有砂土(客土)可搬来掺混,以改良本土质地的方法,称为客土法。掺砂掺黏的方法有遍掺、条掺和点掺三种。遍掺即将砂土或黏土普遍均匀地在地表盖一层后翻耕,这样效果好,见效快,但一次用量大,费劳力;条掺和点掺是将砂土或黏土掺在作物播种行或穴中,用量较少,费工不多,也有一定效果,但需连续几年方可使土壤质地得到全面改良。

③翻淤压砂、翻砂压淤。

有的地区砂土下面有淤黏土,或黏土下面有砂土,这样可以采取表土"大揭盖"翻到一边,然后使底土"大翻身",把下层的砂土或黏淤土翻到表层来使砂黏混合,改良土性。

④引洪放淤、引洪漫沙。

在面积大、有条件放淤或漫沙的地区,可利用洪水中的泥沙改良砂土和黏土。所谓"一年洪三年肥",可见这是行之有效的办法。引洪放淤改良砂土时,要注意提高进水口,以减少砂粒进入;如引洪漫沙改良黏土时,则应降低进水口,以引入多量粗砂。引洪量视洪水泥沙含量而定。泥沙多,漫的时间可短;反之,则漫的时间要长一些。引洪之前需开好引洪渠,地块周围打起围埝,并划分畦块,按块淤漫,引洪过程中,要边灌边排,留沙留泥不留水。

⑤根据不同质地采用不同的耕作管理措施。

如砂土整地时畦可低一些,垄可放宽一些,播种宜深一些,播种后要镇压接墒,施肥要多次少量,注意勤施。黏土整地时要深沟、高畦、窄垄,以利排水、通气、增温;要注意掌握适宜含水量及时耕作,提高耕作质量,要精耕、细耙、勤锄。

7.1.2　土壤生物与土壤有机质

1. 土壤生物

生活在土壤中的生物包括动物、植物和微生物。土壤生物的类群、数量一般常随它们相适应的植物而发生变化,土壤的温度、湿度、通气状况和酸度等环境因子对它们的分布也具有明显影响。

(1)土壤微生物

土壤微生物个体小,数量大,在总生物量中占优势。它们的代谢活动可转化土壤中各种物质的状态,改变土壤的理化性质,是构成土壤肥力的重要因素。土壤微生物的种类和数量是土壤环境条件的综合反映。气候变化、土壤性质、植被和农业利用不同,给予微生物生长发育的条件各异,使土壤微生物区系的组成成分、生物量和活动强度等都有很大差异。

土壤微生物包括细菌、真菌、放线菌、藻类和原生动物这 5 个类群。其中,细菌数量最多,放线菌、真菌次之,藻类和原生动物数量最少。

①细菌:土壤细菌占土壤微生物总数量的 70% ~ 90%,主要是腐生性种类,少数是自养性的,它们个体小(平均体积为 $0.2 ~ 0.5\mu m^3$),数量大,生物量仅占土壤重的 1/10000 左右,与土壤接触的表面积特别大,是土壤中最活跃的生活因素,时刻不停地与周围进行着物质交换。腐生性细菌积极参与土壤有机质的分解和腐殖质的合成,而自养性细菌转化着矿质养分的存在状态。细菌在土壤中大部分被吸附于土壤团粒表面,形成菌落或菌团,有一小部分分散在土壤溶液中,绝大多数处于营养体状态,但是代谢的强度和生长的速度时刻受水分、养料和温度的限制。细菌在土壤中的分布以表层最多,随着土层的加深而逐渐减少,厌氧性细菌的含量比例,则在下层土壤中增高。

②放线菌:土壤中放线菌的数量也很大,仅次于细菌,1g 土壤中放线菌的孢子量有几千万至几亿个,占土壤中微生物总数的 5% ~ 30%,在有机质含量高的偏碱性土壤中占的比例更高。它们以分枝的丝状营养体蔓绕于有机物碎片或土粒表面,扩展于土壤孔隙中,断裂成繁殖体或形成分生孢子,数量迅速增加,放线菌的一个丝状营养体的体积比一个细菌大几十倍至几百倍,因此,其数量虽较少,但在土壤中的生物量相近于细菌。放线菌多发育于耕层土壤中,随着土壤深度加深而减少。

③真菌:真菌是土壤微生物中的第三大类,广泛分布于耕作层中。土壤真菌有藻状菌、子囊菌和担子菌、半知菌类。真菌菌丝比放线菌宽几倍至十几倍。因此,土壤中真菌的生物量比细菌和放线菌并不少。真菌的菌丝体发育在有机物残片或土壤团粒表面,向四周扩散,并蔓延于孔隙中产生孢子。土壤真菌大多是好气性的,在土壤表层中发育。一般耐酸性,在 pH5.0 左右的土壤中细菌和放线菌的发育受限制,真菌仍能生长而提高其数量比例。

④藻类:土壤中存在着许多藻类,大多数是单细胞的硅藻或呈丝状的绿藻和裸藻。藻类细胞内含有叶绿素能利用光能,将 CO_2 合成为有机物。它们多发育于土面或近地面的表土层中。光照和水分是影响它们发育的主要因素。在温暖季节中,积水的土面上藻类大量发育,其中主要有衣藻、原球藻、小球藻、丝藻和绿球藻等绿藻以及黄褐色的各种硅藻,水田则发育有水网藻和水绵丝丝状绿藻,有利于土壤积累有机物质。生存在较深土层中的一些藻类失去叶绿素,进行腐生生活。

⑤原生动物:土壤中的原生动物,包括纤毛虫、鞭毛虫和根足虫等类,它们都是单细胞,并能运动的微生物。形体大小差异很大,通常以分裂方式进行无性繁殖。纤毛虫类如肾形虫、弓形虫,长有许多纤毛作为运动器官,鞭毛虫类如波多虫有一或两根较粗而长的鞭毛。根足虫类如变形虫不具毛状的运动器官,细胞无定形,能伸出假足而匍匐移动。原生动物以有机物为食料,它们吞食有机物的残片,也捕食细菌、单细胞藻类和真菌的孢子。

⑥土壤动物:每一公顷的土壤中约含有几百公斤的各类动物,其中占优势的类群是蚯蚓、线虫、昆虫、蚂蚁、蜗牛等。这些动物以其他动物的排泄物、植物以及无生命的物质作为食料,在土壤中打洞挖槽搬运大量的土壤物质,改善了土壤的通气、排水和土壤结构性状。与此同时,还将作物残茬和森林枝叶浸软嚼碎,并以一种较易为土壤微生物利用的形态排出

体外。此外,随着这些土壤动物的活动,浸软了的残落物连同一些微生物一起被传递到土体的各个角落中去。

通常土壤动物的发育需要有良好的通气条件、适宜的湿度和温度。施肥对动物的发育具有良好的影响。

2. 土壤有机质

在土壤固相组成中,除了矿物质之外,就是土壤有机质,它是土壤肥力的重要物质基础。土壤有机质泛指土壤中来源于生命的物质,其含量因土壤类型不同而差异很大,高的可达20%以上,低的不足0.5%。耕层土壤有机质含量通常在5%以下,东北地区新垦耕地可超过5%。土壤有机质含量虽然很少,但在土壤肥力上的作用却很大,它不仅含有各种营养元素,而且还是土壤微生物生命活动的能源。此外,它对土壤水、气、热等肥力因素的调节,对土壤理化性质及耕性的改善都有明显的作用。

(1) 土壤有机质的来源、组成及存在形态

自然土壤的有机质主要来源于生长在土壤上的高等绿色植物(包括地上部分和地下的根系),其含量达80%以上,植物残体中干物质约占25%,其元素组成中,碳占44%,氧占40%,氢占8%,此外,N、P、K、Ca、Si、Fe、Zu、B、Mo和Mn等只占8%。其次是生活在土壤中的动物和微生物。农业土壤有机质的重要来源是每年施用的有机肥料和每年作物的残茬和根系以及根系分泌物。

通过各种途径进入土壤中的有机质,不断被土壤微生物分解,所以土壤有机质一般呈三种形态。

新鲜有机质:指土壤中未分解的动、植物残体。

半分解的有机质:有机质已被微生物分解,多呈分散的暗黑色小块。

腐殖质:指有机残体在土壤腐殖质化的过程中形成的一类褐色或暗褐色的高分子有机化合物。腐殖质与矿物质土粒紧密结合,不能用机械方法分离。它是土壤有机质中最主要的一种形态,占有机质总量的85%~90%,对土壤物理、化学、生物学性质都有良好作用。通常把土壤腐殖质含量高低作为衡量土壤肥力水平的主要标志之一。

土壤有机质的化学组成和各组分的含量,因植物种类、器官、年龄等的不同而有很大差异。主要有以下五类有机化合物:糖类化合物,纤维素和半纤维素,木质素,含氮化合物,脂肪、树脂、蜡质和单宁。此外,有机质中还含有一些灰分元素,如Ca、Mg、K、Na、Si、P、S、Fe、Al、Mn等,还少量的I、Zn、B、F等。植物残体经过灼烧后而残留下来的元素,称灰分物质。这些元素在生物的生活中起着巨大作用。

(2) 土壤有机质的转化过程

土壤有机质的转化过程主要是生物化学过程。土壤有机质在微生物的作用下,向着两个方向转化,即有机质矿质化和有机质腐殖质化。这两个过程既是相互对立的,又是相互联系的,随着土壤中环境条件的改变而相互转化。它们对土壤肥力都有贡献。前者是有机质中的养分释放过程,后者是土壤腐殖质的形成过程。

有机质的矿化过程:土壤有机质的矿质化过程是指有机质在微生物作用下,分解为简单无机化合物的过程,其最终产物为CO_2、H_2O等,而N、P、S等以矿质盐类释放出来,同时放出热量,为植物和微生物提供养分和能量。该过程也为形成土壤腐殖质提供物质来源。

糖类化合物的转化:多糖类化合物首先通过酶的作用,水解成为单糖,单糖再进一步分

解成为更简单的物质。

在通气良好的条件下,分解迅速,最后产物为 CO_2 和 H_2O,并放出能量。在通气不太好条件下,分解较缓慢,往往产生有机酶的积累。在通气极端不良条件下,分解极慢,最后产物为还原性物质,如 CH_4、H_2 等。

含氮有机质的转化:土壤中含 N 有机物只有一小部分是水溶性的,绝大部分是呈复杂的蛋白质、腐殖质以及生物碱等形态存在。现以蛋白质为例,说明含 N 有机质的转化。

第一步　水解作用:在微生物好气和厌气细菌分泌的蛋白水解酶作用下,水解成氨基酸。

蛋白质→水解蛋白质→消化蛋白质→多缩氨基酸(或多肽)→氨基酸

第二步　氨化作用:借助水解作用、氧化作用和还原作用。将胺态氮($NH_2 - N$)转化为铵态氮($NH_3 - N$)。氨化作用在好氧和厌氧条件下均可进行。

第三步　硝化作用:在通气良好条件下,铵态氮通过亚硝化细菌和硝化细菌的相继作用,逐级转化成亚硝酸态氮($NO_2 - N$)和硝酸态氮($NO_3 - N$)。

在某些条件下,还可通过反硝化细菌的作用,将土壤中 $NO_3 - N$ 变成 NO_2、NO 或游离 N_2 而逸散于气中,这一过程称为反硝化过程。

出现反硝化过程的条件是:通气不良,土壤中有硝酸盐存在,土壤中有大量碳水化合物。适宜 pH 值,pH $7.0 \sim 8.2$。反硝化过程是造成氮损失的途径之一,应加以控制。

含磷、含硫有机化合物的转化:土壤中的磷绝大部分是以植物不能直接利用的难溶性无机和有机状态存在的。有机态的磷、硫只能经过微生物分解成为无机的可溶性的物质后,才能被植物所吸收利用。

含磷有机化合物的转化:磷主要存在于核蛋白、核酸、磷脂和植素等有机化合物中,它们在土壤酶的作用下,逐渐把磷释放出来,以磷酸形态被植物吸收利用。在厌氧条件下,常常引起磷酸还原,产生亚磷酸和次磷酸。在有机质丰富和通气不良的情况下,将进一步被还原成磷化氢,而危害作物生长。

含硫有机化合物的转化:硫主要存在于蛋白质类物质中,在土壤酶的作用下,含硫的有机化合物先分解成含硫的氨基酸,然后再以硫化氢的形态分离出来,硫化氢在硫细菌的作用下,氧化成硫酸,后者再与土壤中的盐作用形成硫酸盐类,并为植物所吸收利用。

在通气不良的情况下,发生反硫化作用,将硫酸转化为硫化氢,使硫损失。

存在于土壤有机质中的微量元素,也随着上述相似的转化过程被释放出来。

总之,存在于复杂有机质中的植物营养元素,必须经过上述的生物化学过程才能得到释放,被植物吸收利用。这些过程进行的具体情况取决于土壤的组成、pH、Eh 和土壤的水、气、热状况。土壤的条件不同,植物营养元素在土壤中转化的特点也有差异,要善于根据具体情况,具体分析。

土壤有机质的腐殖化过程:有机质腐殖化过程是形成土壤腐殖质的过程。它是一系列极其复杂过程的总称。关于腐殖化过程,尚未研究得十分清楚,目前多倾向于前苏联学者柯诺诺娃的看法,认为腐殖化过程分两个阶段:第一阶段是在有机残体分解中形成腐殖质分子的基本成分,如多元酚、含氮有机化合物(如氨基酸)等;第二阶段是在各种微生物群(细菌、真菌、链霉菌等)分泌的酚氧化酶作用下,把多元酚氧化成醌,即

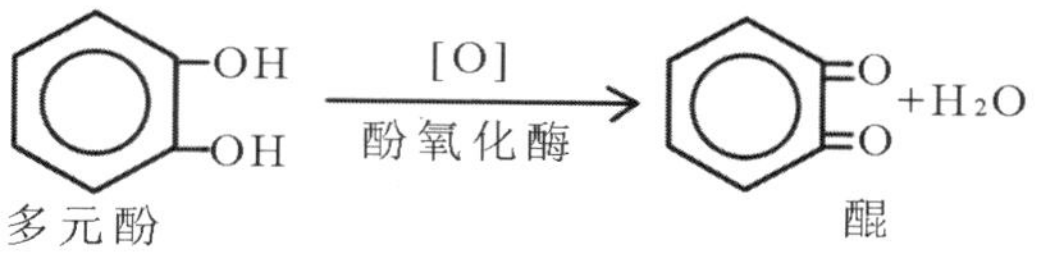

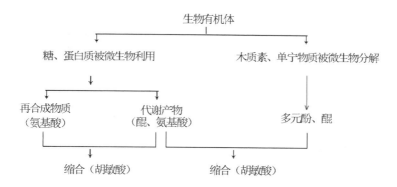

$$\text{多元酚} \xrightarrow[\text{酚氧化酶}]{[O]} \text{醌} + H_2O$$

醌再进一步与含氮有机化合物缩合:

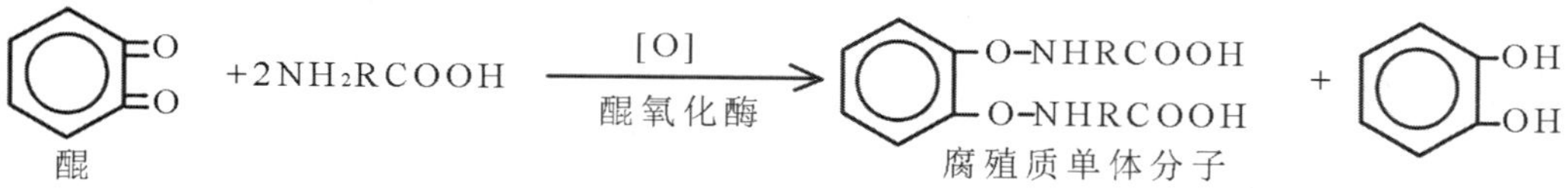

$$\text{醌} + 2NH_2RCOOH \xrightarrow[\text{醌氧化酶}]{[O]} \text{腐殖质单体分子} + \text{多元酚}$$

上述反应的产物是形成腐殖质分子的基础,在不同条件下这些简单的产物再进一步缩合,形成分子大小不等的腐殖质。在农业土壤中,腐殖质分子的大小与熟化程度有关,熟化程度越高,分子越复杂、越大。

腐殖质形成的生物学过程可用图 7-1 表示:

图 7-1 腐殖质形成的生物学过程

腐殖质形成后比较难分解,在不改变其形成条件下具有相当的稳定性。但是当形成条件变化后,微生物群也发生改变,新的微生物群将引起腐殖质的分解,并将其储藏的营养物质释放出来为植物利用。所以,腐殖质的形成和分解与土壤肥力都有密切的关系。因此,协调和控制这两种作用,是农业生产中的重要问题。

(3)腐殖质的组成和性质

根据腐殖质的颜色和在不同溶剂中的溶解性,可把腐殖质分为胡敏酸(褐腐酸)、富里酸(黄腐酸)和胡敏素(黑腐素)3 组,具体分离方法如图 7-2 所示。

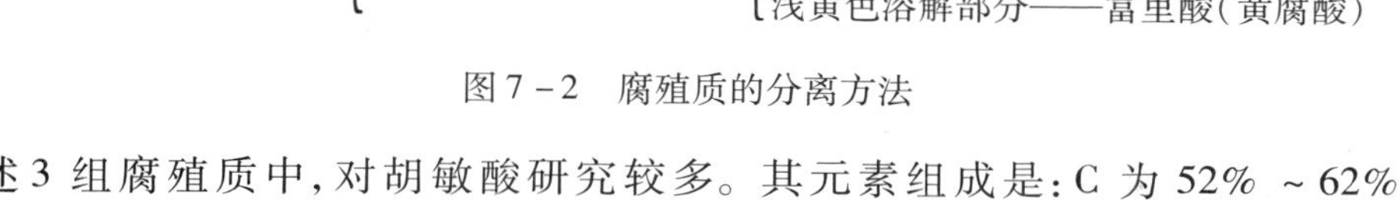

图 7-2 腐殖质的分离方法

上述 3 组腐殖质中,对胡敏酸研究较多。其元素组成是:C 为 52% ~ 62%,H 为 3.0% ~ 4.5%,O 为 30% ~ 39%,N 为 3.5% ~ 5.0%,此外,还含有 P 和 S,其分子上含有许多活性官能团。一般认为胡敏酸分子上有 4 个羧基和 3 个酚羟基。胡敏酸代换量因不同的土壤而异,变动在 $300 \sim 500 cmol/kg$。胡敏酸的一价盐类溶于水,而与二价以上的盐基离子形成的盐类都不溶于水,这一性质使胡敏酸成为水稳性团粒结构形成不可缺少的物质。富里酸的分子组成与胡敏酸相同,但它是在多水和酸性条件下形成的,所以它与胡敏酸有下列不同:第一,具有强酸性,有强烈的腐蚀能力;第二,颜色为浅黄色;第三,含碳量较低($44\% \sim 48\%$),而含氧量较高($45\% \sim 48\%$);第四,在酸性环境中不沉淀。这些特点决定了它在土壤结构形成上的作用远不如胡敏酸。胡敏素是胡敏酸经过冰冻或干燥产生的变性产物,或者是胡敏酸与矿物质紧密结合而成,以致失去水溶性和碱溶性。

腐殖质在土壤中存在有四种形态:第一,游离状态的腐殖质,在一般土壤中占极少部分;第二,与盐基化合成稳定的盐类,主要为腐殖酸钙和镁;第三,与含水三氧化物,如 $Al_2O_3 \cdot xH_2O$,$Fe_2O_3 \cdot yH_2O$,化合成复杂的凝胶体;第四,与黏粒结合成胶质复合体。

腐殖质在土壤中主要是和矿物质胶体结合,并形成土壤无机有机复合胶体。这对于土壤团粒结构的形成及其保持具有重要作用。

土壤腐殖质分子结构复杂,尚未十分清楚。一般认为腐殖质分子包括芳香族化合物的核,含氮有机化合物和碳水化合物三部分。在其分子上含有若干个羧基($-COOH$)、酚羟基($-OH$)、醇羟基($-OH$)、甲氧基($-OCH_3$)、甲基($-CH_3$)、醌基(OO)等能与外界进行反应的官能团,使腐殖质具有多种活性,如离子吸附性,对金属离子的络合能力,氧化 - 还原性及生理活性等。

土壤腐殖质的各种性质与其带电性有密切关系。就电性而言,由于腐殖质是两性胶体,通常以带负性为主。电性来源于分子表面羧基的酚羟基的解离及胺基的质子化(图 7 - 3)。例如:土壤腐殖质所带的电荷属可变电荷,其电荷量随土壤 pH 值而变化。腐殖质对阳离子有很高的吸附力,其阳离子代换量达 $150 \sim 450 cmol/kg$。

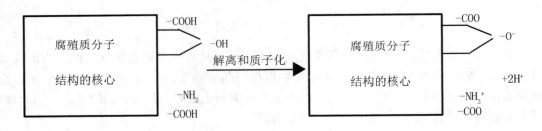

图 7 - 3　土壤腐殖质分子的解离和质子化

腐殖质是亲水性胶体,吸水能力强,吸水量可超过 500%,而黏粒仅仅为 $15\% \sim 20\%$。因此,具有膨胀性和收缩性,与黏粒矿物比较,黏结性、黏着性和可塑性很低。

腐殖质的化学稳定性高,抗分解能力强。因此,分解周期需较长时间。温带地区,一般植物残体的半分解期少于 3 个月,新形成的有机质,其半分解期为 $4 \sim 9$ 年,而胡敏酸的平均存留时间为 $780 \sim 3000$ 年,富里酸为 $200 \sim 630$ 年。

(4)影响土壤有机质转化的因素

土壤有机质在不同条件下,转化方向、速度、产物都不一样,对养分和能量利用以及对土壤性质的作用截然不同。因此,掌握影响有机质转化的因素十分重要。

1)有机质的碳氮比和物理状态

有机质的碳氮比(C/N)的大小因植物残体的种类、老嫩程度不同而不同。一般枯老蒿秆的C/N为(65~85):1,青草的C/N为(25~45):1,幼嫩豆科绿肥的C/N为(15~20):1。通常植物残体中的C/N为40:1。

微生物生命活动需要碳素和氮素,细菌每分解25份碳需要1份氮素以获取分解时所需要的能量和组成本身细胞的物质,当土壤有机质中C/N小于25:1时,才有细菌利用之外多余的NH_3供硝化过程的进行或供植物直接利用。而在C/N为10:1时,土壤矿质态氮累积更多。所以,幼嫩多汁而C/N较小的植物残体分解快易矿质化,释放的氮素多,但形成腐殖质少。而C/N较大的植物残体则相反,有机质分解缓慢,易引起微生物与植物争氮,造成植物暂时性的饥饿状态。同时,由于土壤能源过多,加上通气不良,引起反硝化作用,对植物不利。所以,作物生长期内不应把C/N大的有机残体直接施入土中,应经过沤制后再施用。

通常把每克干重的有机物经过一年分解后转化为腐殖质(干重)的克数,称为腐殖化系数。不同的植物和不同的腐解条件,腐殖化系数有一定的差异(表7-5)。

表7-5 植物物质当年的腐殖化系数

植物物质	旱　地	水　田
紫云英	0.20	0.26
紫云英 + 稻草	0.25	0.29
稻　草	0.29	0.31

一般讲,水田较旱田腐殖化系数高,木质化程度高的植物残体其腐殖化系数也高,即形成较多的腐殖质。

此外,经粉碎的植物残体比未经粉碎的植物残体更容易腐解。特别是C/N大的枯老植物残体更是如此。因为粉碎后,暴露的表面积大,与外界作用的机会多,并粉碎了包裹在残体外面抗微生物作用的木质素、蜡质等物质,因而更容易受到酶和微生物的作用,加快了腐烂过程。

2)土壤水、热状况

微生物分解有机质需要一定的水分和温度,土壤水、热状况直接影响生物学过程的强弱。一般规律是:

温度在30℃,土壤水分含量接近于最大持水量的60%~80%,有机质分解强度最大。

温度和含水量低于或高于最适点时,都会减弱有机质的分解程度。

温度和含水量二者之中,一个数值增大,另一个数值同时减小时,有机质的分解强度则受限制因素的制约。

一般在土壤温度较高,湿度较低的情况下,好气性微生物活跃,有机质分解快,在土壤中积累少;在温度过低,有机质来源少,微生物活性低时,土壤有机质同样不会累积。

3)土壤通气状况

通气状况直接影响着分解有机质的微生物群落分解的速度和最终产物。在通气良好条件下,好气性细菌和真菌活跃,有机质分解迅速,可完全矿质化,不含氮有机化合物,分解的最终产物是CO_2、H_2O和灰分物质。含氮有机化合物的最终产物主要是硝态氮,易被植物吸收利用。在少氧或无氧的不良通气条件下,有机质分解缓慢,而常积累有机酸,甚至形成还原性物质,如 CH_4、H_2 和 H_2S 等物质。一般认为在好气和嫌气分解交替进行时,有利于土壤腐殖质的形成。

4)土壤酸碱性

各种微生物都有最适宜的环境反应。酸性环境适宜真菌活动,易产生酸性的富里酸型的腐殖质。中性环境适宜细菌繁殖,在适量水分和钙的作用下,易形成胡敏酸型的腐殖质。在微碱性环境中,空气流通时,宜于硝化细菌活动,有利于硝化作用。

(5)土壤有机质对土壤肥力的作用

土壤有机质对土壤物理、化学和生物化学等各方面都有良好的作用。

1)土壤养分的主要来源

土壤有机质中含有极为丰富的氮、磷、硫等元素,它们的有机化合物是植物营养物质在土壤中的主要存在形式,并使植物营养元素在土壤中得以保存和聚积。有机质经过微生物的矿质化作用,释放植物营养元素,供给植物和微生物生活的需要。微生物在分解有机质的过程中,获得生命活动所需要的能量,产生的二氧化碳一方面供给植物的碳素营养,另一方面当二氧化碳溶于水后,可促进矿物的风化。

2)改善土壤物理性质

有机质在改善土壤物理性质方面具有多种功能,首先是促进土壤团粒结构的形成。因为腐殖质是良好的胶结剂,在有电解质,尤其是钙离子存在的条件下,腐殖质产生凝聚作用,使分散的土粒胶结成团聚体,进一步形成良好的水稳性团粒,从而可以调节土壤中的养分、水分和空气之间的矛盾,创造植物生长发育所需的良好条件。土壤有机质还可以降低黏土的黏结力,增加砂土的黏结力,改善不良质地的耕作性能。此外,有机质对改善土壤的渗水性,减少水分蒸发等都有明显的作用。

3)提高土壤的保肥性

腐殖质属胶体物质,具有巨大的比表面和表面能,同时带有大量负电荷,所以它能提高土壤吸附分子态和离子态物质的能力,增强其保肥能力。

腐殖质又属两性胶体,是弱酸。土壤溶液中 H^+ 或 OH^- 过多时,通过离子交换作用,可降低土壤的酸性或碱性,这种使酸碱反应减弱的能力,称为缓冲性。腐殖质具有较强的缓冲作用。

4)促进作物生长发育

极低浓度的腐殖质(胡敏酸)分子溶液,对植物有刺激作用。如能改变植物体内糖类的代谢,促进还原糖的积累,提高细胞的渗透压,从而提高了植物的抗旱性;能提高氧化酶的活性,加速种子发芽和对养分的吸收,促进作物生长;还可增强植物的呼吸作用,提高细胞膜的透性和对养分的吸收,促进根系的发育。

5)有助于消除土壤的污染

腐殖质能吸附和溶解某些农药,并能与重金属形成溶于水的络合物,随水排出土壤,减少对作物的毒害和对土壤的污染。

7.1.3　土壤水分

土壤水实质上是极稀的土壤溶液,它除了供作物直接吸收外,还影响着土壤的其他肥力性状,如矿质养分的溶解、土壤有机质的分解与合成、土壤的氧化还原状况、土壤热特性、土壤的物理机械性与耕性等。因此,土壤水分是土壤肥力诸因素中最重要、最活跃的因素。

1. 土壤水分的保持

土壤水分是自然界水分循环的一个组成部分,它来源于降雨或灌溉水。由于土壤是一个多孔的多相体,当水分进入土体时,就同时受到三种引力即土粒和水界面的吸附力、土体的毛管引力和重力的作用,沿土粒表面和土粒之间的孔隙移动、渗透,并使部分水分保留在土壤孔隙内,也有一部分水在重力的作用下排出土体。

2. 土壤水分的类型和性质

(1)土壤吸湿水

固相土粒借助其表面的分子引力和静电引力从大气和土壤空气中吸附气态水,附着于土粒表面成单分子或多分子层,称为吸湿水。因其受到土粒的吸力大,该层水分子呈定向紧密排列,密度为 $1.2 \sim 2.4$ g/cm^3,平均 1.5g/cm^3,无溶解能力,不能以液态水自由移动,也不能被植物吸收。因此,它是一种无效水。

(2)膜状水

吸湿水达到最大后,土粒还有剩余的引力吸附液态水,在吸湿水的外围形成一层水膜,这种水分称为膜状水。膜状水所受到的引力比吸湿水要小,其靠近土粒的内层,受到的引力为 3.1MPa。外层距土粒相对较远,受到的引力为 0.625 MPa。由于一般作物根系的吸水力平均为 1.5 MPa,因此,膜状水的外层部分对作物的有效性高。当土壤水分受到的引力超过 1.5 MPa 时,作物便无法从土壤中吸收水分而呈现永久凋萎,此时的土壤含水量就称为凋萎系数。凋萎系数主要受土壤质地的影响,通常土壤质地越黏,凋萎系数越大(表 7－6)。当膜状水达到最大厚度时的土壤含水量称为最大分子持水量,它包括吸湿水和膜状水,其数值相当于最大吸湿量的 $2 \sim 4$ 倍。

表 7－6　　　　　　　不同质地土壤的凋萎系数

土壤质地	粗砂土	细砂土	砂壤土	壤　土	黏壤土
凋萎系数(g/kg)	$9 \sim 11$	$27 \sim 36$	$56 \sim 69$	$90 \sim 124$	$130 \sim 166$

(3)土壤毛管水

当土壤水分含量超过最大分子持水量后,水分不再受土粒引力的作用,成为可以移动的自由水。靠毛管力保持在土壤孔隙中的水分称为毛管水。毛管水所受的毛管引力在 $0.625 \sim 0.01$ MPa,远小于作物根系的平均吸水力(1.5 MPa),因此它既能保持在土壤中,又可被作物吸收利用。毛管水在土壤中可上下左右移动,并且具有溶解养分的能力,所以,毛管水的数量对作物的生长发育具有重要意义。

毛管水的数量主要取决于土壤质地、腐殖质含量和土壤结构状况。通常有机质含量低的砂土,大孔隙多,毛管孔隙少,仅土粒接触处能保持少部分毛管水;而质地过于黏重,结构不良的土壤中,细小的孔隙中吸附的水分几乎全是膜状水;只有砂、黏比例适当,有机质含量丰富,具有良好团粒结构的土壤,其内部发达的毛管孔隙才能保持大量的水分。

(4)土壤重力水

土壤重力水是指当土壤水分含量超过田间持水量之后,过量的水分不能被毛管吸持,而在重力的作用下沿着大孔隙向下渗漏成为多余的水。当重力水达到饱和,即土壤所有孔隙都充满水分时的含水量称为土壤全蓄水量或饱和持水量。土壤重力水是可以被作物吸收利用的,但由于它很快渗漏到根层以下,因此不能持续被作物吸收利用。

3. 土壤水分含量的表示方法

土壤水分含量是研究和了解土壤水分在各方面作用的基础,一般以一定质量或容积土壤中的水分含量表示,常用的表示方法有以下几种:

(1)土壤重量含水量

土壤重量含水量是指一定重量土壤中保持的水分重量占 1kg 干土重的分数,单位用 g/kg 表示(也曾用百分率表示)。

在自然条件下,土壤含水量变化范围很大,为了便于比较,大多采用烘干重(指 105℃烘干条件下土壤样品达到恒重,轻质土壤烘干 8 h 可以达到恒重,而黏土需烘干 16 h 以上才能达到恒重)为基数。因此,这是使用最普遍的一种方法,其计算公式如下:

$$土壤重量含水量(g/kg) = \frac{W_1 - W_2}{W_2} \times 1000$$

式中:W_1 为湿土重量(g),W_2 为干土重量(g)。

例如,某土壤样品重量为 100g,烘干后土样重量为 80g,则其重量含水量应为 250 g/kg,而不是 200g/kg。

(2)土壤容积含水量

尽管土壤重量含水量应用较广泛,但要了解土壤水分在土壤孔隙容积所占的比例,或水、气容积的比例等情况则不方便。因此,需用土壤容积含水量来表示,它是指土壤水分容积与土壤容积之比。常用 Q 表示,单位为 cm^3/cm^3。用百分率表示时,称为容积百分率($Q\%$)。其计算公式如下:

$$Q = \frac{土壤水分容积}{土壤容积}$$

若已知土壤重量含水量(g/kg),水的密度按 $1g/cm^3$ 计算,只要知道土壤容重,即可按以下公式换算求得:

$$Q^* = 土壤重量含水量(g/kg) \times 容重(g/cm^3)$$

例如,某土壤重量含水量为 200g/kg,容重为 $1.2g/cm^3$,则该土壤的容积含水率为 24%。若该土壤的总孔隙度为 50%,则空气所占的容积为 26%。该土壤的固、液、气三相比为 50:24:26。

由于灌溉排水设计需以单位体积土体的含水量计算,因此,土壤容积含水量在农田水分管理及水利工程上应用也较广泛。

(3)土壤相对含水量

在生产实际中常以某一时刻土壤含水量占该土壤田间持水量的百分数作为相对含水量来表示土壤水分的多少。

例如,某土壤田间持水量为 300g/kg,现测得其重量含水量为 200g/kg,则其相对含水量为 66.7%。

$$土壤相对含水量 = \frac{土壤含水量}{土壤田间持水量} \times 100$$

相对含水量可以衡量各种土壤持水性能,能更好地反映土壤水分的有效性和土壤水气状况,是评价不同土壤供给作物水分的统一尺度。通常旱地作物生长适宜的相对含水量是田间持水量的70%～80%,而成熟期则宜保持在60%左右。

7.1.4 土壤空气

土壤空气是土壤的重要组成,也是土壤的肥力因素之一。土壤空气源自大气,它存在于未被土壤水分所占据的孔隙中,其含量与土壤水分互为消长。因此,凡影响土壤孔隙和土壤水分的因素,都影响土壤的空气状况。肥力水平高的土壤,其空气数量及不同气体组成的比例情况,均应满足作物正常生长发育的需要。

1.土壤空气的组成

土壤空气与近地表大气不断地进行着交换,其组成与大气相似,但在各组成分的含量上存在差异(表7-7)。

表7-7　　　　　　　　　　　土壤空气与大气组成(容积 %)

气　体	氮(N_2)	氧(O_2)	二氧化碳(CO_2)	其他气体
土壤空气	78.8～80.24	18.00～20.03	0.15～0.65	1
大　气	78.05	20.99	0.03	1

①土壤空气中CO_2含量比大气高十几倍甚至几百倍。主要是因为土壤中有机质分解释放出大量的CO_2;根系和微生物的呼吸作用释放出CO_2;土壤中碳酸盐溶解会释放出CO_2。

②土壤空气O_2含量比大气低,主要是因为根系和微生物的呼吸作用需要消耗O_2,OM的分解也会消耗掉O_2。

③土壤空气相对湿度比大气高。除表层干燥土壤外,土壤空气湿度一般都在99%以上,处于水汽饱和状态,而大气只有在多雨季节才接近饱和。

④土壤空气中含有较多的还原性气体。当土壤通气不良时,土壤含O_2量下降,有机质在微生物作用下进行厌氧分解,产生大量的还原性气体如CH_4、H_2 等,而大气中一般还原性气体很少。

⑤土壤空气的组成不是固定不变的,如土壤水分、土壤微生物活性、土壤深度、土壤温度、pH、栽培措施等都会影响到土壤空气的组成,而大气的组成相对比较稳定。

2.土壤空气与作物生长及肥力的关系

①影响种子的萌发。缺O_2会影响种子内物质的转化和代谢活动。有机质嫌气分解也会产生醛类或有机酸而妨碍种子的发芽。

②影响植物根系的生长和吸收功能。通气良好有利于大多数作物根系的生长,表现为根系长,颜色浅根毛多,吸收能力强;缺O_2土壤中的根系则短而粗,色黑或灰,根毛数量大量减少,吸收能力弱,特别抑制对 K 吸收,依次 Ca、Mg、N、P。研究表明:土壤空气中O_2浓度低于9%～10%时,根系发育则会受到抑制;小于5%时,绝大部分作物的根系就会停止发育。

土壤良好的通气状况有利于根系的有氧呼吸,释放较多的能量,有利于根系对养分的吸收。

③影响土壤微生物的活动和养分转化。通气良好,O_2供应充足时,好气性微生物活动

旺盛,有机质分解速度快,分解彻底,速效养分多;反之通气不良,适于嫌气性微生物活动,利于有机质积累,易产生还原性气体。

④影响土壤的氧化 – 还原状况。通气良好时呈氧化状态,氨化过程加快,也有利于硝化过程的进行,故土壤中有效氮丰富;土壤缺 O_2 时,则有利于反硝化作用的进行,造成氮素的损失或导致亚硝酸态氮的累积而毒害根系。

⑤影响植物的抗病性。通气不良,CO_2 增加,有机酸积累,土壤酸度增加有利于霉菌的繁殖。

3. 土壤通气性

土壤通气性又称土壤透气性,是指土壤空气与近地层大气进行气体交换以及土体内部允许气体扩散和流动的性能。它使得土壤空气能够得到不断地更新,从而使得土体内部各部位的气体组成趋于一致。土壤维持适当的通气性,也是保证土壤空气质量、提高土壤肥力、维持植物根系正常生长所必需的。

7.1.5 土壤热量

1. 土壤热量来源与平衡

（1）土壤热量来源

太阳辐射能:是土壤热量最主要的来源。太阳辐射能是极其巨大的,到达地球的仅是其中的极小部分。在北半球阳光垂直照射时,每分钟辐射到每平方厘米土壤表面的太阳辐射能为8.12J。

生物热:微生物分解有机质释放的热量。

地热:由地球内部的岩浆通过传导作用至土壤表面的热量。

（2）土壤热量平衡

土壤热量平衡是指土壤热量的收支情况。土壤表面吸收的太阳辐射能,部分以土壤辐射的形式返回大气,部分用于土壤水分蒸发的消耗,还有部分用于向下层土壤的传导,剩余的热量用于土壤升温。土壤热量平衡可用下式表示:

$$W = S - W_1 - W_2 - W_3$$

式中:W 为用于土壤增温的热量;S 为土壤表面获得的太阳辐射能;W_1 为地表辐射所损失的热量;W_2 为土壤水分蒸发所消耗的热量;W_3 为其他方面消耗的热量。

在一定的地区 S 值一般是固定的,若 W_1、W_2、W_3 等方面的支出减少,土壤温度将增加;反之,土壤温度则下降。因此,在生产实际中可采用塑料大棚、遮阳网覆盖、中耕松土等措施来调节土壤温度。

2. 土壤的热特性

同一地区的不同土壤,获得的太阳辐射能几乎相同,但土壤温度却差异较大,这是因为土壤温度的变化除了与土壤热量平衡有关外,还取决于土壤的热特性。

（1）土壤热容量

土壤热容量是指单位容积或单位质量的土壤在温度升高或降低1℃时所吸收或放出的热量,可分为容积热容量和质量热容量。容积热容量是指每1cm³土壤增、降温1℃时所需要吸收或释放的热量,用 C_v 表示,单位为 $J/(cm^3 \cdot ℃)$;质量热容量也称比热,是指每克土壤增、降温1℃时所需吸收或释放的热量,用 C_m 表示,单位为 $J/(g \cdot ℃)$。两者之间的关系式为：$C_v = C_m \times d$（式中 d 为土壤容重）。土壤热容量越大，土壤温度变化越缓慢；反之，土壤热容量越小，则土温变化频繁。

（2）土壤导热率

土壤导热率是评价土壤传导热量快慢的指标，它是指在面积为 $1m^2$、相距 $1m$ 的两截面上温度相差 $1K$ 时，每秒钟所通过该单位土体的热量焦耳数，其单位为：$J/m \cdot K \cdot s$。

土壤的三相组成中，空气的导热率最小，矿物质的导热率最大，为土壤空气的 100 倍，水的导热率介于两者之间。因此，土壤导热率的大小，主要与土壤矿物质和土壤空气有关。在单位体积土壤内，矿物质含量越高，空气含量越少，导热性越强；反之，矿物质含量少，空气含量越高，导热性则差。此外，增加土壤水分含量，也可提高土壤的导热性。

（3）土壤导温率

土壤导温率又称土壤导热系数或热扩散率。它是指在标准状况下，当土层在垂直方向上每厘米距离内有 $1J$ 的温度梯度，每秒钟流入断面面积为 $1m^2$ 的热量，使单位体积（$1m^3$）土壤所发生的温度变化。显然，流入热量的多少与导热率的高低有关，流入热量能使土壤温度升高多少则受热容量制约。土壤导温率的计算公式为：

$$K = \lambda / C_v$$

式中：K 为土壤导温率；λ 为导热率；C_v 为土壤容积热容量。

可见，土壤导温率与导热率呈正相关，与热容量呈负相关。土壤空气的导温率比土壤水分要大得多，因此，干土比湿土容易增温。例如，干砂土的导温率为 35 m^2/s，湿砂土为 70 m^2/s；干黏土为 12 m^2/s，湿黏土为 110 m^2/s。

在土壤湿度较小的情况下，湿度增加，导温率也增加；当湿度超过一定数值后，导温率随湿度增大的速率变慢，甚至下降。土壤导温率直接决定土壤中温度传播的速度，因此影响着土壤温度的垂直分布和最高、最低温度的出现时间。

7.1.6　土壤水、气、热的调节

1. 土壤水分的调节

（1）土壤水分平衡

土壤水分平衡是指在一定时间和一定容积内，土壤水的收入和支出。土壤水分的收入以降雨和灌溉水为主，此外还有地下水的补给和其他来源的水（如水汽凝结、外来径流等）。土壤水的支出主要有土表蒸发、植物蒸腾、向下渗漏及地表径流损失等。若土壤水的收入大于支出，则土壤水分含量增加；反之，土壤水的支出大于收入，则土壤水分含量降低。

（2）土壤水分调节

土壤水分调节就是要尽可能地减少土壤水分的损失，尽量地增加作物对降雨、灌溉水及土壤中原有储水的有效利用，有时还包括多余水的排除等。通常可采取以下措施：

第一，控制地表径流，增加土壤水分入渗。

①合理耕翻。合理耕翻的目的是创造疏松深厚的耕作层，保持土壤适当的透水性以吸收更多的天然降雨和减少地表径流损失。

②等高种植，建立水平梯田。在地面坡度陡、地表径流量大、水土流失严重的地区可采取改造地形、平整土地、等高种植或建立水平梯田等方法，以便减少水土流失。当表土有薄蓄水层时可增加入渗能力，使梯田层层蓄水，坎地节节拦蓄，从而做到小雨不出地，中雨不出

沟,大雨不成灾。

③改良表土质地和结构。表土质地黏重、结构不良又缺乏孔隙的土壤,其蓄墒能力强,但往往透水性差,若降雨强度超过渗透速率,则水分以地表径流损失。对于此类土壤应采用掺砂与增施有机肥料相结合的方法,大力提倡秸秆还田或留高茬等,以改善土壤结构,增加土壤大孔隙的数量和总空隙度,加强土壤水分的入渗。

第二,减少土壤水分蒸发。

①中耕除草。通过中耕既可消灭杂草,减少其蒸腾对水分的散失;又可切断上下土层之间的毛管联系,降低土表蒸发,减少土壤水分损失。

②地面覆盖。在干旱和半干旱地区,可使用地膜、作物秸秆等进行土表覆盖,以减少水分蒸发损失。

③免耕覆盖技术与保水剂的施用。大力推广少、免耕技术,降低土壤水分的非生产性消耗;使用高分子树脂保水剂也可减少水分的蒸发。

第三,合理灌溉。

当土壤水分供应不能满足作物需要时,根据作物需水量的多少及土壤水分含量状况,确定合理的灌溉定额,是土壤水分调节的重要环节。

第四,提高土壤水分对作物的有效性。

通过深耕结合施用有机肥料,不仅可降低凋萎系数,提高田间持水量,增加土壤有效水的范围;而且还能加厚耕层,促进作物根系生长,扩大根系吸水范围,增加土壤水分对作物的有效性。

第五,多余水的排除。

对于旱地作物而言,土壤水分过多就会产生涝害、渍害。因此,必须排除土壤多余的水分,主要包括排除地表积水、降低过高的地下水和除去土壤上层滞水。

2. 土壤空气调节

对于一般旱作来说,发生通气不良、供氧不足的情况很少。土壤通气不良主要发生在那些质地黏重、通气孔隙度不足 10%、气体交换缓慢的黏质土壤中。对于此类土壤可采取合理耕作结合增施有机肥料,以改善土壤结构、增加土壤通气孔隙。土体中水分过多不仅导致空气容量减少,而且阻碍土壤空气与大气的气体交换,这是地势低洼、地下水位高的易涝地区土壤通气性差的主要原因,对此应加强土壤水分管理,建立完整的排水系统,降低地下水位,及时排除渍涝。至于那些主要是由降(灌)水量大而造成的土壤过湿、表土板结而影响通气的,则应及时中耕、松土,破除地结皮等,土壤通气性就会大大改善。

3. 土壤温度调节

土壤温度的调节方法很多,其作用机制主要包括土壤热量平衡调节和土壤热特性调节两个方面,常用的措施有:

①合理耕作与施用有机肥。对于质地黏重的土壤和低洼地的土壤,通过合理耕作如中耕、耙、耱等,使表土疏松,孔隙增多,散发其中过多的水分,使土壤热容量和导热率减小,从而达到增加土温、改变植株生长缓慢的目的;而镇压则常用于砂土及质地较轻的土壤,使土壤固相物质变得稍紧,以加大热能传导的通路,改变其松散状态下热容量小、导热差、散热快、温度变幅大、不利于植物生长的缺陷。施用有机肥既可改善土壤的热特性、调节土壤温度,又可加深土色,增加土壤对太阳辐射能的吸收,提高土温。此外,寒冷季节在苗床上施用

马、羊粪等热性肥料,可增加土温,防止冻害。当然,有机-无机肥配合施用对土壤温度的增加作用一般是很小的,有些情况下甚至还有负的影响。

②以水调温。利用水的热容量大的特点来降低或维持土壤温度。例如,早春寒潮来临之前,秧田灌水可提高土壤热容量,防止土壤温度急剧下降,避免低温对秧苗的危害;炎热酷暑,土壤干旱,表土温度过高,可能灼伤作物时,也常采用灌水的方法降低土温;对于低洼地区的土壤,则需通过排水降渍,降低土壤热容量,以提高土温。

③覆盖与遮阴。冬季大棚塑料薄膜及地膜覆盖,可减少土壤辐射,提高土壤温度。夏季遮阴覆盖则能减少到达地表的太阳辐射能,降低土壤温度。

7.2 土壤的基本性质

7.2.1 土壤的孔性、结构性和耕性

土壤的孔性、结构性和耕性是土壤重要的物理性质。它们是植物生长的重要土壤条件,也是土壤肥力的重要指标,关系到土壤中水、气、热状况和养分的调节,以及植物根系的伸展和植物的生长发育。

1. 土壤的孔性

土壤是一个极其复杂的多孔体系,由固体土粒和粒间孔隙组成。土壤中土粒或团聚体之间以及团聚体内部的空隙叫做土壤孔隙。土壤孔隙是容纳水分和空气的空间,是物质和能量交换的场所,也是植物根系伸展和土壤动物、微生物活动的地方。

土壤孔性包括孔隙度(孔隙数量)和孔隙类型(孔隙的大小及其比例),前者决定着土壤气、液两相的总量,后者决定着气、液两相的比例。

(1)土壤孔隙度

土壤孔隙的数量一般用孔隙度表示,即单位容积土壤中孔隙容积占整个土体容积的百分数。它表示土壤中各种大小孔隙度的总和。一般是通过土壤容重和土壤比重来计算,方法如下:

$$土壤孔隙度(\%) = \left(1 - \frac{容重}{比重}\right) \times 100$$

此式的来源推导如下:

$$土壤孔隙度(\%) = \frac{孔隙容积}{土壤容积} \times 100$$

$$= \frac{孔隙容积 - 土粒容积}{土壤容积} \times 100$$

$$= \left(1 - \frac{土粒容积}{土壤容积}\right) \times 100$$

$$= \left(1 - \frac{土壤重量/比重}{土壤重量/容重}\right) \times 100$$

$$= \left(1 - \frac{容重}{比重}\right) \times 100$$

土壤比重是单位容积的固体土粒(不包括粒间孔隙)的干重与4℃时同体积水重之比。

由于4℃时水的密度为$1g/cm^3$,所以土壤比重的数值就等于土壤密度(单位容积土粒的干重)。土壤比重无量纲,而土壤密度有量纲。

土壤比重数值的大小,主要决定于组成土壤的各种矿物的比重。大多数土壤矿物的比重在2.6～2.7。因此,土壤比重一般取其平均值为2.65。土壤有机质的比重为1.25～1.40,表层的土壤有机质含量较多,所以,表层土壤的比重通常低于心土及底土。

土壤容重是指单位容积土体(包括孔隙在内的原状土)的干重。单位为g/cm^3或t/m^3。因为容重包括孔隙,土粒只占其中的一部分,所以,相同体积的土壤容重的数值小于比重。一般旱地土壤容重大体在1.00～1.80,其数值的大小除受土壤内部性状如土粒排列、质地、结构、松紧的影响外,还经常受到外界因素如降水和人为生产活动的影响,尤其是耕层变幅较大。

土壤容重是一个十分重要的基本数据,在土壤工作中用途较广,其重要性表现在以下几个方面:

①反映土壤松紧度。在土壤质地相似的条件下,容重的大小可以反映土壤的松紧度。容重小,表示土壤疏松多孔,结构性良好;容重大则表明土壤紧实板硬而缺少结构(表7-8)。

表7-8　　　　　　　　　　　土壤容重和土壤松紧度及孔隙度的关系

项目松紧程度	容重(g/cm^3)	孔隙度(%)
最　松	<1.00	>60
松	1.00～1.14	60～56
适　宜	1.14～1.26	56～52
稍　紧	1.26～1.30	52～50
紧	>1.30	<50

不同作物对土壤松紧度的要求不完全一样。各种大田作物、果树和蔬菜,由于生物学特性不同,对土壤松紧度的适应能力也不同。对于大多数植物来说,土壤容重在1.14～1.26比较适宜,有利于幼苗的出土和根系的正常生长。

②计算土壤重量。每亩或每公顷耕层土壤的重量,可以根据土壤容重来计算;同样,也可以根据容重计算在一定面积上挖土或填土的重量。

$$W_土 = s \cdot h \cdot \rho$$

式中:$W_土$为土重;s为面积;h为土层深度;ρ为容重。

例　如已知土壤容重为$1.15t/m^3$,求每亩耕层0～20cm的土重?

解　$W_土 = 667 \times 0.2 \times 1.15 = 150t$

所以,我们通常按每亩耕层土重150t即150000kg计算。

③计算土壤各种组分的数量。在土壤分析中,要推算出每亩土壤中水分、有机质、养分和盐分含量等,可以根据土壤容重计算作为灌溉、排水、施肥的依据。例如,已知土壤容重为$1.15t/m^3$,有机质含量为1%,则每亩耕层土壤有机质含量为:

$$150000kg \times 1/100 = 1500kg$$

④土壤孔隙比。土壤孔隙的数量,也可用土壤孔隙比来表示,它是土壤中孔隙容积与土

粒容积的比值,结构良好的耕层土壤的孔隙比应大于等于1。

$$孔隙比 = \frac{孔隙度}{1 - 孔隙度} = \frac{孔隙容积}{土粒容积}$$

(2)土壤孔隙类型

土壤孔隙度或孔隙比只说明土壤孔隙"量"的问题,并未反映土壤孔隙"质"的差别,即使是两种土壤的孔隙度和孔隙比相同,如果大小孔隙的数量分配不同,则它们的保水、蓄水、通气以及其他性质也会有显著的差别。为此,应把孔隙按其大小和作用分为若干级。

由于土壤是一个复杂的多孔体系,其孔径的大小也千差万别,难以直接测定,土壤学中所谓的土壤孔径,是指与一定的土壤水吸力相当的孔径,叫做当量孔径,它与孔隙的形状及其均匀性无关。

土壤水吸力与当量孔径的关系式为:$d = \frac{3}{T}$

式中:d 为孔隙的当量孔径,单位 mm;T 为土壤水吸力,单位 mbar。

当量孔径与土壤水吸力成反比,孔隙越小,则土壤水吸力越大。每一当量孔径大小与土壤水吸力相对应。

土壤孔隙的类型有很多种,通常分为三类:

①非活性孔隙,又叫无效孔、束缚水孔。这是土壤中最细微的孔隙,一般当量孔径 <0.002mm,土壤水吸力 >1.5bar。这种孔隙几乎总是被土粒表面的吸附水充满,土粒对这些水有强烈的吸附作用,故保持在这种孔隙中的水分不易运动,也不能被植物吸收利用。这类孔隙与土粒的大小和分散程度密切相关,即土粒越细或越分散,则非活性孔越多,非活性孔增多,土壤透水通气性差,耕性恶化。

②毛管孔隙,当量孔径为 0.02 ~ 0.002mm,土壤水吸力为 150mbar ~ 1.5bar,具有毛管作用。水分可借助毛管弯月面力保持储存在该类孔隙中。植物细根、原生动物和真菌等难以进入毛管孔隙中,但植物根毛和一些细菌可在其中活动,其中保存的水分可被植物吸收利用。

③通气孔隙,当量孔径 >0.002mm,相应的土壤水吸力小于 150mbar,毛管作用明显减弱。这种孔隙中的水分,主要受重力支配而排出,是水分和空气的通道,经常为空气所占据,故又称空气孔隙。

通气孔隙又可分为大孔(直径 >0.002mm)和小孔(直径 0.02 ~ 0.002mm)。前者排水速度快,作物的根能伸入其中;后者排水速度不如前者,常见作物的根毛和某些真菌的菌丝体能进入其中。从农业生产需要来看,旱作土壤耕层通气孔隙应保持在 10% 以上,大小孔隙之比为 1:(2 ~ 4)较为合适。

土壤各种孔隙度计算可按照土壤中各级孔隙所占的容积计算如下:

$$总孔隙度 = 非活性孔度 + 毛管孔度 + 通气孔度$$

$$非活性孔度(\%) = \frac{非活性孔容积}{土壤容积} \times 100$$

$$毛管孔度(\%) = \frac{毛管孔容积}{土壤容积} \times 100$$

$$通气孔度(\%) = \frac{通气孔容积}{土壤容积} \times 100$$

如果已知土壤田间持水量和凋萎含水量,则土壤毛管孔度可按下式计算:

$$毛管孔度(\%) = (田间持水量 - 凋萎含水量) \times 容重$$

（3）土壤孔隙状况与土壤肥力、马铃薯生长的关系

①土壤孔隙状况与土壤肥力的关系。

土壤孔隙大小和数量影响着土壤的松紧状况，而土壤松紧状况的变化又反过来影响土壤孔隙的大小和数量，二者密切相关。

土壤孔隙状况密切影响土壤保水通气能力。土壤疏松时保水与透水能力强，而紧实的土壤蓄水少、渗水慢，在多雨季节易产生地面积水与地表径流，但在干旱季节，由于土壤疏松则易通风跑墒，不利于水分保蓄，故群众多采用耙、耱与镇压等办法，以保蓄土壤水分。由于松紧和孔隙状况影响水、气含量，也就影响养分的有效化和保肥供肥性能，还影响土壤的增温与稳温，因此，土壤松紧和孔隙状况对土壤肥力的影响是巨大的。

②土壤孔隙状况与马铃薯生长的关系。

从农业生产需要来看，旱作土壤耕层的土壤总孔度为50%～56%，通气孔度不低于10%，大小孔隙之比在1∶(2～4)，较为合适。但是，马铃薯在紧实的土壤中根系不易下扎，块茎不易膨大，故在紧实的黏土地上，产量低而品质差；另外，在不同的地区，由于自然条件的悬殊，故对土壤的松紧和孔隙状况要求也是不同的。

2. 土壤的结构性

自然界中各种土壤除质地为纯砂外，各级土粒很少以单粒状态存在，而常常在内外因素的综合作用下，土粒相互团聚成大小、形态和性质不同的团聚体，这种团聚体称为土壤结构或叫土壤结构体。

土壤结构影响着土壤水、肥、气、热的供应能力，从而在很大程度上反映了土壤肥力水平，是土壤的一种重要物理性质。根据土壤结构体的大小、外形以及与土壤肥力的关系划分，常见的土壤结构有以下几种类型：

（1）块状结构

土粒胶结成块，近立方体形，其长、宽、高三轴大体近似，边面不明显，大的直径大于10cm，小的直径为5～10cm，人们称之为"坷垃"。直径在5cm以下时为碎块状、碎屑状结构。块状结构在土壤质地比较黏重而且缺乏有机质的土壤中容易形成，特别是土壤过湿或过干耕作时，最易形成。

（2）核状结构

结构体长、宽、高三轴大体近似，边面棱角明显，较块状结构小，大的直径为10～20mm或稍大，小的直径为5～10mm，人们多称之为"蒜瓣土"。核状结构一般多以钙质与铁质作为胶结剂，在结构面上往往有胶膜出现，故常具水稳性，在黏重而缺乏有机质的底土层中较多。

（3）柱状结构

结构体纵轴远大于横轴，在土体中呈直立状态。按棱角明显程度分为棱角不明显的柱状结构和棱角明显的棱柱状结构。这类结构往往存在于心、底土层中，是在干湿交替的作用下形成的。有柱状结构的土壤，土体紧实，结构体内孔隙小，但结构体之间有明显的裂隙。

3. 土壤耕性

土壤耕性是土壤对耕作的综合反映，指有关土壤耕作难易，影响幼苗萌芽及作物根系生长的土壤物理性质。包括耕作的难易、耕作质量和宜耕期的长短。

土壤耕性一般表现在以下三个方面：耕作难易程度是指土壤在耕作时对农机具产生阻

力的大小,它决定了人力、物力和机械动力的消耗,直接影响机器的耗油量、损耗以及劳动效率;耕作质量好坏是指耕后土壤表现的状态及其对作物生育产生的影响;宜耕期长短。

改良土壤耕性的措施:增施有机肥料;通过掺砂掺黏,改良土壤质地;掌握宜耕期;改良土壤结构;轮作换茬,水旱轮作,深根作物与浅根作物相结合。

7.2.2　土壤胶体与土壤吸收性能

土壤是由固体土粒、土壤溶液和土壤空气组成的"多元分散体系"。一般情况下,土粒是分散相、土壤溶液和空气为分散介质,组成土壤胶体分散系。土壤胶体是土壤中最活跃的部分,对土壤理化性质和肥力水平具有明显的影响,对土壤保肥、供肥能力的强弱起着决定性作用。

1. 土壤胶体

土壤胶体是指土壤中最细微的颗粒,胶体颗粒的直径一般在 $1 \sim 100nm$(长、宽、高三个方向上,至少有一个方向在此范围内),实际上土壤中小于 $1000nm$ 的黏粒都具有胶体的性质。所以,直径在 $1 \sim 1000nm$ 的土粒都可归属于土壤胶粒的范围。

(1)土壤胶体的种类

土壤胶体的成分比较复杂,按化学成分和来源,可分无机胶体、有机胶体和有机－无机复合胶体三类。土壤胶体的一系列性质的表现都是由于具有巨大的比表面和带有电荷的原因。

无机胶体:无机胶体包括成分简单的晶质和非晶质的 Si、Fe、Al 的氧化物及其含水氧化物、成分复杂的各种类型的层状硅酸盐(主要是铝硅酸盐)矿物,这二者常称为土壤黏土矿物。二者均为岩石风化和成土过程的产物,影响着土壤的肥力性质。

有机胶体:有机胶体主要是各种腐殖质,还包括少量的木质素、蛋白质、纤维素等。腐殖质胶体含有多种官能团(羧基、羟基和酚羟基),属两性胶体,所以在土壤中一般带负电,腐殖质所带的负电荷量比黏土矿物大,因此,腐殖质在耕作土壤中含量虽不多,但对土壤的保肥性与供肥性影响较大。有机胶体的稳定性低于无机胶体,容易被微生物分解,要通过施用有机肥等措施加以补充。

有机－无机复合体:在农业土壤上,有机胶体一般很少单独存在,绝大部分与无机胶体结合,形成有机－无机复合体(又称吸收性复合体)。有机胶体和无机胶体可以通过多种方式结合,但大多数是通过二、三价阳离子(如钙、镁、铁、铝等)或官能团将带负电荷的黏粒矿物和腐殖质连接起来。有机胶体可借高度分散的状态,直接渗入黏土矿物的晶层或包围整个晶体的外部而进行结合。这种结合有利于土壤团粒结构的形成,改善土壤保肥供肥性能和多种理化性质。

(2)土壤胶体的构造

土壤胶体分散系包括胶体微粒(为分散相)和微粒间溶液(为分散介质)两大部分。胶体微粒在构造上可分为微粒核、决定电位离子层和补偿离子层三部分(图7－4)。

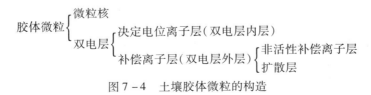

图7－4　土壤胶体微粒的构造

由上可见,胶体微粒是由固相部分的微粒核和由其外部电性相反的双电层所组成。

①微粒核(胶核):它是胶体的核心和基本物质,主要由腐殖质、无定形的氧化硅、氧化铝、氧化铁、铝硅酸盐晶体物质、蛋白质分子以及有机 - 无机胶体的分子群所构成。

②双电层:微粒核表面的一层分子,通常解离成离子,形成符号相反而电量相等的两层电荷,所以称之为双电层。双电层由决定电位离子层和补偿离子层组成。决定电位离子层:这是固定在胶核表面决定其电荷和电位的一层离子。由于其决定着胶粒的电荷符号和电位的大小,所以称决定电位离子层或双电层内层。由于微粒核成分复杂,它所带的电荷有正有负,但一般条件下,带负电荷的土壤胶体在数量上占优势,所以土壤净电荷为负电荷。补偿离子层:由于胶粒的表面带电荷,能借静电引力吸引土壤溶液中相反的电荷离子,形成补偿离子层,又称双电层外层。

(3)土壤胶体的特性

1)土壤胶体比表面和表面能

比表面(简称比面)是指单位重量或单位体积物体的总表面积($cm^2/g, cm^2/cm^3$)。因为土壤胶体有巨大的比面,所以产生巨大的表面能,这是由于物体表面分子所处的条件特殊引起的。物体内部分子处在周围相同分子之间,在各个方向上受到的吸引力相等而相互抵消;表面分子则不同,由于它们与外界的液体或气体介质相接触,因而在内、外方面受到的是不同分子的吸引力,不能相互抵消,所以具有多余的表面能。这种能量产生于物体表面,故称为表面能。这些能量可做功,能吸附外界分子。胶体数量越多,比面越大,表面能也越大,吸附能力也就越强。不同土壤胶体的比表面差异较大。

2)土壤胶体电荷

土壤胶体多数情况下是带负的。但由于土壤胶体的组成成分的特性不同,所产生电荷的机制也各异,据此,把土壤胶体电荷分为永久电荷和可变电荷。由于黏土矿物晶层内的同晶置换所产生的电荷称为永久电荷。由于同晶替代作用是在黏土矿物形成时产生于黏土晶层内部,这些电荷一旦产生即为该矿物永久所有,不受外界条件(pH、电解质浓度等)的影响,因此,称为永久电荷,又称内电荷。它主要发生在 2:1 型黏粒矿物中,在 1:1 型矿物中极少。如硅氧片中的 Si^{4+} 被 Al^{3+} 所取代;水铝片中的 Al^{3+} 被 Mg^{2+}、Fe^{2+} 所取代,同晶替代的结果使黏土矿物晶层产生剩余的负电荷,属于永久电荷。电荷的数量和性质随介质 pH 而改变的电荷,称可变电荷。产生可变电荷的主要原因是土壤胶体表面分子解离。此外,黏土矿物晶层上的断键及胶体表面从介质中吸附离子也可形成可变电荷。表面分子解离:由于土壤胶体上的一些基团可解离出 H^+,使胶核表面带负电荷,如腐殖质胶体上的羧基、酚羟基等基团解离出 H^+,硅酸盐黏土矿物的晶层表面暴露的 OH 原子团解离出 H^+ 等,这些作用使腐殖质胶体与黏土矿物带负电荷。表面分子解离受介质 pH 的影响,当介质 pH 值升高时,黏土矿物解离 H^+ 的能力强,产生负电荷的量也多。

3)土壤胶体的分散性和凝聚性

土壤胶体有两种不同的状态,一种是胶体微粒均匀分散在土壤溶液中,由于胶粒有一定的电动电位,有一定厚度的扩散层相隔,而使之均匀分散称溶胶态,这种现象称土壤胶体的分散性。另一种状态是胶体微粒彼此联结凝聚在一起而呈絮状的凝胶状态。当在土壤溶液中加入电解质时,胶体的电动电位降低趋近于零,扩散层的厚度降低进而消失,使胶体相聚成团,此时由溶胶转变为凝胶,这种作用称胶体的凝聚性。胶体的凝聚作用有助于土壤结构的形成。在土壤中,胶体处于凝胶状态,可以形成水稳性团粒,对土壤理化性质有良好的作用。而土壤胶体成为溶胶状态时不仅不能形成团粒,而且土壤黏结性、黏着性、可塑性都增大,缩短宜耕期,降低耕作质量。影响胶体分散与凝聚的因素主要是电解质的种类和浓度。不同的电解质使胶体呈现不同的电动电位,一般是一价离子 > 二价离子 > 三价离子。按照凝聚力的大小,土壤溶液中最常见的阳离子的排列顺序为:$Fe^{3+} > Al^{3+} > Ca^{2+} > Mg^{2+} > H^+ > NH_4^+ > K^+ > Na^+$。增加电解质浓度,可降低电动电位,使扩散层变薄,有利于转化为凝胶(胶体的凝聚),有利于土壤胶体的凝聚作用。

2. 土壤的吸收性能

土壤的吸收性能是指土壤能吸收和保留土壤溶液中的分子和离子,悬液中的悬浮颗粒、气体以及微生物的能力。这种能力在土壤肥力和性质上起着极为重要的作用。第一,施入到土壤中的肥料,无论是有机的或无机的,还是固体、液体或气体等,都会因土壤吸收能力而被较长久地保存在土壤中,而且还可随时释放供植物利用,所以土壤吸收性与土壤的保肥供肥能力关系非常密切。第二,影响土壤的酸碱度和缓冲能力等化学性质。第三,土壤结构性、物理机械性、水热状况等都直接或间接与吸收性能有关。因此,土壤吸收性能的作用是多方面的,其中最主要的是在土壤保肥能力的大小、供肥程度的难易方面起决定性作用,因此,土壤吸收性能也称土壤吸收保肥性能。

(1)土壤吸收性能类型

按照土壤吸收性能产生的机制,分为以下五种类型:

①机械吸收性:机械的吸收是指土壤对物体的机械阻留,如施用有机肥时,其中大小不等的颗粒,均可被保留在土壤中,污水、洪淤灌溉水中的土粒及其他不溶物,也可因机械吸收性而被保留在土壤中。这种吸收能力的大小,主要取决于土壤的孔隙状况,孔隙过粗,阻留物少,过细又造成下渗困难,易于形成地面径流和土壤冲刷。故土壤机械吸收性能与土壤质地、结构、松紧度等情况有关。

②物理吸收性:物理吸收性是指土壤对分子态物质的保持能力,它表现在某些养分聚集在胶体表面,其浓度比在溶液中大,另一些物质则胶体表面吸附较少而溶液中浓度较大,前者称为正吸附,后者称为负吸附。许多肥料中的有机分子,都因有正吸附作用而被保留在土壤中,如马尿酸、尿酸、糖类、氨基酸等,这种性能能保持一部分养分,但能力不强,产生这种作用的原因是由于固体颗粒界面上的表面自由能的作用。按照表面自由能减少、分散体系才能达到稳定的规律,土壤也是在可能范围内,力求表面自由能达到最小限度。表面自由能的大小与表面积和表面张力成正比,自由能减少必须相应减少表面积和表面土壤颗粒吸附表面张力较小的分子物质,就能降低其本身的表面张力,如各种有机物质分子,同时掩护表面张力较大的分子物质使之远离表面,如无机酸和各种无机盐类。结果表现为正吸附和负吸附。此外,土壤也能吸附水汽、CO_2、NH_3 等气体分子。土壤吸附细菌也是一种物理吸附。

③化学吸收性:化学吸收性是指易溶性盐在土壤中转变为难溶性盐而沉淀保存在土壤中的过程,这种吸收作用是以纯化学作用为基础的,所以叫做化学吸收性。例如,可溶性磷酸盐可被土壤中的铁、铝、钙等离子所固定,生成难溶性的磷酸铁、磷酸铝或磷酸钙,这种作用虽可将一些可溶性养分保存下来,减少流失,但却降低了养分对植物的有效性。因此,通常在生产上应尽量避免有效养分的固定作用发生,但在某些情况下,化学吸收也有好处,如嫌气条件下产生的 H_2S 与 Fe^{2+},生成 FeS 沉淀,可消除或减少 H_2S 的毒害。

④物理化学吸收性:物理化学吸收性是指土壤对可溶性物质中离子态养分的保持能力,由于土壤胶体带有正电荷或负电荷,能吸附溶液中带异号电荷的离子,这些被吸附的离子又可与土壤溶液中的同号电荷的离子交换而达到动态平衡。这一作用是以物理吸附为基础,而又呈现出与化学反应相似的特性,所以称之为物理化学吸收性或离子交换作用。土壤中胶体物质越多,电性越强,物理化学吸收性也越强,则土壤的保肥性和供肥性就越好。因此,它是土壤中最重要的一种吸收性能。

⑤生物吸收性:生物吸收性是指土壤中植物根系和微生物对营养物质的吸收,这种吸收作用的特点是有选择性和创造性地吸收,并且具有累积和集中养分的作用。上述 4 种吸收性都不能吸收硝酸盐,只有生物吸收性才能吸收硝酸盐,生物的这种吸收作用,无论对自然土壤或农业土壤,在提高土壤肥力方面也有着重要的意义。

总之,上述 5 种吸收性不是孤立的,而是互相联系、互相影响的,同样都具有重要的意义。

（2）土壤离子交换作用

土壤离子交换可分为两类:一类为阳离子交换作用,另一类为阴离子交换作用。前者为带负电胶体所吸附的阳离子与溶液中的阳离子进行交换,后者为带正电胶体吸附的阴离子与溶液中阴离子互相交换的作用。

①土壤阳离子交换作用:土壤胶体通常带有大量负电荷,因而能从土壤溶液中吸附阳离子,以中和电荷,被吸附的阳离子在一定的条件下又可被土壤溶液中其他阳离子从胶体表面上交换出来,此即阳离子交换作用。例如,土壤胶粒上原来吸附着 Ca^{2+},当施入氯化钾肥后,Ca^{2+} 可被 K^+ 交换出来进入溶液,而 K^+ 则被土壤胶粒所吸附。其反应如下:

$$\boxed{土壤胶粒}\ Ca^{2+}+2KCl \Longrightarrow \boxed{土壤胶粒}{\ K^+ \atop \ K^+}+CaCl_2$$

离子从溶液中转移到胶体上的过程,称为离子的吸附过程;原来吸附在胶体上的离子转移到溶液中的过程,称为离子的解吸过程。

②土壤阴离子交换作用:是指土壤中带正电荷胶体吸附的阴离子与土壤溶液中阴离子相互交换的作用,同阳离子交换作用一样,服从于质量作用定律。但是土壤中的阴离子往往和化学固定作用等交织在一起,很难截然分开,所以它不具有像阳离子交换作用那样明显的当量关系。

7.2.3　土壤的酸碱性

土壤酸碱性是指土壤溶液的反应,它反映土壤溶液中 H^+ 浓度和 OH^- 浓度的比例,同时也决定于土壤胶体上致酸离子（H^+ 或 Al^{3+}）或碱性离子（Na^+）的数量及土壤中酸性盐和碱性盐类的存在数量。土壤酸碱性是土壤重要的化学性质,是成土条件、理化性质、肥力特征的综合反应,也是划分土壤类型、评价土壤肥力的重要指标。

1. 土壤酸性

土壤的酸性,一方面与溶液中 H^+ 浓度相关,另一方面更多的是与土壤胶体上吸附的致酸离子（H^+ 或 Al^{3+}）有密切关系。土壤中酸性的主要来源是:胶体上吸附的 H^+ 或 Al^{3+}、CO_2 溶于水所形成的碳酸、有机质分解产生的有机酸、氧化作用产生少量无机酸以及施肥加入的酸性物质等。

土壤酸度反映土壤中 H^+ 的数量,根据 H^+ 在土壤中存在状态,可以将土壤酸度分为两种类型。

(1)活性酸度

活性酸度是指土壤溶液中游离的 H^+ 所直接显示的酸度。通常用 pH 值表示,它是土壤酸碱性的强度指标。土壤 pH 值为土壤溶液中 H^+ 浓度的负对数,$pH = -\lg[H^+]$,通常根据 pH 值将土壤酸碱性分为若干级(表 7-9)。

表 7-9 土壤酸碱度的分级

土壤 pH 值	<5.0	5.0~6.5	6.5~7.5	7.5~8.5	>8.5
级 别	强酸性	酸 性	中 性	碱 性	强碱性

我国土壤反应大多数 pH 值在 4~9,在地理分布上有"东南酸而西北碱"的规律性,即由北向南,pH 值逐渐减小。大致可以长江为界(北纬 33°),长江以南的土壤多为酸性或强酸性,长江以北的土壤多为偏碱性和强碱性。

(2)潜性酸度

潜性酸度是指土壤胶体上吸附的 H^+、Al^{3+} 所引起的酸度。它们只有在转移到土壤溶液中,形成溶液中的 H^+ 时,才会显示酸性,故称为潜性酸。通常用 1000g 烘干土中氢离子的厘摩尔数来表示。潜性酸与活性酸处在动态平衡之中,可以相互转化,如下式:

$$\boxed{土壤胶粒}{}^{x\mathrm{H}}_{y\mathrm{Al}} + (x+3y)\mathrm{K}^+ \Longrightarrow \boxed{土壤胶粒}(x+3y)\mathrm{K} + x\mathrm{H}^+ + y\mathrm{Al}^{3+}$$

(潜性酸)　　　　　　　　　　　　　　　　(活性酸)

土壤潜性酸要比活性酸多得多,相差 3~4 个数量级。实际上土壤的酸性主要决定于潜性酸的数量,它是土壤酸性的容量指标。

土壤潜性酸的大小常用土壤交换性酸度或水解性酸度表示,两者在测定时所采用的浸提剂不同,因而测得的潜性酸的量也有所不同。

①交换性酸度:用过量的中性盐溶液(如 1M 的 KCl、NaCl 或 $BaCl_2$)与土壤作用,将胶体表面上的大部分 H^+ 或 Al^{3+} 交换出来,再以标准碱液滴定溶液中的 H^+,这样测得的酸度称为交换性酸度或代换性酸度。

$$\boxed{土壤胶粒}\mathrm{H} + \mathrm{KCl} \Longrightarrow \boxed{土壤胶粒}\mathrm{K} + \mathrm{HCl}$$

$$\boxed{土壤胶粒}\mathrm{Al} + 3\mathrm{KCl} \Longrightarrow \boxed{土壤胶粒}{}^{\mathrm{K}}_{\mathrm{K}}\mathrm{K} + \mathrm{AlCl_3}$$

$$\mathrm{AlCl_3} + 3\mathrm{H_2O} \Longrightarrow \mathrm{Al(OH)_3} + 3\mathrm{HCl}$$

应当指出,用中性盐溶液浸提而测得的酸量只是土壤潜性酸量的大部分,而不是它的全部。因为用中性盐浸提的交换反应是个可逆的阳离子交换平衡,交换反应容易逆转。

②水解性酸度:用弱酸强碱盐溶液(如 1M 醋酸钠)从土壤中交换出来的 H^+、Al^{3+} 所产生的酸度称为水解性酸度。由于醋酸钠水解,所得的醋酸的解离度很小,而生成的 NaOH 又与土壤交换性 H^+ 作用,得到解离度很小的 H_2O,所以使交换作用进行得比较彻底,另一方面,由于弱酸强碱盐溶液的 pH 值大,也使胶体上的 H^+ 易于解离出来。

用碱滴定溶液中醋酸的总量即是水解性酸的量。水解性酸度一般要比交换性酸度大得多,但这两者是同一来源的,本质上是一样的,都是潜性酸,只是交换作用的程度不同而已。

$$CH_2COONa + H_2O \Longrightarrow CH_3COOH + NaOH$$

$$\boxed{土壤胶粒}\ H + Na^+ + OH^- \Longrightarrow \boxed{土壤胶粒}\ Na + H_2O$$

$$\boxed{土壤胶粒}\ Al + 3CH_3COONa \overset{3H_2O}{\Longrightarrow} \boxed{土壤胶粒}\ \overset{Na}{\underset{Na}{Na}} + Al(OH)_3 + 3CH_3COOH$$

用上述方法测得的潜性酸实际上还包括活性酸在内,但后者数量很少。

酸性土壤常通过施用石灰,人为地调节土壤酸度。通常用水解性酸度可以指示土壤中潜性酸和活性酸的总量,所以总酸量一般不再测定,酸性土改良中常用水解性酸度的数值作为计算石灰施用量的依据。

2. 土壤碱性

土壤的碱性主要来源于土壤中交换性钠的水解所产生的 OH^- 以及弱酸强碱盐类(如 Na_2CO_3、$NaHCO_3$)的水解。

土壤的碱性除用平衡溶液的 pH 值表示以外,还可用土壤中的碱性盐类(特别是 Na_2CO_3 和 $NaHCO_3$)来衡量,有时叫做土壤碱度(cmol/kg)。对于土壤溶液或灌溉水、地下水来说,其 Na_2CO_3 和 $NaHCO_3$ 含量也叫做碱度(mmol/L 或 g/L)。

同时,土壤的碱性还决定于土壤胶体上交换性钠离子的相对数量。通常把钠饱和度(交换性钠离子占阳离子交换量的百分率)叫做土壤碱化度。

$$碱化度(\%) = \frac{交换性钠(cmol/kg\ 土)}{阳离子交换量(cmol/kg\ 土)} \times 100$$

当土壤交换性钠饱和度为 5% ~ 20% 时称之为碱化土,而钠饱和度大于 20% 时称为碱土。

3. 土壤缓冲性

如果把少量酸或碱加到水溶液中,则溶液的 pH 值立即有很大的变化,但土壤却不是这样,它的 pH 值变化是极为缓慢的。土壤溶液抵抗酸碱度变化的能力叫土壤缓冲性。

当施肥或淋洗等作用而增加或减少土壤的 H^+ 或 OH^- 时,土壤溶液的 pH 值并不相应地降低或增高,这是因为土壤本身对 pH 值的变化有缓冲作用,使之保持稳定,这对微生物的活动和作物根系的生长是有益的,但也给土壤改良带来了困难。

(1)土壤缓冲作用的机制

土壤胶粒上的交换性阳离子,这是土壤产生缓冲作用的主要原因,它是通过胶粒的阳离子交换作用来实现的。当土壤溶液中 H^+ 增加时,胶体表面的交换性盐基离子与溶液中的 H^+ 交换,使土壤溶液中 H^+ 的浓度基本上无变化或变化很小。

又如土壤溶液中加入 MOH,解离产生 M^+ 或 OH^-,由于 M^+ 与胶体上交换性 H^+ 交换,H^+ 转入溶液中,立即同 OH^- 生成极难解离的 H_2O,溶液的 pH 值变化极微。

由此可见,

$$\boxed{土壤胶粒}\ M + H^+ \Longrightarrow \boxed{土壤胶粒}\ H + M^+$$

(M 代表盐基离子,主要是 Ca^{2+}、Mg^{2+}、K^+ 等)

$$\boxed{土壤胶粒}\ H + MOH \Longrightarrow \boxed{土壤胶粒}\ M + H_2O$$

第一,土壤缓冲能力的大小和它的阳离子交换量有关。交换量越大,缓冲性越强。所以,黏质土及有机质含量高的土壤,比砂质土及有机质含量低的土壤缓冲性强。在生产实践中,通过各种措施以提高土壤有机质含量,可增强土壤缓冲能力。

第二,不同的盐基饱和度表现出对酸碱的缓冲能力是不同的。如两种土壤的阳离子交换量相同,则盐基饱和度越大的,对酸的缓冲能力越强,而对碱的缓冲能力越小。

第三,土壤溶液中的弱酸及其盐类的存在。土壤溶液中含有碳酸、硅酸、腐殖酸以及其他有机酸及其盐类,构成一个良好的缓冲体系,故对酸碱具有缓冲作用。

$$H_2CO_3 + Ca(OH)_2 \Longrightarrow CaCO_3 + 2H_2O$$

$$Na_2CO_3 + 2HCl \Longrightarrow H_2CO_3 + 2NaCl$$

第四,酸性土壤中铝离子的缓冲作用。在极强酸性土壤中(pH < 4),铝以正三价离子状态存在,每个 Al^{3+} 周围有 6 个水分子围绕着,当加入碱类使土壤溶液中 OH^- 增多时,6 个水分子中即有一两个解离出 H^+ 以中和之。而铝离子本身留一两个 OH^-,这时,带有 OH^- 的铝离子很不稳定,与另一个相同的铝离子结合,在结合中,两个 OH^- 被两个铝离子所共用,并且代替了两个水分子的地位,结果这两个铝离子失去两个正电荷,剩下四个正电荷。这种缓冲作用,可以用下式表明:

$$2Al(H_2O)_6^{3+} + 2OH^- \longrightarrow [Al_2(OH)_2(H_2O)_8]^{4+} + 4H_2O$$

第五,土壤中两性物质的存在。土壤中存在的两性物质包括蛋白蛋、氨基酸、胡敏酸(有机磷酸)等,这些物质对酸碱均具有缓冲能力,如氨基酸的氨基可以中和酸,羧基可以中和碱。

$$\begin{array}{ccc} R-CH-COOH + HCl & \Longrightarrow & R-CH-COOH \\ | & & | \\ NH_2 & & NH_3Cl \end{array}$$

(氨基酸氯化铵盐)

$$\begin{array}{ccc} R-CH-COOH + NaOH & \Longrightarrow & R-CH-COONa + H_2O \\ | & & | \\ NH_2 & & NH_2 \end{array}$$

(氨基酸钠)

(2)土壤缓冲作用的重要性

①缓冲性和适宜的植物生活环境。土壤具有缓冲性能,使土壤 pH 值在自然条件下不致因外界条件改变而剧烈变化。土壤 pH 值保持相对稳定性,有利于营养元素平衡供应,从而能维持一个适宜的植物生活环境。

②缓冲性和酸碱度改良。显然土壤的缓冲性能越大,改变酸性土(或碱性土)pH 值所需要的石灰(或硫黄、石膏)的数量越多。因此,改良时应考虑土壤胶体类型、有机质含量、土壤质地等因子,因为土壤缓冲性能与这些因子密切相关。

7.2.4 土壤氧化还原性质

土壤组成中含有一些易于氧化和易于还原的物质,当土壤通气良好,氧分压高时,这些物质呈氧化态;在通气不良、氧不足时则呈还原态。土壤的氧化还原过程影响着土壤养分的有效性和植物生长,是衡量土壤肥力极为重要的指标之一。

1. 土壤氧化还原体系

　　土壤中的氧化还原体系可分为无机体系和有机体系两大类,其中重要的有:有机体系中主要包括有机酸类、酚类、醛类和糖类化合物,这些体系的反应可逆性较差。

　　土壤是一个氧化物质与还原物质并存的体系,只不过由于土壤所处的条件不同,其溶液中氧化态物质与还原态物质的相对浓度不同而已。直接测定这些物质的绝对数量很困难,一般通过测定土壤溶液的氧化还原电位(Eh)来判断氧化作用与还原作用的强度,并以此来衡量土壤的氧化还原状况。

	氧化态	还原态
氧体系	O_2	$2O^{2-}$
铁体系	Fe^{3+}	Fe^{2+}
锰体系	Mn^{4+}	Mn^{2+}
硫体系	SO_4^{2-}	S^{2-}
氮体系	NO_3^-	NO_2^-
	NO_2^-	$N_2O、N_2$
	NO_2^-	NH_4^+
氢体系	$2H^+$	H_2
有机碳体系	CO_2	CH_4

2. 土壤氧化还原电位

　　氧化还原电位是指土壤中氧化剂和还原剂在氧化还原电极上所建立的平衡电位,它是反映土壤氧化或还原程度的重要指标,可用下式表示:

$$Eh = E_0 + \frac{59}{n}\log\frac{氧化态}{还原态}(mV)$$

　　式中:E_0 为标准氧化还原电位,即体系中氧化剂与还原剂浓度相等时的电位。上述各体系的值可在化学手册中查到。n 为反应中电子转移数。

　　因此,Eh 值的大小取决于氧化态物质和还原态物质的性质与浓度,而氧化态物质和还原态物质的浓度又直接受土壤通气性的强弱控制,通气性良好时,土壤空气中氧分压大,与其相平衡的土壤溶液中氧浓度也高,氧化态物质与还原态物质的浓度比增高,Eh 值变大;反之,通气不良的土壤其溶液中氧化态物质与还原态物质的浓度比降低,Eh 值变小。因此,氧化还原电位的高低也可作为评价土壤通气性强弱的指标。

　　旱地土壤的 Eh 值多在 400~700mV 之间,大于 750mV,表明土壤通气过强,若其他条件又适宜时,则有机质分解迅速,还可能造成其他养分的损失,此时应适当灌水以降低氧分压;如果旱地土壤的 Eh 值低于 200 mV,则表明土壤水分过多,通气不良,此时应注意排水降渍,疏松土层,增加土壤空气容量。

　　土壤养分的转化也与 Eh 值关系密切。硝化过程及硝酸盐的累积是在 Eh 值很高的好气条件下进行的,土壤通气不良,Eh 值下降,又会导致反硝化过程的发生,从而造成土壤氮素的损失。在低的 Eh 值下,因含水氧化铁被还原成可溶的氧化亚铁,减少了其对磷酸盐的专性吸附固定,并使被氧化铁胶膜包裹的闭蓄态磷释放出来,同时磷酸铁也还原为磷酸亚铁,使其有效性提高。

7.3 马铃薯生长的土壤环境调控

土壤是人类赖以生存与繁衍的四大自然资源(土壤、水、生物、气候)之一。土壤既是马铃薯生长的立地条件,又是马铃薯获得水分和养分的地方,并依靠光和热,才能生长发育。

7.3.1 土壤培肥

我国提高农产品产量的基本途径是提高单位面积产量。提高单产除了采取各种有效农业措施外,培肥土壤、建设高产农田是基础。

7.3.1.1 高产肥沃土壤的特征

我国土壤资源极为丰富,农业利用方式十分复杂,因而高产稳产肥沃土壤的性状也不尽相同。肥沃土壤的性状既有共性,也可因不同土壤类型而有其特殊性。一般来说,高产肥沃土壤具有以下特征。

1. 良好的土体构造

土体构造适宜是指土壤在1m深度内上下土层的垂直结构,它包括土层厚度、质地和层次组合。高度肥沃的旱地土壤一般都具有上虚下实的土体构造,即耕作层疏松、深厚(一般在30cm左右),质地较轻;心土层较紧实,质地较黏。这样既有利于通气、透水、增温、促进养分分解,又有利于保水保肥。

2. 适量协调的土壤养分

肥沃土壤的养分应该是缓效养分、速效养分,大量、中量与微量养分比例适宜,养分配比相对均衡。耕层养分储量丰富,有机质含量高,各种养分都较高,肥效长。北方高产旱作土壤有机质含量一般在15～20g/kg,全氮含量达1～1.5g/kg,速效磷含量在10mg/kg以上,速效钾含量为150～200mg/kg,阳离子交换量在20cmol(+)/kg以上。

3. 良好的物理性质

肥沃土壤一般都具有良好的物理性质,诸如质地适中,耕性好,有较多的水稳性团聚体,大小孔隙比例1:2～1:4,土壤容重1.10～1.25g/cm³,土壤总孔隙度为50%或稍大于50%,其中通气孔隙度一般在10%以上,因而有良好的水、气、热状况。

根据上述指标进行综合分析,判断土壤肥力高低。今后的研究应紧密结合生产实际,加强肥力监测,同时应该根据主要不同土壤类型,加强肥力特征和指标的研究。

7.3.1.2 土壤培肥的基本措施

随着对土壤生产力要求的提高,国内外都日益重视土壤培肥的措施。培育高产的肥沃土壤,必须在加强农田基本建设、创造高产土壤环境条件的基础上,进一步运用有效的农业技术措施来培肥土壤,从而提高土壤的肥力质量。它包括增施有机肥、扩种绿肥、深耕改土、熟化耕层、合理轮作、科学施肥和合理灌溉等。其中,最根本的起决定作用的还是增施有机肥料,不断补充土壤腐殖质。

1. 搞好农田基本建设

搞好农田基本建设能有效地减少自然因素(如气候、地形、降水等)对土壤肥力因素的不利影响。平原地区要实行田园化种植,包括平整土地、健全排灌系统、推广各种灌溉技术;丘陵山区的农田基本建设主要是水土保持、造林绿化、整修梯田、开发水源等项内容,其中防止水土流失是丘陵山区的重要问题。

2. 深耕改土

深耕是农业措施的基本环节。深耕可加厚活土层,改善土壤结构,协调土壤水、肥、气、热的关系,增加土壤蓄水保肥能力。为收到通过深耕达到改土培肥的良好效果,应同时配合施用有机肥料与合理灌溉。当然,具体的深耕技术要考虑深耕深度、深耕方法和深耕的时间。如砂质土不宜耕得过深;风沙土地区或水土流失严重地区,可采用少耕或免耕法;北方旱作区进行秋季深耕有利于晒垡、熟化和有机质分解,并可多蓄存雨雪增加土壤水分。

3. 合理轮作,用养结合

合理轮作和间作套种是培肥土壤,增加产量的有效措施。主要好处表现在:首先可以调节和增加土壤养分。如采用粮食、经济作物(用地作物)与豆科绿肥作物(养地作物)合理轮作或间作套种,就可以避免用地作物对土壤地力的大量消耗,调节或增加土壤养分,使土壤越种越肥。其次轮作及间作套种可以改善土壤物理性质和水分热状况。此外,轮作及间作套种可以改变寄主及耕作方式和环境条件,有利于消灭或减轻杂草和病虫对作物的危害,减轻土壤水分和养分的无益消耗,间接地起到培肥土壤的作用。"庄稼要好,三年一倒","茬口倒顺,强似上粪"充分说明了合理换茬的好处。

4. 合理灌排,以水调肥

合理灌溉,不仅可适时适量地按需供水,灌水均匀,节约用水,而且可以避免或减少冲刷地面、破坏结构、淋失养分、保持土壤较好的水、肥、气、热状况。合理灌溉既要讲究灌溉方法,还应注意灌溉水的水质,以防止土壤污染。如果只灌无排,不仅不能抗御洪涝灾害,还会抬高地下水位,引起盐碱、涝渍水害,尤其是在低洼、黏质土地区更要注意排水。

5. 科学施肥

施肥的主要作用是补充土壤有机质与速效养分,以供应作物所需要的营养物质并培肥地力。科学施肥应该注意:增施有机肥,配合施用化肥;根据土壤特点及肥料性质选择施用肥料;根据作物营养特性考虑施肥方法和施肥数量。

6. 营造田间防护林,改善小气候

营造田间防护林网,可改善地面小气候,降低风速,减轻风害,提高近地面大气湿度,盐碱土地区可抑制或减轻地表返盐。

7.3.2　中低产田土壤的改良

中低产田的划分界限目前还没有统一的标准,不同地区有所不同。一般以当地大面积近三年平均每公顷产量为基准,低于平均值20%以下为低产田,处于平均值20%以内的为中产田,二者一起称为中低产田。我国现有耕地中,主要的中低产田土壤有北方干旱、半干旱地区的盐碱土和风沙土,南方热带、亚热带地区的红黄壤酸瘦土和低产水稻土,全国各地的低洼湿土、山区水土流失严重的低产田等,这些中低产田面积很大,妨碍农业生产的提高,急需加以改良利用。

1. 中低产田的形成原因

中低产田的低产原因包括自然环境因素和人为因素两个方面。前者是指坡地冲蚀,土层浅薄,有机质和矿质养分少,土壤质地过黏或过砂,土体构型不良,易涝或易旱,土壤盐化,过酸或过碱等。后者指人类不合理的利用,导致土壤生产率较低,具体表现在以下几个方面:

①盲目开荒滥伐森林,造成水土流失,砂地扩大。

地表生长的自然植被(如森林、草地)在改善气候。保护土壤方面起着极重要的作用。有些地方由于森林被破坏,造成水土流失。据统计,我国每年因水土流失冲走的表土达50亿 t 以上,相当于全国的耕地每年损失 1cm 厚的表土。有些地方由于滥垦草原,使土壤遭受严重风蚀,砂化面积迅速增加。

②灌水方法落后,灌溉系统不完善。

过去大多用大水漫灌的方法浇地,不仅使土壤板结,物理性质变差,而且导致有限的水资源浪费。农田水利设施不配套,使大量农田得不到灌溉。有的地方只有灌水系统,没有排水系统,长期不合理的灌水以及有灌无排,自然会使地下水位抬高,易引起土壤次生盐渍化、沼泽化和潜育化,同时使土壤空气不足,温度低,养分转化慢,影响作物生长。

③掠夺性经营,导致土壤肥力日益下降。

由于单纯地追求产量,对耕地重用轻养,只用不养,有机肥施用量减少,化肥量逐渐增加,在多种指数增加的情况下,不注意种植绿肥和豆科作物,导致土壤有机质减少,土性发僵变硬,土壤肥力日益下降。

④土壤污染,土地利用价值降低。

土壤的污染源主要是工业的"三废"(废气、废水、废渣),其次是投入的农药、化肥等工业产品。这些物质进入土壤,不仅污染土壤,当被植物吸收后可进入植物体内,人畜食用被污染的植物产品也会受到危害,使土壤的利用价值大大降低。

2. 我国北方主要中低产土壤的改良和利用

(1)盐碱土的改良利用

1)盐碱土的特征及分布

盐碱土实际上包括盐化土壤与盐土、碱化土壤与碱土,其分类情况见表 7-10 和表 7-11。

盐碱土的特点是"瘦、死、板、冷和渍"。"瘦"是指盐碱土的肥力水平较低;"死"是指土壤中的微生物的数量极少;"板"是指土壤板结、耕性和通透性较差;"冷"是指土壤温度较低;"渍"则指土壤含盐碱量大。

表 7-10   盐渍土分类

盐渍化程度分类	表层土壤含盐量/(g·kg^{-1})	
	氯化物与硫酸盐	碳酸盐
非盐渍化土壤	<2	<1
轻度盐渍化土壤	2~3	1~2
中度盐渍化土壤	3~4	2~3
重度盐渍化土壤	4~8	3~5
盐　土	>8	>5

表 7 – 11　　　　　　　　　　　　　**碱 土 分 类**

碱土分类	碱化度/%
非碱化土壤	<5
弱碱化土壤	5 ~ 10
碱化土壤	10 ~ 15
弱碱化土壤	15 ~ 20
碱　土	>20

2）盐碱土对作物的危害

盐碱土的危害是多方面的,主要有以下方面:

影响作物吸收水分:由于土壤含盐量过多,土壤溶液浓度增大,土壤溶液的渗透压大于作物根细胞的渗透压,造成植物吸水困难,甚至发生反渗透现象,导致作物组织脱水死亡,即发生"生理干旱"。

影响土壤养分的转化和吸收:一方面,过量的盐碱抑制土壤微生物的活动,从而影响到土壤养分的转化;另一方面,由于土壤溶液浓度过高,导致植物吸水困难,溶解在水中的养分就不能正常被作物吸收,即发生"生理饥饿"。

对作物有毒害,腐蚀作用:Na$^+$吸收过多,可使蛋白质变性,Cl 吸收过多,则降低光合作用和影响淀粉的形成。另外,含 Na$_2$CO$_3$多的盐碱土,碱性强,对植物根、茎组织有腐蚀作用。

使土壤物理状态变坏:盐碱土含 Na$^+$多,使土粒分散,结构变坏,影响通透性,耕性变差,作物不能正常生长。

3）盐碱土的改良和利用

盐碱土形成的根本原因在于水分状况不良,所以在改良初期,重点应放在改善土壤的水分状况上面。一般分几步进行,首先排盐、洗盐、降低土壤盐分含量;再种植耐盐碱的植物,培肥土壤;最后种植作物。具体的改良措施如下:

①排水:许多盐碱土地下水位高,应采取各种措施降低地下水位。传统上采用修建明渠的方法,目前有些地区采用竖井排水,暗管排水等技术。

②灌溉洗盐:盐分一般都累积在表层土壤,通过灌溉将盐分淋洗到底层土壤,再从排水沟排出。

③放淤改良:河水若泥沙多,通过放淤既可以形成新的淡土层,又冲走了表层土壤的盐分。

④培肥改良:土壤含盐量降低到一定程度时,应种耐盐植物,培肥地力。

⑤平整土地:地面不平是形成盐斑的重要原因。平整土地有助于消除盐斑,还利于提高灌溉质量,提高洗盐的效果。

⑥化学改良:一般通过施用氯化钙、石膏和石灰石等含钙的物质,一来代换胶体上吸附的钠离子,二来使土壤颗粒团聚起来改善土壤结构,也可施用酸性物质来中和土壤碱性。

（2）风沙土的改良利用

导致土壤沙化主要有两个方面的因素,恶劣的自然条件是基础,人类不合理的利用是条件。风沙土地区一般干旱多风,植物生长缓慢,生态环境极其脆弱,恢复非常困难。植被一旦被破坏,裸露的地表非常容易遭受风蚀,本来很薄的表层土壤被风吹走,剩下的就是粉砂,植被再难以形成,土壤就变成了风沙土。草场过度放牧,导致植被破坏,成为沙漠;草场和林地不合理地开垦为农田,也造成土壤沙化,形成风沙土。

1)风沙土低产原因

土壤质地过砂:其中砂砾含量达80%~90%,一般以细砂为主,砂层厚度不等,大片风沙土厚度可达几十米,河流两岸风沙土仅1~2m。

缺乏营养,保水保肥能力差:砂土含有机质和速效养分都少。因缺少有机质和黏粒,所以胶体物质很少,以至于保水保肥能力都很差,漏水漏肥。

易受风蚀:所谓风蚀是指三级以上的风能把细砂吹走成为砂流,并顺风移动。其危害是轻者吹走或掩埋种子、幼苗或打伤茎叶,重者埋没农田和村庄。

2)风沙土的改良利用措施

防治土壤沙化必须坚持以防为主,治理为辅,因地制宜的原则。具体的措施有:

防止风蚀:这是风沙土稳定的前提。植树造林、发展果树、播种多年生绿肥如紫穗槐、沙打旺等,是固定风沙土,改良风沙土的根本措施,改良土壤,包括平整土地、客土掺黏、轮作牧草绿肥、增施有机肥料,草炭改良等。

合理利用:主要包括选择适宜的品种,如抗风沙、耐旱、耐贫瘠的作物;适时播种;合理耕作,垄向应与风向垂直,耕后不宜耙得太细,也不镇压,即可减轻风蚀,又利于保墒。

(3)山区低产田的改良利用

我国各地的山区、半山区由于土壤遭受强烈侵蚀、冲刷以致土层厚、石子多、自然植被少、地力贫瘠、作物产量低。但如果能合理利用,综合治理,发展多种经营,也能迅速改良土质,改善土壤肥力状况,大幅度提高作物产量。

1)山区低产田的低产原因

大部分山区低产田的主要问题是旱、薄、砂、蚀。所谓旱,是指土壤质地粗、有机质缺乏、保水能力差、不耐旱;薄是指土层浅薄;砂是指土壤砂、石多,质地粗;蚀是指坡地土壤易遭受水流侵蚀,引起水土流失。其中加强水土保持是改良山区低产土壤的根本措施。

2)山区低产田的改良利用措施

农林牧业合理安排。山区低产田的主要问题是土壤遭受侵蚀,其主要原因是自然植被稀少和人类不合理的耕作方法,所以山区应注意农林牧合理安排,山间平原或盆地可发展农业,坡地、瘠薄地发展林业,结合种草发展牧业,不宜耕作的山坡应禁止毁林开荒,要封山育林,加速山区绿化。

建设高标准水平梯田。修建水平梯田是治理山区耕地、防止水土流失、建设山区高产稳产农田的根本措施。水平梯田适于在坡度小于25°的山坡。在坡度25°以上的地方,原则上应该造林、种草、发展林牧业,已经耕种的应退耕还林。

修隔坡梯田和鱼鳞坑。所谓隔坡梯田,就是在坡地上修一条梯田,间隔一条坡地,再修一条梯田。这样形成水平梯田与坡地间隔修筑,可以省工、省时间,解决劳力不足的问题。鱼鳞坑是山区坡地不易修成水平梯田时所采用的有效改土方式。一般在山区造林、栽果树时使用较多。所谓鱼鳞坑,就是在坡地上按照每棵果树或树木的占地面积大小修成半圆形台地或修筑小型石坝,从整片地面观看如同鱼鳞状,故叫鱼鳞坑。它具有修筑时省时省工,并且保水、保土、保肥等优点。

　　横坡等高种植。在缓坡地区,如无力修筑梯田,则可采取横坡沿等高线耕作,也可减轻冲蚀。切不可顺坡种植,因顺坡耕种会加速水土流失。

　　此外,山区低产土壤也应结合改良质地,增施有机肥来提高土壤肥力。

【参考文献】

[1] 廖华俊,董玲,江芹,等.安徽省马铃薯稻草覆盖栽培模式研究[J].安徽农业科学,2009(35).

[2] 李春勇,曾令诚,赖金钊,等.耕种模式对马铃薯产量和经济效益的影响[J].长江蔬菜,2010(21).

[3] 徐志丹.不同起垄方式栽培对马铃薯产量的影响初探[J].耕作与栽培,2009(2).

[4] 许更宽.黑龙江西北地区马铃薯高产栽培技术[J].中国农村小康科技,2010(6).

[5] 王国平,何永垠,龙庆海,等.东台市马铃薯免耕栽培技术示范与推广[J].中国马铃薯,2009(1).

[6] 伍均锋.冀东地区马铃薯玉米大白菜高效立体复种栽培模式[J].湖北农业科学,2009(6).

[7] 付子强,侯丽筠,卢耀忠,等.天祝县高寒冷凉山区马铃薯不同覆膜方式栽培试验结果初报[J].甘肃农业,2011(2).

[8] 梁生江.一年期西瓜马铃薯主体间作栽培技术[J].种子世界,2005(8).

[9] 张礼才.脑山应用地膜覆盖栽培马铃薯[J].青海农林科技,1987(1).

[10] 何亚妮.旱地马铃薯一年两熟栽培技术[J].西北园艺(蔬菜专刊),2009(3).

[11] 易淑荣.土壤学[M].南京:江苏科技出版社,1985.

[12] 朱祖祥.土壤学[M].北京:中国农业出版社,1983.

[13] 王荫槐.土壤肥料学[M].北京:中国农业出版社,1992.

[14] 仲路秀.土壤学[M].北京:中国农业出版社,1991.

[15] 中国农业土壤概论编写组.中国农业土壤概论[M].北京:中国农业出版社,1982.

[16] 于天仁.土壤化学原理[M].北京:科学出版社,1987.

第8章 马铃薯生长与水分

生命起源于水,没有水便没有生命。在植物的生长过程中,植物不断地从周围环境中吸收水分,以满足其正常生命活动的需要;同时,又将体内的水分不断地散失到环境当中去,维持植物体内的水分平衡。植物对水分的吸收,水分在植物体内的运输以及植物的水分散失就构成了植物的水分代谢。土壤中的水分是植物吸水的主要来源,植物体内的水分通过蒸腾作用散失到空气中,与由江河湖泊蒸发的水分共同组成大气中的水分,大气中水分饱和后便以雨、露、霜、雹和雾等形式降落地面,重新形成土壤水。土壤、植物和大气共同完成自然界中水的循环。

因此,为形成一个正常的马铃薯植株体,就必须有适宜的水分条件。马铃薯对于土壤水分很敏感。若从提高光合作用的角度讲,似乎是地上部茎叶应该繁茂扩大,以增加干物质生产,而从水分生理的角度讲,似乎是地上部茎叶应该小,地下根系应该大,以减少水分的散失和扩大根系的吸收面积。如何调节地上部和地下部的关系,是获得马铃薯块茎产量的关键。

8.1 水分在马铃薯生命活动中的作用

水是生命的摇篮,马铃薯的一切生命活动必须在细胞水分充足的情况下才能进行。农业生产上,水是决定收成有无的重要因素之一,"有收无收在于水",保持马铃薯体内的水分平衡是提高作物产量和改善产品质量的重要前提。

8.1.1 马铃薯的含水量

马铃薯有机体中都含有水分,但各部分的含水量并不是均一的和恒定不变的,主要与马铃薯的品种、器官及组织本身的特性和环境条件有关。一般马铃薯植物体中有 70% ~ 90% 的含水量,块茎的含水量是 75% ~ 80%。

8.1.2 马铃薯体内水分的存在状态

在马铃薯细胞中,水通常以两种状态存在。靠近原生质胶体颗粒而被胶粒紧密吸附的水分子称束缚水;远离原生质胶粒,吸附不紧,能自由流动的水分子称自由水。束缚水决定植物体的抗性能力,束缚水越多,原生质黏性越大,代谢活动越弱,低微的代谢活动使植物体抵抗不良的外界条件,束缚水含量高,植物体的抗寒抗旱能力较强。自由水决定着植物体的光合、呼吸和生长等代谢活动,自由水含量越高,原生质黏性越小,新陈代谢越旺盛。

水分是作物进行生命活动过程绝对不可缺少的物质。因此,必须要了解水分对马铃薯产量形成和营养吸收、分配、运转的作用,影响水分吸收利用的因素,以及马铃薯的需水规律等,以便创造条件满足其水分的需要,从而达到高产优质的目的。

8.2　马铃薯对水分的吸收

马铃薯生长需要的水分主要靠土壤提供,马铃薯主要通过根从土壤中吸收所需要的水分。马铃薯有机体的基本结构和功能单位是细胞,所有的生命活动都是通过细胞、以细胞为单位完成的。要了解马铃薯对土壤中水分的吸收,首先要清楚细胞是如何吸水的。

8.2.1　吸水器官

在马铃薯生长的周围环境中,只有土壤中含有充分而比较稳定的水分。尽管叶片也能吸水,但除了下雨外,叶片常接触的只是温度很低的干燥的大气,很难有效地吸到水,所以马铃薯吸水的主要器官是根系,根系主要的吸水部位是根毛区。农业生产上经常采取有效措施,促进根系生长,多发新根,增加根毛区面积,以利于马铃薯对水分的吸收,这也是提高产量的有效措施。

8.2.2　吸水的原理

细胞是马铃薯有机体结构和功能的基本单位,马铃薯植物体吸水也是通过细胞来完成的。细胞有三种吸水方式,未形成液泡的细胞靠吸胀作用吸水,形成液泡的细胞靠渗透作用吸水,特殊的情况下还能消耗能量进行代谢性吸水。成熟细胞吸水的主要方式是渗透吸水,吸水能力取决于细胞内外的能量差(水势差)。

1. 水势

植物吸水实质上是一个水分移动的过程,水分子含有能量,由于能量的驱使水分子才能移动(做功)。水分子含有的能量包括束缚能和自由能两部分,自由能是水分子用于做功的能量。当水中溶有物质成为溶液时,由于溶质分子与水分子之间的分子引力和碰撞作用,使水的自由能降低。相同温度下一个水系统中 1mol 体积的水和 1mol 体积的纯水之间的自由能差称为水势。规定纯水的水势为零,细胞中的水都含有一定的物质,其水势都为负值。溶液中溶质含量越高,溶液浓度越大,溶液水势越低。水势的高低决定着水的流动方向,植物细胞和组织中,水由水势高流向水势低的区域。

2. 细胞吸水

(1)渗透作用

自然界中,物质由于分子运动的结果,都有从浓度高的区域向浓度低的区域移动的趋势,这种现象称为扩散作用。蔗糖溶解在水中形成均匀的蔗糖溶液,生产上各种药液的配制,都是物质分子扩散作用的结果。半透膜是一种能让水分子自由通过,而对其他物质分子具有选择透过性的特殊的膜,种子表皮、羊皮纸和动物的膀胱膜都具备半透膜的特性。

把半透膜包在一个长颈漏斗的口上,漏斗内装进一定量的蔗糖溶液,然后将漏斗倒置于一个盛有蒸馏水的大烧杯中,使漏斗内的蔗糖液面与烧杯内蒸馏水的液面保持同一水平面,这就形成一个渗透系统(图 8-1)。由于水分子可通过半透膜自由运动,而蔗糖分子不能通过

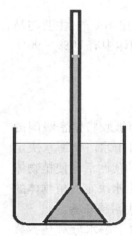

图 8-1　渗透
系统示意图

半透膜,漏斗内蔗糖溶液的水势低于烧杯中蒸馏水的水势,烧杯中的水分子就会通过半透膜向漏斗中扩散,伴随漏斗中水量的不断增加,漏斗内的液面不断上升。这种水分子通过半透膜由水势高向水势低的区域移动的现象叫渗透作用。当漏斗内、外溶液水势达到平衡(相等)时,漏斗内液面便不再上升。

(2)细胞吸水

植物细胞膜亦称单位膜,它具有选择透性,水分子可以自由通过,其他物质选择通过,是典型的半透膜。植物细胞中,细胞膜、液泡膜和其中间的原生质三者全可当做半透膜看待,液泡内的液体具有一定的浓度,表现一定的水势,当细胞内外溶液由于溶质含量多少不同而出现水势差时,便会出现细胞吸水或失水的现象。把细胞浸在高浓度的溶液(蔗糖溶液)中,外界溶液的水势低于细胞的水势,细胞内水分外流,原生质失水收缩,最终与细胞壁分开,由于细胞失水而使原生质与细胞壁分离的现象称质壁分离。如果把发生了质壁分离的细胞移入低浓度溶液或清水中,外界水势高于细胞水势,原生质吸水膨胀,最终恢复到与细胞壁相接触的状态,称质壁分离复原(图8-2)。以上事实说明植物细胞是一个渗透系统,植物细胞就是通过渗透作用来吸收水分的。

图8-2 质壁分离和质壁分离复原

3.植物体吸水

根是植物体吸水的主要器官,由于根的生理活动使得根毛细胞吸收养分,细胞液浓度增大,细胞水势减小低于土壤溶液水势,根毛细胞吸水并集中于根部导管,水分的不断增多就造成了一种沿导管上升的力量,称为根压。根压的形成导致水分不断地向上输送,根部也在不断地吸水。将植物的茎从靠近地面的部位切断,切口不久就会流出汁液,这种现象称为伤流,流出的汁液称伤流液。在空气温度较大而又无风的早晨,一些植物的叶尖和叶缘也会排出水珠,这种现象称为吐水,也是植物根部产生根压的缘故(图8-3)。植物以根压作为吸水动力进行的吸水方式称为主动吸水。

植物幼苗时期主要靠主动吸水,植株长成后,主动吸水已不能满足生长的需求,这时的植物主要靠的是被动吸水。叶片的功能之一是进行蒸腾作用,通过蒸腾作用植物体内的水分经叶片向空气中散失。蒸腾作用时,叶肉细胞失水而水势降低便向叶脉的导管吸水,叶脉的导管连接茎和根的导管,它们都是中空的死细胞,水分在其中形成一个连续的水柱,由于叶肉细胞向导管吸水,水分便不断沿导管上升,这种吸水力量一直传递到根,使根部细胞内水分不足,水势降低,根细胞就从周围环境中吸收水分,这种吸水方式称被动吸水。由于蒸腾作用而产生的促使植物根系吸水的力量称蒸腾拉力。

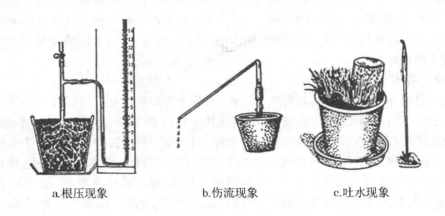

a.根压现象　　　　　　b.伤流现象　　　　　　c.吐水现象

图 8 - 3　植物主动吸水的动力

8.2.3　影响根系吸水的条件

马铃薯主要通过根系从土壤当中吸收水分,一切影响根系生活力和细胞生理活性的因素都会对马铃薯的吸水过程发生作用。

1. 土壤温度

一般来说,在适宜的温度范围内,随着土壤温度的提高,根系吸水也加快,反之吸水减缓。温度过低,水的黏滞性增加,扩散速度减慢;原生质黏性加大,透性减小,根生理活动减弱,主动吸水受到制约。温度过高时,植物新陈代谢的协调性遭到破坏,阻碍了正常的生长和呼吸,使根系对水分的吸收受到限制。不同的植物吸水的最适温度不同。

2. 土壤通气状况

土壤中氧气的含量对植物吸水非常重要,土壤中缺乏氧气,根呼吸减弱,时间过长会引起无氧呼吸,产生毒害作用,影响植物吸水。旱地作物中耕除草,就是为了改善土壤通气条件,促进根系的生理活动与生长,增强根系吸水与吸肥能力。

3. 土壤水分

土壤中的水分不是纯水,其中溶解着不少的矿质盐类,是一种混合溶液,如果土壤溶液浓度过大,其水势低于根细胞的水势,植物不但不能吸水,还会发生植物体内水分向土壤中"倒流"的现象,植株因体内水分缺乏而变黄,这就是生产上因施肥过量引起"烧苗"的主要原因。土壤不缺水,由于温度过低或土壤溶液浓度过高,土壤溶液水势低于细胞水势,造成根系吸水困难而引起的干旱称生理干旱。

8.3　蒸腾作用

马铃薯正常的生命活动,通过根系不断地从土壤中吸收水分,除直接参与代谢作用之外,大量的水分通过地上部分散失到空中,从而牵动植物体内水的流动,完成物质运输和营养分配的过程。

8.3.1 蒸腾作用的基本概念

水分从植物地上部分以水蒸气状态向外界散失的过程称蒸腾作用。植物从土壤中吸收的水分用作植物组成成分的不到1%，绝大部分是通过蒸腾作用散失到环境中。植物通过蒸腾作用产生蒸腾拉力，加强根系的水分吸收。由于蒸腾作用导致植物体内水分流动，促进植物体内的物质运输，水分由液体转化为气体散失到空气当中，带走大量的热量，从而维持叶面温度的恒定。蒸腾作用的主要部位是气孔(气孔蒸腾)、角质层(角质蒸腾)和皮孔(皮孔蒸腾)。说明蒸腾作用快慢的生理指标是蒸腾强度，用在一定时间内单位叶面积散失的水量来表示(克/(平方米·小时),$g/(m^2 \cdot h)$)。植物积累1g干物质所消耗水分的克数称需水量(蒸腾系数)，根据需水量可以计算出作物灌溉的用水量。

8.3.2 小孔扩散

蒸腾作用的主要方式是气孔蒸腾，在植物叶片表面特别是叶缘部位分布着大量的气孔，但气孔很小，所有气孔所占的面积不到叶片面积的1%。虽然气孔所占的面积很小，但通过气孔散失的水量却占整个蒸腾作用的90%以上，这是由于小孔扩散的缘故。

试验证明，气体通过小孔的扩散速率不与小孔的面积成比例，而与小孔的周长成比例，小孔越小，单位面积上散失的水分就越多。这是因为气体通过小孔形成一个半月形的扩散层，在扩散层的中央部分水分子互相碰撞，阻力大，扩散速度慢；而在边缘上的水分子密度小，蒸汽层薄，扩散阻力小，边缘的水分子从侧面逸出，扩散速度快。扩散层边缘的水分子的扩散速度比中央快的现象称边缘效应。大面积的自由水面或大孔通过的水蒸气分子大部分由中央面上扩散，边缘只占小部分，所以蒸发速度与面积成正比。孔的面积逐渐减小，边缘部分对中央部分的比例逐渐加大，当孔的面积减少到边缘效应占主要位置时，蒸发速度便不与面积成正比，而与边缘长度成正比，由于气孔微小(μm^2)，正符合小孔扩散的原理，因而水蒸气通过气孔的蒸腾速率比同面积的自由水面要大得多。

8.3.3 气孔运动的机制

气孔运动表现于气孔开闭，气孔由两个保卫细胞组成，保卫细胞近孔口一边的细胞壁较厚，而近表皮一边的细胞壁较薄，当保卫细胞吸水膨胀，体积增大时，靠近表皮细胞一边的细胞壁膨胀程度大于靠近孔口较厚的一边，使保卫细胞向外弯曲，气孔便张开；相反，在保卫细胞失水，体积缩小时，保卫细胞伸直，气孔便关闭。

保卫细胞含有叶绿体，能够进行光合作用。白天，保卫细胞光合作用吸收CO_2，使细胞内CO_2浓度降低，细胞溶液pH升高(>7)，淀粉磷酸化酶催化淀粉转化为葡萄糖溶于细胞液中，细胞液浓度增大，水势降低，保卫细胞吸水膨胀，气孔张开；夜间，光合作用停止，呼吸作用正常进行，呼吸作用释放CO_2，使细胞内CO_2浓度升高，细胞液pH降低(<5)，淀粉磷酸化酶催化葡萄糖转化为淀粉析出细胞液，细胞液浓度减小，水势升高，保卫细胞失水收缩，气孔关闭。

8.3.4 影响蒸腾作用的因素

蒸腾作用是植物体内水分通过植株表面向大气中散失的过程，一切影响水汽扩散的因素都会对蒸腾作用的快慢产生影响。

1. 光照

光照可以提高植物的蒸腾作用。光照使叶温提高,加速叶肉水分蒸发,提高叶肉细胞间隙和气孔下腔的蒸汽压;光照使大气温度上升而相对湿度下降,增大了叶内外的蒸汽压差和叶片与大气的温差;光照使气孔开放,减少蒸腾的阻抗。

2. 大气湿度

大气相对湿度越大,叶内外蒸汽压差越小,蒸腾强度就越弱。正常叶片气孔下腔的相对湿度在91%左右,当大气相对湿度在40% ~48%时,蒸腾作用即能顺利进行。天气干旱,由于叶内外蒸汽压差增大,蒸腾作用加强。

3. 温度

当土壤温度升高时,有利于根系吸水,促进蒸腾作用的进行。当气温升高时,增加了水的自由能,水分子扩散速度加快,植物蒸腾速率提高。因此,在一定范围内温度升高,蒸腾作用加强。

4. 风

微风促进蒸腾,因为风能将气孔外边的水蒸气吹散,补充一些相对湿度较低的水蒸气,叶内外扩散阻力减小,蒸腾作用加强。强风引起气孔关闭,叶片温度下降,反而使蒸腾作用减弱。

蒸腾作用受许多环境因子综合影响。作物一天的变化情况是:清晨日出后,温度升高,大气湿度下降,蒸腾作用随之增强,一般在下午 2 时前后达到高峰,2 时以后由于光照逐渐减弱,植物体内水分减少,气孔逐渐关闭,蒸腾作用随之下降,日落后蒸腾作用降到最低点。

8.4　大气降水与灌溉

植物通过蒸腾作用向空气中散失水分,江、河、湖、海和土壤中的水分经过蒸发分散到空气中,两者共同组成大气中的水分。大气中水分含量达到一定的程度,便会以雨、雪等形式降落地面,回到土壤当中。

8.4.1　空气湿度

大气中水分含量多少对植物的生长发育、产量高低和品质好坏都起着重要的作用。大气中的水分有三种形态存在,即气态、液态和固态。大多数情况下,水分是以气态存在于大气中的,三种形态在一定条件下可相互转化。

表示空气潮湿程度的物理量,称为空气湿度。通常用水汽压、相对湿度、饱和差和露点温度来表示。

1. 水汽压(e)

空气中水汽所产生的压力,称为水汽压(e),有时也把水汽压叫做绝对湿度。水汽压取决于空气中的水汽含量,当空气中水汽含量增多时,水汽压就相应增大。水汽压的单位用百帕(hPa)表示。

空气中水汽含量与温度有密切关系,当温度一定时,单位体积空气中所能容纳的水汽量是有一定限度的,水汽含量达到了这个限度,空气便呈饱和状态,这时的空气称饱和空气。

饱和空气中的水汽压称为饱和水汽压(E),也叫最大水汽压。在温度条件发生改变时,饱和水汽压也随之改变。

$$E_{水面} = 6.11 \times 107.5t/(235 + t)$$

式中:$E_{水面}$为 0 ℃以上的饱和水汽压,hPa;t 为气温,℃。

2. 相对湿度(U)

空气中的水汽压与同温度下的饱和水汽压的百分比,称相对湿度。可用下式表示:

$$U = e/E \times 100\%$$

相对湿度反映当时温度下的空气饱和程度。当空气饱和时,$E = e$,$U = 100\%$;空气未饱和时,$e < E$,$U < 100\%$;当空气处于过饱和时,$e > E$,$U > 100\%$。

因饱和水汽压随温度而变化,所以在同一水汽压下,气温高时,相对湿度减小,空气干燥;反之,相对湿度增大,空气潮湿。

3. 饱和差(d)

在一定温度条件下,饱和水汽压与空气中实际水汽压的差值,称为饱和差。即:

$$d = E - e$$

如果空气中水汽含量不变,温度下降时,饱和差减小。反之,温度升高,饱和差增大。当空气达到饱和时,饱和差为零。饱和差表明了空气距离饱和的程度。它的大小可以显示出水分的蒸发能力,故常用于水分蒸发。

4. 露点温度(t_d)

露点温度(简称露点)是指空气中水汽含量不变,气压一定时,通过降低气温使空气达到饱和时的温度,称为露点温度,用 t_d 表示,单位为℃。

对于温度相同而水汽压不同的两块空气来说,水汽压较大的,温度降低很少就能达到饱和,因而露点温度较高;水汽压较小的,温度下降较大幅度才能达到饱和,因而露点温度较低。故气压一定时,露点温度的高低反映了水汽压的大小。

由于空气常处于未饱和状态,故露点温度低于气温,空气达到饱和时,露点温度才与气温相等。因而根据气温和露点温度的差值($t - t_d$)大小,大致可以判断出空气距饱和的程度。

8.4.2 水分蒸发

由液态或固态水转变为气态水的过程叫蒸发。江、河、湖、泊、海洋和土壤中的水分都可以通过蒸发向大气中运动,它们是大气中水分的主要来源。下面说明水面水分的蒸发特点。

水面蒸发是一个复杂的物理过程,它受很多气象因子影响。水温越高,蒸发越快,水温增高,水分子运动加快,逸出水面可能性增大,进入空气中的水分子就多;饱和差大,蒸发就快,饱和差大,表示空气中水汽分子少,水面分子就易逸出跑进空气中;风速越大,蒸发越快,风能使蒸发到空气中的水汽分子迅速扩散,减少了蒸发面附近的水汽密度;气压越低,蒸发越快。水分子逸出水面进入空气中,要反抗大气压力做功,气压越大,汽化时做功越多,水分子汽化的数量就越少。

此外,蒸发还和蒸发面的性质与形状有关,凸面的蒸发大于凹面,凸面曲率越大,蒸发越快。小水滴表面的蒸发就比大水滴快,纯水面蒸发大于溶液面,过冷却水面(0℃以下的液态水)大于冰面。

8.4.3　水汽凝结与降水

大气中的水分不断增多达到饱和,遇到合适的条件就会发生凝聚作用,由气态水转变为液态水或固态水的过程称为凝结。

1. 水汽凝结

(1)水汽凝结的条件

①水汽达到饱和。大气中水汽达到饱和或过饱和通常有两个途径,一是在一定温度下不断地增加大气中的水汽含量;二是使含有一定量水汽的空气降温,一直降到露点温度以下。自然界中前一种情况较为罕见。大气中水汽凝结多属后一种情况。一般导致水汽凝结有以下四种方式:空气与冷却的下垫面接触、湿空气辐射冷却、两种温度不同而且都快要饱和的空气混合、空气上升发生绝热冷却。

②有凝结核存在。实验表明,纯洁的空气即使温度降低到露点温度以下,相对湿度达到400%~600%也不会凝结。但是加入少许尘粒,就会立即出现凝结现象。凡是对水分子有亲和力和吸附力的微粒,如灰尘、烟粒、盐粒、花粉以及工业排放物二氧化硫、三氧化硫等微粒,都是很好的凝结核。近地气层凝结核是取之不尽,用之不竭的。

(2)地面水汽的凝结物——露和霜

晴朗无风或微风的夜间,地面有效辐射强烈。当近地气层温度降到露点以下,水汽便凝结在地表或草尖上为露;如果露点温度低于0℃,则凝结为霜。导热率小的疏松土壤表面,黑色物体表面,粗糙的地面,夜间辐射较为强烈,易形成露和霜。低洼的地方和植株枝叶表面,因辐射温度低而湿度大,露和霜较重。

露和霜形成时,因凝结释放潜热,常使降温缓和而不致发生霜冻。在干热的天气,露水有利于萎蔫植物的复苏。但露水易使病菌繁殖而引起病害。露水凝于水果的表面使果皮产生锈斑,因而影响水果的品质。有霜的时候常伴有霜害。所谓霜害并非霜对植物产生的危害,而是低温造成的危害。因为凝结为露时有潜热释放,这些潜热可以缓和植物体温的下降。所以,有霜时与没有霜时的霜害相比,有霜时的霜害往往比无霜时的受害程度要轻微一些。

秋季第一次出现的霜称初霜,春季最后一次出现的霜叫终霜,一年中终霜与初霜之间的天数称无霜期,裸地作物的生育期一定要短于当地的无霜期,才有在当地栽培的价值。

(3)近地气层水汽的凝结物——雾

雾是在近地气层的水汽凝结物(水滴或冰晶)使水平能见度显著减小的现象。当水平能见度不到1km时称大雾,大于1km而小于10km的称为轻雾。雾是因为低层空气温度降低到露点温度以下而在近地气层形成的凝结物,但雾绝不是水汽。

根据雾的成因,可分为辐射雾、平流雾和平流辐射雾三种。辐射雾在夜间,由于地面辐射冷却降温,致使空气湿度达到饱和而形成的雾。这种雾多形成于晴朗无风或微风且水汽较充沛的夜间或清晨,日出后逐渐消散。所谓"十雾九晴"、"雾重见晴天"等,都是指这种辐射雾。平流雾是暖湿空气流经冷的下垫面时,其下层冷却降温,使水汽凝结而成的雾。在寒冷季节的陆地上,温暖时期的海上,常常发生平流雾。平流雾在一天的各个时刻都可形成,并且在大风时也能存在,其厚度极大,范围也非常广阔。平流辐射雾是平流和辐射因素共同作用而形成的雾,也叫混合雾。

雾能降低太阳辐射强度,影响绿色植物的光合作用,从而影响植物的产量。雾还能使植物开花推迟,受精被阻,果实成熟不良和品质变劣。多雾地区,由于太阳光谱中的紫外线部分被雾吸收,使到达地面的紫外线减少,植物易产生徒长而茎秆较弱,病虫害易于入侵。但对茶叶、麻类等怕紫外线伤害的植物生长发育有利,故有"云雾山中产名茶"和"雾多麻质好"之说。浓雾地区,因雾滴较大,植株常被雾滴湿透,若连续时间较长,不仅影响植物光合作用,而且呼吸作用也会受到阻碍,使植物生长衰弱。果树在成熟期间持续被雾水沾湿,可使果面受损,品质降低,但有利于萎蔫植物的复苏。

根据雾的形成,可采取不同的防御措施。潮湿地区由于地面水分充足,最易生成雾。故应加强排水,设法降低地下水位,可减少雾的形成。在容易产生平流雾的地区,营造与空气平流方向垂直的防护林,减少空气流动,即可减少平流雾的形成。据测定,防护林可减少雾量的1/5,防雾距离可达树高的16倍左右。防护林不仅可降低雾的浓度,还可减弱风速,提高气温和地温,防雾效果比较好。

(4)高空水汽凝结物——云

云是高空大气(自由大气)中的水汽凝结而形成的水滴、过冷却水滴、冰晶或它们混合组成的悬浮体。形成云的基本条件,一是充足的水汽;二是有足够的凝结核;三是空气中水汽凝结成水滴或冰晶时所需要的冷却条件。实际生活中,空气的垂直上升运动,是能满足上述三个基本条件的。所以,空气的垂直上升运动是形成云的主要原因。

云是天气晴雨的重要征兆。一般说来,云底高、云量少、云层薄、云的颜色明亮,不会下雨;反之,就容易下雨。当云层由薄变厚,云底由高变低,天空混乱就易下雨。有时上下云层移动方向相反或不一致也会下雨等。

2. 大气降水

广义地讲,降水是地面从大气中所获得的水汽凝结物的总和,包括降水(雨、雪、雹等)和地面水汽凝结物(露、霜、雾和雨等)。

(1)降水的形成

根据降水的形成过程和特点,降水形成的原因可分为:

对流降水:地面空气受热,膨胀上升,绝热冷却,水汽凝结成云而降水,叫对流降水。这种降水多为雷阵雨,雨区狭窄,降水时间短,强度大。我国夏季对流降水较多。

地形降水:暖湿空气受山地阻挡被迫上升到一定高度后,水汽饱和而成云致雨,叫地形雨。地形雨多在迎风坡上。

锋面降水:暖湿空气和干冷空气相遇的交接面叫锋面,暖湿空气沿锋面上升,绝热冷却,水汽凝结而降水的叫锋面降水。我国北部,春、秋、夏季多为锋面降水。

台风降水:在台风影响下,空气绝热上升,水汽凝结而产生降水的叫台风降水。夏季我国东南沿海台风降水较多。

(2)降水的表示方法

降水量:自天空降下的水,未经蒸发、渗透、流失在地面积聚的水层厚度叫降水量,其单位用 mm 表示。从天空降下来的雪、冰雹等在地面形成的厚度,不能叫降水量,只有当它融化成液态水后,在地面上形成的深度才叫降水量。一般 8 mm 厚的雪可融化为 1mm 深的水。

我国农民所说的降水量,是指降水在土壤中渗透的深度。土壤质地和墒情不一,降水渗透的深度也不一样,一般情况下,1mm 水约渗透土壤 5mm 深。如一场雨下了 40mm,那么土壤渗透 20cm 深,那就可以说这场雨下了 20cm 深。

降水强度:单位时间内的降水量,叫降水强度。根据降水强度的大小可将雨分为小雨、中雨、大雨、暴雨、大暴雨和特大暴雨等,将雪分为小雪、中雪、大雪等。

8.5　水分平衡与灌溉

8.5.1　植物的水分平衡

对陆生植物来说,失水是一个严重的问题。因为植物所需要的二氧化碳只占大气成分的 0.03%。因此,植物要获得 1mL 二氧化碳就必须多交换 700 倍的大气,即植物失水量很大。植物从环境中吸收的水有 99% 用于蒸腾作用,只有 1% 保存在体内。故只有充分的水分供应才能保证植物的正常生活。

在根吸收水和叶蒸腾水之间保持适当的平衡是保证植物正常生活所必需的。要维持水分平衡必须增加根的吸水能力和减少叶片的水分蒸腾,植物在这方面具有一系列的适应性。例如,气孔能够自动开关,当水分充足时气孔便张开以保证气体交换,但当缺水干旱时气孔便关闭以减少水分的散失。植物体表生有一层厚厚的蜡质表皮也可减少水分的蒸发,因为这层表皮是不透水的。有些植物的气孔深陷在植物叶内,有助于减少失水。有很多植物是靠光合作用的生化途径适应于快速摄取二氧化碳(这样可使交换一定量气体所需的时间减少)或把二氧化碳以改变了的化学形式储存起来,以便能在晚上进行气体交换,此时温度较低,蒸发失水的压力较小。

一般说来,在低温地区和低温季节,植物的吸水量和蒸腾量小,生长缓慢;在高温地区和高温季节,植物的吸水量和蒸腾量大,生产量也大,在这种情况下必须供应更多的水才能满足植物对水的需求和获得较高的产量。

在正常情况下,植物一方面蒸腾失水,同时不断地从土壤中吸收水分,这样就在植物生命活动中形成了吸水与失水的连续运动过程。一般把植物吸水、用水、失水三者的和谐动态关系叫做水分平衡。

8.5.2　马铃薯的需水规律

马铃薯块茎产量的高低,与生育期土壤水分供应状况密切相关。这里可以用雨量与产量之间的关系来说明,如在英国的英格兰中部地区,每年栽培措施大体相似,采用同一品种,8 年产量与雨量之间的关系资料表明,块茎的产量与 3～9 月份降雨量之间成直线关系。生产实践证明,在整个马铃薯生育期间,如能均匀而充足的供给水分,则其块茎可获得最理想的产量。

与其他作物比较,马铃薯是需水较多的作物,其蒸腾系数为 400～600,即每形成 1kg 干物质,需消耗 400～600kg 水。只有在各个生育阶段均能满足对水分的要求,才能更有效地发挥肥料的作用,促进植株健壮生长,以达到高产的目的。马铃薯的需水量因气候、土壤、品种、施肥量及灌溉方法而异,如栽培在肥沃的土壤上,每生产 1kg 块茎耗水 97kg,而栽培在贫瘠的沙质土上,则需耗水 172.3kg。至于每亩马铃薯究竟需水多少,主要依产量指标来定。根据蒸腾量的计算,每生产1kg鲜块茎需耗水100~150kg。据报道,在黑龙江省北部地区,栽培米拉品种,亩产块茎1650kg的水平下,每生产1kg块茎需耗水120kg,每亩需耗水近200t。一般亩产块茎1000~1500kg的水平,每亩有150~250t水即可满足需要。

马铃薯需水虽多,但抗旱能力也强,几乎与谷类作物相似。尤其在芽条生长期,由于块茎中有充足的水分,只要切块不过小,小整薯更好,一般情况可以不从外界吸收水分即可萌芽。如在春播时,对25g重的切块进行测定,其水分含量为20.6g,这样的切块,在没有严重的春旱情况下,不需灌水即能保证萌发壮芽。如果用小整薯作种,其抗旱能力就更强了。

幼苗期,由于苗小,叶面积小,加之气温不高,蒸腾量也不大,故耗水量少,一般幼苗期的耗水量只占全生育期总耗水量的10%左右。虽然如此,但因幼苗期根系发育尚弱,吸水力不强。因此,必须使土壤保持一定的含水量,以便根系能从土壤中吸收足够的水分和营养,供幼苗正常生育之用,土壤过于干燥势必影响幼苗的生育。

块茎形成期,地上部茎叶开始逐渐旺盛生长,根系的伸展也日益深广,叶面积逐日激增,蒸腾量迅速加大,植株需要充足的水分和营养,以加速植株各器官的迅速建成,从而为块茎增长打好基础。这一时期的耗水量约占全生育期总耗水量的30%。该期如果水分不足,则植株生长迟缓,块茎数减少,影响产量的正常形成。该期水分不足的重要标志是花蕾早期脱落或花朵变小,植株生长缓慢,叶色浓绿,叶片变厚等。

马铃薯块茎形成期向块茎增长期过渡的阶段,是地上和地下营养分配转折的时期,植株体内的营养分配由供应茎叶迅速生长为主,转而为供应块茎迅速膨大增长为主,致使茎叶生长速度减缓。这一转折时期不需要过多的水分和氮素营养,否则易造成茎叶徒长,干扰了体内养分的分配转移,影响块茎产量的形成。但过了这短暂的转折时期(约10天)而进入块茎增长期后,需水量仍然是很高的。据测定,该期的耗水量约占全生育期总耗水量的50%以上,也是需水量最多的时期,该期的生长从以细胞分裂为主转向以细胞体积增大为主,块茎迅速膨大,这时除要求土壤疏松通气,以减少块茎生长过程中拨开土壤所消耗的能量损失外,保持土壤水分均匀而充分的供应十分重要。此外,由于细胞的膨大依靠细胞壁的伸长,而与细胞弹性有关,对弹性有影响的除了胞壁结构物质——纤维素、果胶质及钙的供应外,细胞内液胞的充水有重要作用。所以,马铃薯在块茎增长期需水最多,也是对土壤缺水最敏感的时期,例如,早熟品种在初花、盛花及终花阶段,晚熟品种在盛花、终花及花后1周内,如果上述三个阶段依次分别停止浇水,直到土壤含水量降到最大持水量的30%时再浇水,则分别造成减产50%、35%和31%,这说明块茎增长初期对缺水是最敏感的时期。

各个生长时期遭到土壤供水不匀并伴随着温度骤然变化,都会引起块茎畸形生长,从而影响块茎的品质。此外,该期缺水会使块茎体积变小,严重减产。该期应根据降雨情况来决定灌溉措施,勿使土壤水分过量,以免引起茎叶徒长,甚至倒伏,影响块茎产量的形成。淀粉积累期需要适量的水分供应,以保证植株体绿叶面积的寿命和养分向块茎中转移。该期耗水量约占全生育期需水量的10%,水分过多往往造成薯块表面皮孔细胞增生,使皮孔张开,易造成薯块腐烂或低耐贮性,造成丰产不丰收。

从马铃薯一生的需水规律来看,虽以块茎增长期需水量最多,但幼苗期和块茎形成期,缺水对产量影响也很大。据黑龙江省农科院克山农科所对马铃薯最近土壤水分含量及其灌溉生理指标的研究,从出苗到块茎形成期,土壤水分的盈亏对产量影响最显著,这一时期,随着土壤水分的递增,块茎产量显著增加,如果全生育期保持土壤最大持水量的80%时,其产量是土壤最大持水量为 40% 时的 6 倍。可见,充足的水分供应是获得马铃薯高产的重要保证。

8.5.3　灌溉对产量形成及品质的影响

水分是产量形成的物质基础。灌溉是马铃薯高产稳产的重要条件。认识马铃薯需水的临界期以及临界水对马铃薯吸收养分、产量形成的影响,具有重要意义。

土壤水分因土壤、植株的蒸发和蒸腾作用而逐渐消耗,当水分由田间最大持水量损失到作物生长开始受限制的水量时,这一水量称临界亏欠。临界亏欠值以降雨量单位毫米表示,它相当于恢复到土壤田间最大持水量所需补充的水量。马铃薯的水分临界亏欠值,估计为25mm,这相当于 250m³/ha 的水量。土壤水分消耗超过这一临界值时,马铃薯叶片的气孔便缩小或关闭,蒸腾率随之下降,生理代谢不能正常进行,生长受阻,从而导致减产。

马铃薯田完全为植株冠层覆盖时,每天蒸发蒸腾水分 2~10mm,或等于每公顷每天20000~100000L 水。耗水量的大小受多因素决定,土壤有效水供给量短缺时,蒸腾失水量则减少,植株冠层密者要比稀者耗水少,空气湿度小时,水分蒸腾速率显然比空气湿度大时加快,蒸腾量还因风速的加强而增大,太阳辐射强度大,叶片温度高,蒸腾水量也多。

据高炳德在内蒙古呼和浩特地区进行块茎形成期灌水试验报道,马铃薯一般在 6 月 1日前后出苗,6 月 20 日前后进入块茎形成期。6 月 20 日至 7 月 15 日前后的 25 天内,是块茎形成期,亦是需肥、需水的关键期之一。而该地年降水量为 400mm 左右,又多集中在 7、8、9 三个月,大多年份雨季姗姗来迟,在块茎形成期经常出现干旱缺雨现象。进入块茎形成期灌头水(每亩 50 方左右)具有临界水的作用。

1. 块茎形成水对产量和品质的影响

块茎形成水的作用因气候及栽培条件的不同而异。在干旱年份,一般田块灌块茎形成水,增产量为每亩 373 ± 127kg,增产 30.4% ± 6.4%,湿润年增产量为每亩 110 ± 118kg,增产6.5% ± 7.4%。

块茎形成水对淀粉含量有极显著影响。淀粉含量达 19.1% ~ 20.9%,平均 20%,对照(不浇水)淀粉含量为 17.9% ~ 18.9%,平均 18.4%,提高淀粉含量 1.6%。

2. 块茎形成水对光合生产"源"的影响

对茎叶生长的影响:在块茎形成水后 60 多天内,正值块茎形成和块茎增长期,茎叶干重明显增长(表 8 - 1)。8 月 8 日茎叶干重出现峰值,比对照植株高 54%。对照植株由于需水关键时期干旱,雨季到来后,茎叶贪青,至 9 月 6 日达茎叶干重峰值(晚 1 个月)。茎叶干重虽超过块茎形成水处理,但对块茎产量已不能充分发挥作用。可见,在研究茎叶干重与产量的关系时,除了注意最大茎叶干重外,还要看茎叶最大峰值出现的早晚。当茎叶干重峰值出现时间相近时,茎叶干重往往与产量成正相关,当茎叶干重相近时,峰值出现早的(出苗后70d 左右)产量高。

株高变化动态和茎叶干重有同样趋势;不浇块茎形成水的株高增长迟缓,雨季到来后进入淀粉积累期,株高仍然增长;这种生长只会消耗养分,对产量形成作用不大。浇块茎形成水期,株高迅速增长,出苗后 70d 基本停止生长,有利于生长中心及时转移。

对光合作用的影响:块茎形成水可扩大光合作用规模,延长光合作用时间,提高光合作用效率。从叶面积系数动态变化可以看出,浇块茎形成水后近 50d 内,叶面积系数比不浇水者高 0.32 ~ 0.85,最大叶面积出现在出苗后 70d。

表 8 - 1　　　　　　　　　　灌水对马铃薯茎叶干重的影响(kg/667m²)

出苗后的天数	23	46	55	69	79	98	114
灌水	23.7	87.9	110.4	146.4	135.0	120.3	107.7
未灌水	26.4	63.9	79.8	95.1	134.7	156.6	135.6
相差	−2.7	24.0	40.6	51.3	0.3	−36.3	−27.9

从光合势和光合生产率动态变化看出,浇块茎形成水后的 50 ~ 60d 内,总光合势比不浇水者有显著增长,块茎形成和块茎增长期的光合势占总光合势的 67% ,淀粉积累期占 30% 。不浇块茎形成水者,块茎形成和块茎增长期光合势仅占总光合势的 47% ,而淀粉积累期却占总光合势的 50% 。在总光合势相同的条件下,块茎形成和块茎增长期的光合势比重大时(70% 左右),经济产量较高。浇块茎形成水后的光合生产率大幅度提高,块茎形成期达 $10.82g/d \cdot m^2$,提高了 $3.0g/d \cdot m^2$;块茎增长期为 $8.85g/d \cdot m^2$,提高了 $6.03g/d \cdot m^2$,总光合生产率为 $6.61g/d \cdot m^2$,提高了 $1.12g/d \cdot m^2$ 。

3. 浇块茎形成水对生物产量和经济系数的影响

浇块茎形成水使生物产量提高 15% 。这是提高经济产量的基础。但经济产量的高低,还决定于经济系数的大小。块茎形成水可提高经济系数 0.115,达极显著水平。可见,不浇块茎形成水其生物产量和经济系数都较浇水者低,是其减产的重要原因之一。

4. 浇块茎形成水对块茎生长和生长中心转移的影响

块茎形成水可以增加块茎数量,增大块茎体积。块茎形成期是决定块茎数目多少的关键时期,块茎增长期是决定块茎体积和重量的关键时期:块茎形成水满足了块茎形成期马铃薯对水分的需要,进而促进了块茎数量和体积的增长。从块茎数量和体积的动态变化表明,块茎数和块茎体积与未浇水者的差异,主要是浇水后 50d 时间内形成的。块茎形成期受旱,除块茎生长受到影响外,茎叶和块茎干重平衡期也显著推迟,约晚 20d,致使块茎产量降低。

综上所述,块茎形成水既促进了茎叶生长,增加了光合生产的来源,又促进了块茎生长,增加了物质储藏的"库容",协调了块茎生长和茎叶生长的矛盾,促进了生长中心的转移,提高了经济系数。由此认为,块茎形成至块茎增长期是水分的临界期。

8.5.4　合理灌溉

8.5.4.1　合理灌溉的指标

1. 土壤含水量指标

农业生产上有时根据土壤含水量进行灌溉,即根据土壤墒情决定是否需要灌水。一般作物生长较好的土壤含水量为田间持水量的 60% ~ 80% 。如果低于此含水量时,应及时进行灌溉。土壤含水量对灌溉有一定的参考价值,但是由于灌溉的对象是作物,而不是土壤,所以最好以作物本身的需水状况作为灌溉的直接依据。

2. 作物形态指标

①生长速率下降:作物枝叶生长对水分亏缺甚为敏感,较轻度的缺水时,光合作用还未受到影响,但这时生长就已严重受抑。

②幼嫩叶的凋萎:当水分供应不足时,细胞膨压下降,因而发生萎蔫。

③茎叶颜色变红:当缺水时植物生长缓慢,叶绿素浓度相对增加,叶色变深,茎叶变红,反映作物受旱时碳水化合物分解大于合成,细胞中积累较多的可溶性糖并转化成花青素。

3. 灌溉的生理指标

生理指标可以比形态指标更及时、更灵敏地反映植物体的水分状况。植物叶片的细胞汁液浓度、渗透势、水势和气孔开度等均可作为灌溉的生理指标。植株在缺水时,叶片是反映植株生理变化最敏感的部位,叶片水势下降,细胞汁液浓度升高,溶质势下降,气孔开度减小,甚至关闭。当有关生理指标达到临界值时,就应及时进行灌溉。例如,棉花花铃期,倒数第四片功能叶的水势值达到 -1.4 MPa 时就应灌溉。需要强调的是,作物灌溉的生理指标因不同地区、不同作物、不同品种在不同生育期、不同叶位的叶片而异,在实际应用时,应结合当地情况,测定出临界值,以指导灌溉的实施。

8.5.4.2　灌溉的方法

作物需水量和灌溉时期及指标的确立,为制定合理的灌溉制度提供了科学依据。在具体进行灌溉时,应本着节约用水、科学用水的原则,不断改善灌溉设施,改进灌溉方法,以解决我国单位面积灌溉用水偏大和灌溉效益不高的问题。

漫灌是我国目前应用最为广泛的灌溉方法,它的最大缺点是造成水资源的浪费,还会造成土壤冲刷、肥力流失、土地盐碱化等诸多弊端。近年来,喷、滴灌技术的研究应用已遍及全国。所谓喷灌就是借助动力设备把水喷到空中成水滴降落到植物和土壤上。这种方法既可解除大气干旱和土壤干旱,保持土壤团粒结构,防止土壤盐碱化,又可节约用水。所谓滴灌,是通过埋入地下或设置于地面的塑料管网络,将水分输送到作物根系周围,水分(也可添加营养物质)从管上的小孔缓慢地滴出,让作物根系经常保持在良好的水分、空气、营养状态下。例如,黑龙江垦区的大型喷灌机组、北京郊区的半固定喷灌系统、南方丘陵山区的固定式柑橘喷灌系统和上海市郊区的蔬菜喷灌群,都在大面积上发挥了显著的经济效益和社会效益。目前,全国有 266700 万平方米实现了管道输水灌溉,北方渠灌区的井渠结合,不仅提高了当地地表水和地下水的利用率,比较充分地取用了灌溉回归水,而且解决了灌区土壤次生盐渍化的防治问题。因地制宜地选择科学的灌溉方法,平均年用水量大约每公顷可减少 $1/3$,并且为植物生长提供了良好的生态环境。

8.5.4.3　马铃薯的合理灌溉

实践证明,马铃薯全生育期如能始终保持田间最大持水量的 $60\% \sim 80\%$,对获得高产最为有利。在灌水时,除根据需水规律和生育特点外,对土壤类型、降雨量和雨量分配时期,以及产量水平等应进行综合考虑,以便正确地确定灌水时期、方法和数量。

幼苗期,在 40cm 土层内保持田间最大持水量的 65% 左右为宜。块茎形成至块茎增长期,则以 60cm 土层内保持田间最大持水量的 $75\% \sim 80\%$ 为宜。在淀粉积累期,则以 60cm 土层内保持田间最大持水量的 $60\% \sim 65\%$ 即可。后期水分不宜过多,否则易造成烂薯,影响产量和品质。

灌水方法以沟灌为好,垄作栽培方式很适宜这种灌水方法。沟灌时,应根据情况不同确定逐沟灌或隔沟灌,不要使水漫过垄面,以防表土板结,如果垄条过长或坡度较大,可采用分段灌水的方法,这样既能防止垄沟冲刷,节约用水,又能使灌水均匀一致。

平作栽培灌水时,需事先筑成小畦后灌水。大水漫灌既浪费水,又易淹苗烂薯,常造成减产。灌水后要在表土微干时及时中耕松土,改善土壤的透气性,提高地温,促进养分的分解转化,以利植株的吸收利用,这样才能更好地发挥灌水的效果。

此外,喷灌、滴灌等节水灌溉方法是今后的发展方向,可根据地区自然特点和经济、水源等条件逐步推广使用。

【参考文献】

[1] 山东农学院.作物栽培学(北方本下册)[M].北京:中国农业出版社,1980.

[2] 高炳德.马铃薯产量形成与环境条件的关系——产量形成和氮磷钾吸收的影响[J].马铃薯,1987,1.

[3] N. Hang,等.马铃薯产量和生理亏水和高频率喷灌的反应[J].马铃薯,1989,1.

[4] 陈光荣,高世铭,等.补水时期和施钾量对旱作马铃薯产量和水分利用的影响[J].干旱地区农业研究,2008(5).

[5] 吴林科,郭志乾,王晓瑜.优质马铃薯生产技术[M].银川:宁夏人民出版社,2005.

[6] 金黎平,屈冬玉.马铃薯优良品种及丰产栽培技术[M].北京:中国劳动社会保障出版社,2002.

[7] 汪志农.灌溉排水工程学[M].北京:中国农业出版社,2000.

[8] 陈润政,等.植物生理学[M].广州:中山大学出版社,1998.

[9] 鲁如坤,等.土壤–植物营养学原理和施肥[M].北京:化学工业出版社,1998.

[10] 王鹏新,魏益民.旱地农业可持续发展的道路[M].西安:世界图书出版公司西安公司,1998.

[11] 李建玲.多功能保水剂对马铃薯产量和水分利用效率(WUE)影响研究[D].杨凌:西北农林科技大学,2006.

[12] 廖佳丽.水肥管理对旱地马铃薯生长和水分利用效率及土壤肥力的影响[D].杨凌:西北农林科技大学,2009.

[13] 谭宗九,等.马铃薯高效栽培技术[M].北京:金盾出版社,2000.

第9章 马铃薯生长与温度

土壤空气的组成和热量状况直接影响到马铃薯的种子萌发、出苗、植株形成、开花结果和成熟衰老的整个生长发育过程,土壤通气不良,必然导致营养物质转化、根系呼吸和个体发育障碍,甚至产生有毒物质。土壤的热量状况如果不能适应马铃薯生长发育的要求,同样会造成伤害。充分了解土壤中空气及其热量状况,掌握其自然变化规律,以此为基础进行人工调节,使之适应马铃薯生长发育的要求,是农业高产稳产的根本措施。

9.1 土壤温度

土壤热量基本来源于太阳辐射,环境和土地状况影响着土壤对太阳辐射的吸收,气温的变化决定着土温的变化。

9.1.1 土壤温度的变化

1. 土壤温度的日变化

土壤表层白天受阳光照射加热,夜间又以长波辐射的形式散热,引起土壤温度和大气温度的强烈昼夜变化。从表层 12cm 的土温来看,早晨自日出开始土温逐渐升高,到下午两点左右达到最高,之后又逐渐下降,最低温度在天明之前 5~6 点(随季节变化)。表层土温日变化幅度较大,深层土温变幅较小,一般在土深 30~40cm 处几乎无变化。白天表层土温高于底层,晚间底层土温高于表层。

2. 土壤温度的年变化

土温和四季气温变化相似,通常全年表土最低温度出现在 1 月~2 月,最高温出现在 7 月~8 月。2 月开始,土温开始升高,9 月中旬后土温开始下降。表层土温变化较大,随着土层深度的增加,土温的年变幅逐渐减少。

9.1.2 影响土温变化的因素

①纬度。高纬度地区,由于太阳照射倾斜度大,地面单位面积上接收太阳辐射能就少、土温低。而低纬度地区,太阳直射到地面上,单位面积上接收太阳辐射能就多,故土温较高。

②地形。高山大气流动频繁,气温较平地低,土壤接收辐射能量强,但由于与大气热交换平衡结果,土温仍较低于平地。

③坡向。受阳光照射时间的影响,一般南坡、东南及西南坡光照时间长,受热多,土温高。

④大气透明度。白天空气干燥,杂质少(透明度高),地面吸收太阳辐射能较多,土温上升快。但晴空的夜晚,土壤散热也多,因此昼夜温差大。若是阴雨潮湿天气,情况则正相反。

⑤地面覆盖。地面覆盖物可以阻止太阳直接照射,同时也减少地面因蒸发而损失的热能,霜冻前,地面增加覆盖物可保土温不骤降,冬季积雪也有保温作用。地膜覆盖,既不阻碍太阳直接照射,又能减少热量损失,这是增高土温的最有效措施。

⑥土壤颜色。深色物质吸热快,向下散热也多,初春菜畦撒上草木灰可以提高土温。

⑦土壤质地。砂土持水量低,疏松多孔,空气孔隙多,土壤导热率低,表土受热后向下传导慢,热容量小,地表增温快,且温差较大,所以早春砂性土可较一般地提早播种。黏性土与砂土正相反,春天播种要向后推迟。

⑧土壤松紧与孔隙状况。疏松多孔的土壤导热率小,表层土温受热上升快。表土紧实、孔隙少,土壤导热率大,土温上升慢。

9.2 空气温度

9.2.1 平均温度

平均温度反映一个时期内空气温度的平均值,农业上常用的平均温度有日平均气温、月平均气温和年平均气温。

日平均气温是在连续24h内根据等时距的24次观测所得温度的算术平均值,或者是根据少数几次定时气象观测所得温度的算术平均值,但应能代表上述平均值的定义。目前,我国的气象台站一般是根据4次或8次定时气象观测所得温度求其总和,再除以观测次数得到的。月平均气温是规定年份该月全月每日平均气温的算术平均值。年平均气温是全年内各日(或各月)平均气温的算术平均值。

平均气温只能粗略地表征特定时期内热量总量和气温的一般水平,却不能反映特定时期内温度的实际变化和极端情况。两地的年平均气温可能相近,但气温的年变化可能很不相同。为了更确切地表征某地气温的年变化规律,人们提出了极端温度的概念。

9.2.2 极端温度

极端温度从某一时段内空气温度改变的幅度上反映气温的变化状况,常用最高温度、最低温度和温度振幅来表示。最高温度是指给定时段内空气所达到的最高温度,如日最高温度、月最高温度和年最高温度等。最低温度是指给定时段内空气所达到的最低温度,如日最低温度,月最低温度和年最低温度等。极端温度是指一定时段内空气所达到的的最低温度和最高温度的总称。将一定时段内空气最高温度和最低温度之差,或最高和最低的平均温度之差,称为该时段的温度较差或温度振幅。

最高温度、最低温度及温度振幅是对空气平均气温特征值的重要补充。知道了各个月份的最低温度,才能综合评价作物和果树的越冬条件,判断春季终霜和秋季初霜的日期。冬季逐日最高温度的资料,可反映出土壤化冻的频率及其强度。夏季最高温度可反映出高温日数的多少和作物灌浆期的环境状况和籽粒受危害的情况。

温度的日较差和年较差可表征气候的大陆性程度,海洋性气候温度的年较差较小,而大陆深处则相当大,大陆性气候下温度日较差可达15~20℃。温度较差还是反映农田热量状况的重要指标。

9.3　积温

植物生长发育的其他条件都得到满足以后,温度就成为其主要的限制因素。在一定的温度范围内,温度与植物的生长是成正相关的。只有当气温积累到一定的总和时,植物才能完成其完整的生活周期。这个温度总和称为积温,积温表示的是植物整个生长期或某一发育阶段对热量的总要求。

9.3.1　活动积温

每种植物都有一个生长发育的下限温度,称生物学最低温度或生物学零度,一般来说,植物的生物学最低温度就是植物三基点温度的最低温度。不同作物发育的生物学最低温度是不同的。气温低于生物学最低温度植物停止生长,但不一定死亡,只有高于生物学最低温度,植物才能生长发育。因此,将高于生物学最低温度的日平均温度称为活动温度。植物某一发育时期或整个生长发育过程中活动温度的总和,称为活动积温。不同的植物,同一植物的不同品种,植物不同的发育时期所要求的活动积温是不同的。早熟型马铃薯活动积温一般为1000℃,中熟型1400℃,晚熟型1800℃,生产上必须根据当地气候带的热量资源情况采取相应的保障措施,以满足作物生长对温度的需求。

9.3.2　有效积温

为了更确切地反映植物对热量的需求,生产上还常使用有效积温。高于生物学最低温度的日平均温度与生物学最低温度之差称为有效温度,植物某一发育时期或整个生长发育过程中有效温度的总和,称为有效积温。计算大于10℃的有效积温时,计算出每天的活动温度(日平均温度与10℃之差),然后将每天的活动温度累加起来即可。

活动积温包含了低于生物学下限温度的那一部分无效积温,温度越低,无效积温的比例越大,农业生产的真实性就越差。有效积温比较稳定,能确切地反映植物对热量的要求。各种植物不同发育期的有效积温是不同的,说明不同植物生长发育对热量的需求不同。

作物某发育时期所需要的有效积温受所处时期温度水平不同的影响,当日平均气温升高到18～20℃后再继续增高时,这一发育时期需要的有效积温也开始增加。植物的发育速度只有当环境温度在生物学最低温度到日平均气温18～20℃范围内,才随着日平均气温的增高而呈直线加快。当环境温度继续升高,植物的发育速度也不再随之加快,甚至可能变慢。将不再使植物发育速度加快的高日平均温度,叫做累赘温度。日平均气温高于20℃的情况下,计算这一发育期间的有效积温,因为是用累赘温度计算得到的,所以其值增大。因此,在计算植物需热指标有效积温时,必须对累赘温度进行订正,即在考虑植物的生物学最低温度的同时,还应该考虑生物学最高温度。

9.4　温度条件与农业生产

植物生活的温度范围是比较窄的,生物系统中大多数反应都发生在0～50℃的温度范围内,在这一温度范围内生理过程的速度主要决定于温度。

9.4.1 温度指标

植物体的光合、呼吸、蒸腾、从土壤中吸收养分及其他一些生理过程,只能在一定的温度范围内进行。植物生长发育的温度范围是自生物学最低温度至生物学最高温度,高于生物学最高温度,低于生物学最低温度,植物的生长发育将停止。在生物学最低温度和生物学最高温度之间存在最适温度区,在最适温度条件下,作物的生长发育和产量形成进行得最为强烈。生物学最低温度、生物学最高温度和生物学最适宜温度,即为作物生长发育的三基点温度。引起植物死亡的生命活动最低温度和最高温度,称为最低致死温度和最高致死温度。以上这些温度指标,统称为植物的五个基本温度指标。

不同作物或同一作物不同发育时期,或不同的生物学过程的三基点温度是不同的。农作物病虫害的危害程度及其分布与温度条件有着密切关系。温度条件还在很大程度上影响农业作物的生长发育状况、行为和生产性能。

9.4.2 种植群落的温度特点

植物群落中气温的垂直分布与群体的上方及没有种植作物的休闲地上方是不同的,群体越密,群体内温度的分布与裸地差异越大。作物群体按其结构、叶量、叶面积、叶片的空间配置情况、高度等可分为许多种类型,不同类型的群体内部的温度分布状况,都有其不同的特点。

在密植农田上土壤完全被遮阴,这时上部叶层成为活动层,它可吸收到达这里的大部分太阳辐射,因此,白天上部叶层温度最高,在群体内形成逆温。晴朗的夜间,上部叶层成了放射层,它比群体下部冷却得要强烈,温度降得最低,遇有秋霜冻时上部叶片首先受害。

如果土壤的植被覆盖度小于50%,群体内温度的垂直分布与没有植被覆盖的农田差异不大。在这种情况下土壤表层为活动层,因此一天中最高值和最低值均出现在土壤表面。在作物生长初期,或是窄叶直立群体就属于这种类型。

在保护地内,靠温室效应,气温要比露地高得多。在不加温的日光温室中,白天由于吸收了太阳辐射,室内温度显著增高,可使室内外温差高达 15～20℃。温室内温度状况的特点是温度垂直梯度和日振幅都不很大。因此,为了能使室内温度处在对作物生长发育和产量形成最适宜的范围内,必须进行调控。

气温是植物的重要生活因子之一,考虑气温的影响对种植业尤为重要。农作物新品种的布局,应首先了解这一品种生长的温度范围,生长、发育和产量形成的适宜温度以及从种到成熟需要的积温等。计算作物的播种期和收获期,鉴定冬作物和果树的越冬状况,编制产量预报等,温度状况的资料是必不可少的。

9.5 马铃薯对温度的要求

马铃薯是低温耐寒的农作物,对温度要求比较严格,不适宜太高的气温和地温。马铃薯生长发育需要较冷凉的气候条件,这是由于马铃薯原产于南美洲安第斯山高山区,平均气温 5～10℃地区。块茎播种后,地下 10cm 土层的温度达 7～8℃时幼芽即可生长,10～12℃时幼芽可茁壮成长并很快出土,播种早的马铃薯出苗后常遇晚霜,气温降至 −0.8℃时,幼苗受冷害,降至 -2℃ 时幼苗受冻害,部分茎叶枯死。但气温回升后,从节部仍能发出新的茎叶。植株生长的最适宜温度为 20 ~ 22℃,温度达到 32 ~ 34℃ 时,茎叶生长缓慢。超过 40℃ 完全停止生长。气温 -1.5℃ 时,茎部受冻害,-3℃ 时,茎叶全部冻死。开花的最适宜的温度为 15 ~ 17℃,低于 5℃ 或高于 38℃ 则不开花。块茎生长发育的最适宜温度为 17 ~ 19℃,温度低于 2℃ 或高于 29℃ 时停止生长。

在发芽期芽苗生长所需的水分、营养都由种薯供给。这时的关键是温度。当 10cm 土层的温度稳定在 5 ~ 7℃ 时,种薯的幼芽在土壤中就可以缓慢地萌发和伸长。当温度上升到 10 ~ 12℃ 时,幼芽生长健壮,并且长得很快。达到 13 ~ 18℃ 时,是马铃薯幼芽生长最理想的温度。温度过高,则不发芽,造成种薯腐烂;温度低于 4℃,种薯也不能发芽。苗期和发棵期,是茎叶生长和进行光合作用制造营养的阶段。这时适宜的温度范围是 16 ~ 20℃。如果气温过高,光照再不足,叶片就会长得又大又薄,茎间伸长变细,出现倒伏,影响产量。结薯期的温度对块茎形成和干物质积累影响很大,所以马铃薯在这个时期对温度要求比较严格。以 16 ~ 18℃ 的土温,18 ~ 21℃ 的气温对块茎的形成和增长最为有利。如果气温超过 21℃ 时,马铃薯生长就会受到抑制,生长速度就会明显下降。土温超过 25℃,块茎基本停止生长。同时,结薯期对昼夜气温差的要求是越大越好。只有在夜温低的情况下,叶子制造的有机物才能由茎秆中的输导组织筛管运送到块茎里。如果夜间温度不低于白天的温度,或低得很少,有机营养向下输送的活动就会停止,块茎体积和重量也就不能很快地增加。

马铃薯生长对温度的要求,决定了不同地区马铃薯种植的季节。如黑龙江、内蒙古、青海、甘肃、宁夏、冀北、晋北、陕北和辽西等地,7 月份平均气温在 21℃ 或 21℃ 以下,马铃薯的种植季节就安排在春季和夏初,一年种植一季;在中原地区,7 月份平均气温在 25℃ 以上;为避开高温季节,就进行早春和秋季两季种植;在夏季和秋季高温时间特别长的江南等地,只有在冬季和早春才能进行种植。

【参考文献】

[1] 李佩华,李世林,潘韬,等. 60Co - γ 射线辐射马铃薯块茎 M2 代群体的诱变效应 [J]. 安徽农业科学,2009(27).

[2] 沈孝生,胡铁. 七个马铃薯品种的农艺性状和生理生化特性研究[J]. 湖南农业科学,2011(2).

[3] 肖关丽,郭华春. 马铃薯温光反应及其与内源激素关系的研究[J]. 中国农业科学,2010(7).

[4] 黄元勋,田发瑞. 不同储藏条件马铃薯块茎还原糖含量变化规律测试[J]. 中国马铃薯,1991(1).

[5] 陈洪,曹先维,全锋. 优质专用型马铃薯品种筛选试验[J]. 广东农业科学,2003(3).

[6] 黄元勋,田发端,赵迎春,等. 论马铃薯营养成分及其品质改良[J]. 恩施职业技术学院学报(综合版),2002(3).

[7] 王惠珍. 甘肃省马铃薯品种资源主要营养品质分析与评价[J]. 甘肃农业科技,1998(4).

[8] 钟家有,谢江,范芳. 适宜我省春播的马铃薯品种及其高产栽培技术[J]. 江西农业科技,1998(3).

［9］高照全,冯社章,张显川,等. 不同辐射条件下苹果叶片净光合速率模拟［J］. 生态学报,2012(4).

［10］李广明,孙亮. 人工气候室的温度控制策略研究［J］. 工程与试验,2011(1).

［11］陈国梁,陈宗礼,贺晓龙,等. 马铃薯块茎组织特异性启动子的克隆及序列分析［J］. 生物技术通报,2011(7).

［12］骆成尧,印遇龙,阮征,欧阳崇学,文红艳,周笑犁,彭彰智. 反相高效液相色谱法同时测定马铃薯块茎中酚酸类物质［J］. 食品科学,2011(18).

［13］李佩华,彭徐. 马铃薯遮光处理的效应研究［J］. 中国农学通报,2007(4).

［14］余帮强,张国辉,王收良,吴林科. 不同种植方式与密度对马铃薯产量及品质的影响［J］. 现代农业科技,2012(3).

［15］王亚东. 干旱半干旱区马铃薯超高产栽培技术［J］. 现代农业科技,2012(3).

［16］王立为,潘志华,高西宁,等. 不同施肥水平对旱地马铃薯水分利用效率的影响［J］. 中国农业大学学报,2012(2).

［17］杜培兵,杜珍,白小东,齐海英,张永福,王利琴. 国审马铃薯新品种"同薯22号"特征特点及高产栽培技术［J］. 陕西农业科学,2012(2).

［18］王德信. 马铃薯愈伤组织诱导中激素浓度配比优化研究［J］. 安徽农业科学,2012(10).

［19］黄承彪,钟灼仔,谢立华. 福建霞浦县马铃薯"3414"肥效试验初报［J］. 亚热带农业研究,2012(1).

［20］胡朝阳,周友凤,龚一富,等. 紫色马铃薯查尔酮合成酶基因(CHS)的克隆及分析［J］. 中国农业科学,2012(5).

［21］陈宇. 早春马铃薯栽前准备［J］. 源流,2012(5).

［22］王晓宇,郭华春. 不同培育温度对马铃薯生长及产量的影响［J］. 中国马铃薯,2009(12).

第10章　马铃薯生长与营养

植物营养是施肥的理论基础,合理施肥应该按照植物的营养特征,结合气候、土壤和栽培技术等因素进行综合考虑。也就是说,施肥要把植物体内在的代谢作用和外界环境条件结合起来,运用现代科学辩证地研究它们之间的相互关系,从而找出合理施肥的理论依据及其技术措施,以便指导生产,发展生产。

10.1　植物营养概论

植物不断地从土壤吸收营养物质以满足其自身生长发育的需要,植物吸收的元素参与植物体结构和重要化合物的组成、参加酶促反应和能量代谢、缓冲或调节植物的生理代谢过程。养分充足,各种元素配比适当,植物生长发育良好,作物产量和品质提高。营养不良将会导致作物生产受到严重影响。

10.1.1　植物营养的内容

10.1.1.1　植物营养的概念

植物生长在土壤中,并通过叶片的光合作用来吸收大气中的 CO_2,其特点就是其根系或叶片能从周围环境中吸取营养物质,并利用这些物质建造自己的躯体或转化为维持其生命活动所需的能源,为植物的生长发育提供营养条件。植物从土壤或大气中吸收的营养物质大部分为矿物质,只有小部分以简单的可溶性有机物形式被植物吸收。植物体从外界环境中吸取其生长发育所需要的物质并用以维持其生命活动,即称为植物营养,植物体所需要的元素则称为营养元素。

10.1.1.2　植物营养学的主要研究方法

1. 田间生物方法

田间生物方法是植物营养最基本的研究方法。由于它是在田间自然的土壤、气候条件下进行的生物试验,最接近于生产条件,能比较客观地反映农业实际,因而它所取得的结果对生产更有实际的和直接的指导意义。其他的一切试验结果在应用于生产以前,都应该经过田间试验的检验。

2. 模拟研究方法

借助盆钵、培养盒(箱)等特殊的装置种植植物进行植物营养的研究,通常称为盆栽试验或培养试验。模拟研究方法与田间试验不同,它是在人工严格控制条件下,在特定的营养环境下对植物营养问题进行研究。它的优点是便于调控水、肥、气、热和光照等因素,有利于开展单因子的研究和可能开展在田间条件下难以进行的探索性试验。模拟研究是在特定条件下进行的,因而培养试验结果多用于阐明理论性的问题,只有通过田间试验进一步验证,才能应用于生产。模拟研究方法常用的有土培、砂培和水培等。在研究特殊问题时,也可采用隔离培养(分根培养)、流动培养和灭菌培养等方法。

3. 生物统计和生物数学方法

在近代植物营养研究中,数理统计已成为指导试验设计、检验试验数据资料不可缺少的手段和方法。该方法能正确对试验方法进行设计和研究试验误差出现的规律性,从而确定误差的估计方法,帮助试验者评定试验结果的可靠性。

4. 生物化学和仪器分析方法

通过生物化学及利用仪器来研究植物、土壤、肥料体系内物质的含量、分布与动态变化,常常需要与其他研究方法结合起来进行研究。

5. 植物营养诊断与调查研究方法

主要是根据植物的营养特征(如缺素症状或中毒症状等)进行调查统计,来判断植物营养状况。

10.1.2 植物体内的化学元素

植物体内的元素组成十分复杂,一般新鲜植物体内含有 75% ～ 95% 的水分和 5% ～ 25% 的干物质。植物体内水分含量的多少,常因植物种类和组织器官的不同而有所差异。将新鲜植物烘干后剩下的干物质中,绝大部分是有机化合物,约占 95%,其余的 5% 左右是无机化合物。干物质经燃烧后,有机物被氧化分解并以气体的形式逸出。据测定,以气体的形式逸出的主要是 C、H、O、N 四种元素,残留下来的灰分的组成却相当复杂,包括 P、K、Ca、Mg、Cl、Si、Na、Co、Al、Ni 和 Mo 等 60 多种化学元素。这 60 多种化学元素并不都是植物生长发育所必需的,因为植物对化学元素的吸收,除决定于它的营养特征外,还与环境条件有关,如土壤溶液中含有高浓度的 Na^+ 时,植物将被动地吸收 Na^+,并在其体内积累,而实践证明,Na^+ 并不是所有高等植物生长发育所必需的,对于大多数高等植物来说,它只是被偶然吸收的。因此,只分析植物体的化学组成还是不够的,还必须分清哪些元素是植物必需的,哪些是偶然进入植物体的。

10.1.3 植物生长必需营养元素

1. 判断植物必需营养元素的标准

判断某种元素是否为植物生长发育所必需,并不是根据它在植物体内含量的多少,而是根据它在植物体内所起的营养作用。必需营养元素应符合三个标准:一是这种元素是完成植物生活周期所不可缺少的,如果缺乏,植物不能正常生长发育;二是该元素缺乏时,植物将呈现专一的缺素症,其他化学元素不能代替其作用,只有补充后才能恢复或预防;三是在植物营养上具有直接作用的效果,而不是由于它改善了植物生活条件所产生的间接效果。

2. 植物的必需营养元素

根据以上三个标准,通过营养液培养法,在营养液中系统地减去植物灰分中的某些元素,如植物不能正常生长发育,则证明减去的元素无疑是必需的。到目前为止,已经确定植物生长发育所必需的营养元素共有 16 种,它们是 C、H、O、N、P、K、Ca、Mg、S、B、Mn、Mo、Zn、Cu、Fe 和 Cl。除此之外,还有某些元素对某些植物的生长有良好的作用,甚至是不可缺少的,如 Si 对水稻是必需的,Na 对甜菜、Se 对紫云英是有益的。因为它们还没有被证明是不是所有高等植物生长发育的必需元素,因此将它们称为有益元素。

16 种必需营养元素中,由于植物对它们的需要量不同,又可分为大量元素和微量元素,大量营养元素一般占植物干物质重量的百分之几十到千分之几,它们是 C、H、O、N、P、K、Ca、Mg 和 S,微量营养元素的含量只占干物质重量的千分之几以下,它们是 B、Mn、Mo、Zn、Cu、Fe 和 Cl。

从来源上看,C、H、O 三种元素来自于空气和水,其余 13 种均来自于土壤(豆类作物可固定一定数量的空气氮),因此,土壤养分状况对作物生长和产量有着直接影响。其中 N、P、K 三种营养元素由于植物的需要量大,土壤中含量低,常常需要施肥来加以补充,因此被称为植物营养三要素或肥料三要素。

10.1.4　植物营养元素的生理作用

植物体内必需的营养元素在植物体内不论数量的多少,都是同等重要的,任何一种营养元素的特殊功能都不能被其他元素所代替,这就是营养元素的同等重要律和不可代替律。各种营养元素在植物体内的生理机能有其独特性和专一性。

1. 氮的生理机能

氮是蛋白质和核酸的组成成分,蛋白质平均含 N 量为 16% ~ 18%,核酸中含 N15% ~ 16%,核酸与蛋白质构成核蛋白,共同影响植物生理活动和生长发育。氮是叶绿素的组成成分,作物缺 N,叶绿素减少,光合作用减弱。植物体内的一些维生素如 B_1、B_2、B_6 等都含有氮素,生物碱如烟碱、茶碱等也含有氮素,它们参与多种生物转化过程。

2. 磷的生理机能

磷是核酸、核蛋白、磷脂、植素、ATP(高能磷酸化合物)等物质的组成成分。核酸与蛋白质是生命物质的主体,磷脂是膜的基本结构物质,植素是植物体内磷的储藏形式,ATP借助高能磷酸键储备大量的潜能。磷广泛存在于辅酶Ⅰ、辅酶Ⅱ、辅酶 A、黄素酶、氨基转移酶等各种酶中,影响植物体内的糖类、蛋白质、脂肪等多种代谢过程。磷能促进根系发育,增加吸收面积,提高植物抗旱性。磷能促进糖代谢,提高原生质中还原性糖的含量,增强植物的抗寒能力。磷能提高作物的缓冲能力,提高植物对外界酸碱变化的适应能力。磷还能改善作物产品的质量,提高大豆蛋白质含量,甜菜、葡萄的糖含量,马铃薯、甘薯的淀粉含量以及油料作物的脂肪含量等。

3. 钾的生理机能

钾是植物体内多种酶的活化剂,促进多种代谢反应,有利于作物的生长发育。钾供应充足,植物光合磷酸化作用效率提高,CO_2 进行同化作用加强。钾能促进糖、氨基酸、蛋白质和脂肪代谢,影响植物体内有机物的代谢和运输。钾能通过提高作物体内糖含量增强植物的抗寒性,通过调节气孔的开闭运动提高植物的抗旱性和细胞的持水能力,通过提高植物体内纤维素的含量增强细胞壁的机械组织强度,增强植物抗倒伏和抵抗病虫害的能力。

4. 钙、镁、硫的生理机能

钙是细胞壁的结构成分,对于提高植物保护组织的功能和植物产品的耐贮性有积极的作用;钙与中胶层果胶质形成钙盐而被固定下来,是新细胞形成的必要条件;钙能促进根系生长和根毛形成,增加对养分和水分的吸收。镁是叶绿素的构成元素,位于叶绿素分子结构的卟啉环中间;镁又是许多酶的活化剂,促进植物体内的新陈代谢。硫是蛋白质和许多酶的组成成分,与呼吸作用、脂肪代谢和氮代谢有关,而且对淀粉合成也有一定的影响。硫还存在于一些如维生素 B_1、辅酶 A 和乙酰辅酶 A 等生理活性物质中。

5. 微量元素的生理机能

硼:硼与糖形成硼糖络合物,促进植物体内糖类的运输;缺硼时花器官发育不健全;硼能抑制组织中酚类化合物的合成,保证植物分生组织细胞正常分化。

铁:铁是吡咯形成时所需酶的活化剂,吡咯是叶绿素分子组成中卟啉的来源;铁是铁氧还蛋白的重要组成成分,在光合作用中起电子传递的作用;铁还是细胞色素氧化酶、过氧化氢酶、琥珀酸脱氢酶等许多氧化酶的组成成分,影响呼吸作用和 ATP 的形成。

锌:锌是植物体内谷氨酸脱氢酶、苹果酸脱氢酶、磷脂酶、二肽酶、黄素酶和碳酸酐酶等多种酶的组成成分,对体内物质的水解,氧化还原反应和蛋白质合成及光合作用等起重要的作用;锌能促进吲哚和丝氨酸合成色氨酸,色氨酸是吲哚乙酸的前身。

锰:锰是柠檬酸脱氢酶、草酰琥珀酸脱氢酶、α－酮戊二酸脱氢酶、柠檬酸合成酶等许多酶的活化剂,在三羧酸循环中起重要作用;锰是羟胺还原酶的组成成分,影响硝酸还原作用;锰通过 Mn^{2+} 和 Mn^{4+} 的变化影响 Fe^{3+} 和 Fe^{2+} 的转化,调整植物体内有效铁的含量;锰以结合态直接参与光合作用中水的光解反应,促进光合作用。

钼:钼是植物体内硝酸还原酶的组成成分,促进植物体内硝态氮的还原;钼是固氮酶的成分,直接影响生物固氮;钼能抑制磷酸脂和磷酸酶的水解,影响无机磷向有机磷的转化。

铜:铜是植物体内多酚氧化酶、抗坏血酸氧化酶、吲哚乙酸氧化酶等多种氧化酶的组成成分,影响植物体内的氧化还原过程和呼吸作用;铜是叶绿体中许多酶的成分,影响光合作用;脂肪酸的去饱和作用和羟基化作用,需要有含铜酶的催化。

10.2 土壤养分

土壤是植物养分的主要来源和获得养分的主要途径,并且常常是限制植物产量的主要因素。土壤养分是否能满足植物的生长需要,取决于土壤中各种养分含量,存在形态和影响养分转化的土壤环境条件,以及土壤保持有效养分的能力。下面在论述养分在土壤中的含量、形态及转化规律时,侧重于 N、P、K 三要素。

10.2.1 土壤中的氮

1. 土壤中氮的含量

作物体内氮的含量约占植株干重的 1.5%,土壤中氮的含量一般只有 0.1% ~ 0.3%,甚至更少。土壤中氮素含量与土壤有机质含量成正相关,一般土壤的全氮量为有机质含量的 1/10 ~ 1/20,土壤全氮量反映出土壤氮素潜在供应力。一般情况下,土壤氮素普遍缺乏,生产上施用氮肥普遍有增产效果。

2. 土壤中氮的形态

土壤中氮的形态可分无机态和有机态两大类。

另外还应指出,除了无机和有机两大类外,存在于土壤空气中游离的分子氮,虽然植物不能直接吸收,但却是土壤固氮微生物的直接氮源。

3. 土壤中的氮素转化

（1）有机态氮的矿化过程

详见土壤有机质的矿化作用。

（2）铵态氮的硝化作用

土壤中由氨化作用释放出来的氨或其他铵盐，在通气良好的条件下被硝化细菌氧化成硝酸的过程叫硝化作用。硝化过程一般是由两个连续阶段构成的，首先是由亚硝酸细菌把氨或铵盐氧化成亚硝酸，继而由硝酸细菌把亚硝酸进一步氧化成硝酸，具体过程如下：

$$2NH_3 + 3O_2 = 2HNO_2 + 2H_2O + 720kJ$$

$$2HNO_2 + O_2 = 2HNO_3 + 84kJ$$

进行硝化作用的土壤，除了需要通气良好外，土壤酸碱反应以中性（pH6.5～7.5）为最好，温度在25～30℃，相对湿度60%左右为宜。此外需足够数量的钙盐和铵态氮，因此在生产中通过中耕松土，排水烤田，创造和保持良好的土壤结构状况等措施均能促进硝化作用的进行。硝态氮不易被土壤胶体吸附，在土壤里活性很大，容易和作物根系接触，被作物吸收，但在雨季或灌水不当时易引起流失。所以，对过旺的硝化作用也应采取适当的抑制措施。

（3）硝态氮的反硝化作用

反硝化作用是一种生物还原反应，在土壤通气不良和有机质含量较多的情况下，反硝化细菌把硝态氮还原成分子态氮（N_2）或氧化氮（N_2O、NO）等气体而逸散的过程叫反硝化作用。反硝化作用实质上是一种有效氮的损失过程，生产上应尽量减少这一过程的进行。故水田不宜施用硝态氮肥，旱田也要经常保持良好的通气状况，以防止土壤发生反硝化作用。

（4）铵态氮的晶格固定

2:1型黏土矿物的晶层表面存在有由6个氧构成的六方孔洞，其大小与铵根离子的大小相近。当黏土矿物吸水膨胀后，晶层间距离加大，铵根离子进入晶层间。以后黏土矿物失水收缩，晶层间距离缩小，铵根离子便被卡在六方孔洞中，这个过程就是铵态氮的晶格固定。很明显，2:1型黏土矿物含量高和干湿交替频繁的土壤这种固定作用强烈。

土壤微生物吸收土壤中的硝态氮和铵态氮，这种作用叫有效氮的生物固定。但随着微生物死亡、分解，仍将氮素释放出来，氮素仍旧保留在土壤中，不会导致氮素损失，也就是说，这种固定是暂时的。还有的微生物如根瘤菌能直接固定土壤空气中游离的分子态氮，这种固定叫无效氮素的生物固定。无效氮素的生物固定是提高土壤氮素含量的重要途径。

10.2.2　土壤中的磷

1. 土壤中磷的含量

磷在土壤中的含量（以 P_2O_5 计）占土壤干重的 0.03%～0.35%，而能被植物利用的速效磷含量则更少，一般只有几个，多者也不过 20～30mg/kg。

2. 土壤中磷的形态

土壤中的含磷物质可分为有机态磷和无机态磷两大类。其中有机态磷占全磷量的10%～50%，当有机质含量小于1%时，有机态磷占全磷含量的 10% 以下；有机质为 2%～3%时，有机态磷占全磷的 25%～50%。

3. 土壤中磷的转化

（1）含磷有机化合物的矿质化

存在于土壤中的含磷有机化合物，在适宜的条件下通过磷细菌的作用，可逐步水解释放出游离的磷酸,故属于磷素有效化过程。土壤有机质是土壤有效性磷补给的重要来源之一。

（2）难溶性无机磷酸盐的有效化

难溶性无机磷酸盐的有效化过程通常叫做磷的释放。在中性和酸性土壤中,难溶性磷酸盐可借助作物呼吸作用释放出来的 CO_2 和有机质分解所产生的有机酸,使之逐步转变为弱酸溶性或水溶性磷酸盐。

$$Ca_3(PO_4)_2 + H_2O + CO_2 = 2CaHPO_4 + CaCO_3$$

$$2CaHPO_4 + H_2O + CO_2 = Ca(H_2PO_4)_2 + CaCO_3$$

$$Ca_3(PO_4)_2 + 2CH_3COOH = 2CaHPO_4 + Ca(CH_3COO)_2$$

（3）有效性无机磷的无效化

有效性无机磷无效化过程通常叫做磷的固定,包括胶体代换吸附固定、化学固定和生物固定。弱酸性土壤中,水溶性磷酸根离子与1:1型黏土矿物晶层间的氢氧根离子发生阴离子交换而被吸附固定;酸性土壤中,磷酸根离子与铁、铝离子作用生成磷酸铁、磷酸铝沉淀而被固定;石灰性土壤中,磷酸根离子则与钙离子作用生成磷酸三钙并可进一步转化为磷酸八钙、磷酸十钙等而被固定下来。因此,土壤中的磷只有在中性条件下有效性才最高。土壤中的微生物也吸收有效磷,称生物固定,这种固定对磷素营养是有利的,微生物死亡后磷又被释放出来。

10.2.3　土壤中的钾

1. 土壤中钾的含量

土壤中钾的含量比氮、磷丰富得多,通常是土壤干重的 $0.5\% \sim 2.5\%$（以 K_2O 计）。速效钾含量较高,$100 \sim 150mg/kg$ 的土壤占 50.5%,$90mg/kg$ 以下（为钾临界值）的土壤占总耕地的 20%。

2. 土壤中钾的形态

土壤中钾的主要形态为无机化合物,一般可以分为以下三种形态:

（1）土壤速效钾

土壤速效钾也称有效钾,其含量一般只占全钾量的 $1\% \sim 2\%$,它是作物能够直接吸收利用的钾素营养,它包括土壤溶液中游离态钾和土壤胶体上的吸附态钾,二者可因土壤环境条件的改变而发生相互转化,但始终保持着动态平稳。据研究,胶体上吸附态钾构成了有效态的主体,约占其总量的 90% 以上。

（2）土壤缓效钾

土壤缓效钾也称非交换性钾,主要存在于黏土矿物的晶层间,有的矿物本身就含有钾,如水化云母和黑云母,也有的是后来固定的。缓效钾含量占土壤全钾量的 $2\% \sim 8\%$,一般不能被直接吸收利用,但与水溶性钾和交换性钾保持一定的动态平稳。当季作物可以利用一部分,特别是禾本科作物对缓效钾利用能力较强。

（3）矿物态钾（难溶性钾）

主要存在于难溶于水的含钾矿物中,它是土壤钾素的主体,但未经转化作物不能直接利用,属于迟效养分。

3. 土壤中钾的转化

（1）矿物态钾的有效化

土壤中含钾的矿物,如正长石、斜长石、白云母等,在生物气候等外力因素长期作用下缓慢水解并放出钾离子。

（2）游离态钾的固定

胶体吸附固定:溶液中的 K^+ 通过离子交换被胶体吸附。

生物固定:被微生物吸收固定在细胞内部,微生物死亡后再释放出来。

晶格固定:主要发生在 2:1 型次生黏土矿物的晶层间,其上的网状孔穴的孔径与钾离子大小相当,土壤湿润时,黏土矿物层组间距离加大,矿物膨胀,K^+ 和其他阳离子进入层组间的空间,水分蒸发后,层组间距离缩短,K^+ 就被卡在硅氧片上的六方孔洞中被固定下来,因而干湿交替有利于黏土矿物的晶格固定。

10.3　肥料与施肥

什么是肥料? 我们把凡施入土壤或通过其他途径能够为植物提供营养成分,或改良土壤理化性质,为植物提供良好生活环境的物质统称为肥料。

肥料是作物的粮食,是增产的物质基础,我国农谚有"种地不上粪,等于瞎胡混"之说,据联合国粮农组织统计,化肥在粮食增产中的作用,包括当季肥效和后效,平均增产效果为50%,我国近年来的土壤肥力监测结果表明,肥料对农产品产量的贡献率,全国平均为57.8%。中国以占世界7%的耕地养活占世界22%的人口,应该说一半归功于肥料的作用。

目前,我国在肥料施用方面还存在许多问题,重化肥,轻有机肥;重氮肥,轻磷、钾肥,忽视微肥;重产量,轻质量;施用方法陈旧落后。由此带来了许多不良的后果:一是地力下降,影响农业的可持续发展;二是肥料利用率低,浪费严重,污染环境和地下水;三是成本高,效益低,农业收入增加缓慢甚至停滞不前;四是高产低质,直接影响农产品的销售。面对发展"三高一优"和提倡农业可持续发展的新形势,引导广大农村干部、农户更新观念,扭转"三重三轻"等倾向,调整肥料结构,实施测、配、产、供和施一体化,已成为当前肥料工作的重点。

10.3.1　化学肥料

化学肥料是指用化学方法制造或者开采矿石,经过加工制成的肥料,也称无机肥料,包括氮肥、磷肥、钾肥、微肥和复合肥料等,它们具有以下一些共同的特点:成分单纯,养分含量高;肥效快,肥劲猛;某些肥料有酸碱反应;一般不含有机质,无改土培肥的作用。化学肥料种类多,性质和施用方法差异较大。

10.3.1.1　氮肥

1.氮肥的种类和性质

氮肥可分为铵态氮肥、硝态氮肥和酰胺态氮肥三大类,包括氨水、碳铵、硫铵、氯化铵（铵态氮肥）、硝酸铵、硝酸钠、硝酸钙（硝态氮肥）和尿素、石灰氮（酰胺态氮肥）等,生产上常用氮肥的种类和性质见表 10 - 1。

表 10-1   常用氮肥的种类及性质

肥料名称		分子式	含氮/%	性　质
铵态氮肥	硫铵	$(NH_4)_2SO_4$	20～30	白色晶体,含有杂质呈灰白、淡黄或棕色,易溶于水,吸湿性小,生理酸性肥料。碱性条件易分解生成氨气,不能与草木灰等碱性物质混合储存或施用
	氯化铵	NH_4Cl	24～25	白色或淡黄色晶体,不易吸湿结块,易溶于水,生理酸性肥料,遇碱性物质分解生成氨气
	碳铵	NH_4HCO_3	16～18	白色或淡黄色结晶,易溶于水,有很强的吸湿性,在常温下能自行分解,释放出 NH_3,存放时必须保持干燥。为化学碱性肥料,其水溶液 pH 为 8.2～8.4
硝态氮肥	硝铵	NH_4NO_3	33～34	白色晶体,易溶于水,吸湿性极强,具易燃易爆性,储存过程中应注意安全。硝酸根离子不能被土壤胶体吸附,在土壤中移动性大;容易通过淋失和反硝化作用损失氮素
酰胺态氮肥	尿素	$CO(NH_2)_2$	42～46	白色晶体,吸湿性强,易溶于水,水溶性为中性。含有一种叫做缩二脲的物质,我国规定农业用尿素中缩二脲含量为 0.5%～1.5% ,适合于作根外追肥

2. 氮肥的合理分配和施用

研究氮肥合理施用的基本目的在于减少氮肥损失,提高氮肥利用率,充分发挥肥料的最大增产效益。由于氮肥在土壤中有铵的挥发、硝态氮的淋失和硝态氮的反硝化作用三条非生产性损失途径,氮肥的利用率是不高的,据统计,我国氮肥利用率在水田为 35%～60%,旱田为 45%～47%,平均为 50%,约有一半损失掉了,既浪费了资源,又污染了环境,所以合理施用氮肥,提高其利用率,是生产上亟待解决的一个问题。

(1)氮肥的合理分配

氮肥的合理分配应根据土壤条件、作物的氮素营养特点和肥料本身的特性来进行。

①土壤条件:土壤条件是进行肥料区划和分配的必要前提,也是确定氮肥品种及其施用技术的依据。首选必须将氮肥重点分配在中、低等肥力的地区,碱性土壤可选用酸性或生理酸性肥料,如硫铵、氯化铵等;酸性土壤上应选用碱性或生理碱性肥料,如硝酸钠、硝酸钙等。盐碱土不宜分配氯化铵,尿素适宜于一切土壤。铵态氮肥宜分配在水稻地区,并深施在还原层,硝态氮肥宜施在旱地上,不宜分配在雨量偏多的地区或水稻区。"早发田"要掌握前轻后重、少量多次的原则,以防作物后期脱肥,"晚发田"既要注意前期提早发苗,又要防止后期氮肥过多,造成植株贪青倒伏。质地黏重的土壤上氮肥可一次多施,砂质土壤宜少量多次。

②营养特点:作物的氮素营养特点是决定氮肥合理分配的内在因素,首选要考虑作物的种类,应将氮肥重点分配在经济作物和粮食作物上。其次要考虑不同作物对氮素形态的要求,马铃薯最好施用硫铵。

③肥料特性:肥料本身的特性也和氮肥的合理分配密切相关,铵态氮肥表施易挥发,宜做基肥深施覆土。硝态氮肥移动性强,不宜做基肥。碳铵、氨水、尿素、硝铵一般不宜用做种

肥,氯化铵不宜施在盐碱土和低洼地上。干旱地区宜分配硝态氮肥,多雨地区或多雨的季节宜分配铵态氮肥。

(2)氮肥的有效施用

①氮肥深施。氮肥深施不仅能减少氮素的挥发、淋失和反硝化损失,还可以减少杂草和稻田藻类对氮素的消耗,从而提高氮肥的利用率。据测定,与表面撒施相比,利用率可提高20%~30%,且延长肥料的作用时间。

②氮肥与有机肥及磷、钾肥配合施用。作物的高产、稳产,需要多种养分的均衡供应,单施氮肥,特别是在缺磷少钾的地块上,很难获得满意的效果。氮肥与其他肥料特别是磷、钾肥的有效配合对提高氮肥利用率和增产作用均很显著。氮肥与有机肥配合施用,可以取长补短,缓急相济,互相促进,既能及时满足作物营养关键时期对氮素的需要,同时有机肥还具有改土培肥的作用,做到用地养地相结合。

③氮肥增效剂的应用。氮肥增效剂又名硝化抑制剂,其作用在于抑制土壤中亚硝化细菌的活动,从而抑制土壤中铵态氮的硝化作用,使施入土壤中的铵态氮肥能较长时间地以铵根离子的形式被胶体吸附,防止硝态氮的淋失和反硝化作用,减少氮素的非生产性损失。目前,国内的硝化抑制剂效果较好的有 2 - 氯 6(三氯甲基)吡啶,代号 CP;2 - 氨基 4 - 氯 6 - 甲基嘧啶,代号 AM;硫脲,代号 TU;胩基硫脲,代号 ASU 等。氮肥增效剂对人的皮肤有刺激作用,使用时避免与皮肤接触,并防止吸入口腔。

10.3.1.2　磷肥

1. 磷肥的种类和性质

根据溶解度的大小和作物吸收的难易,通常将磷肥划分为水溶性磷肥、弱酸溶性磷肥和难溶性磷肥三大类。凡能溶于水(指其中含磷成分)的磷肥,称为水溶性磷肥,如过磷酸钙、重过磷酸钙;凡能溶于 2% 柠檬酸或中性柠檬酸铵或微碱性柠檬酸铵的磷肥,称为弱酸溶性磷肥或枸溶性磷肥,如钙镁磷肥、钢渣磷肥、偏磷酸钙等;既不溶于水,也不溶于弱酸而只能溶于强酸的磷肥,称为难溶性磷肥,如磷矿粉、骨粉等。生产上常用的磷肥种类和性质见表 10 - 2。

表 10 - 2　　　　　　　　　　　　　　　常用磷肥的种类和性质

名称	主要成分	颜色	反应	吸湿性	养分含量(P_2O_5)	溶解性
过磷酸钙	磷酸 - 钙石膏	灰白色粉末	化学酸性	具有吸湿性,吸湿后易使磷退化	14%~20%	易溶于水
钙镁磷肥	α - 磷酸三钙	灰白色或黑绿色、灰绿(棕)色粉末	碱性	无吸湿性,无腐蚀性	14%~20%	溶于弱酸
磷矿粉	磷酸 + 钙	灰褐色粉末	中性至微碱性		全磷:10%~36%;枸溶性磷:1%~5%	不溶水和弱酸

2. 磷肥的合理分配和有效施用

磷肥是所有化学肥料中利用率最低的,当季作物一般只能利用 10%~25%。其原因主要是磷在土壤中易被固定。同时它在土壤中的移动性又很小,而根与土壤接触的体积一般仅占耕层体积的 4% ~ 10%,因此,尽量减少磷的固定,防止磷的退化,增加磷与根系的接触面积,提高磷肥利用率,是合理施用磷肥,充分发挥单位磷肥最大效益的关键。

(1)根据土壤条件合理分配和施用磷肥

在土壤条件中,土壤的供磷水平、土壤 N/P_2O_5、有机质含量、土壤熟化程度以及土壤酸碱度等因素与磷肥的合理分配和施用关系最为密切。

土壤供磷水平及 N/P_2O_5:土壤全磷含量与磷肥肥效相关性不大,而速效磷含量与磷肥肥效却有很好的相关性。一般认为速效磷(P_2O_5)在 10 ~ 20mg/kg(Olsen 法)时为中等含量,施磷肥增产;速效磷大于 25 mg/kg,施磷肥无效;速效磷小于 10 mg/kg 时,施磷肥增产显著。蔬菜地磷的临界范围较高,速效磷达 57 mg/kg 时,施磷肥仍有效。磷肥肥效还与 N/P_2O_5 密切相关,在供磷水平较低,N/P_2O_5 大的土壤上,施用磷肥增产显著;在供磷水平较高,N/P_2O_5 小的土壤上,施用磷肥效果较小;在氮、磷供应水平都很高的土壤上,施用磷肥增产不稳定;在氮、磷供应水平均低的土壤上,只有提高施氮水平,才有利于发挥磷肥的肥效。

土壤有机质含量与磷肥肥效:一般来说,在土壤有机质含量大于 2.5% 的土壤上,施用磷肥增产不显著,在有机质含量小于 2.5% 的土壤上才有显著的增产效果。这是因为土壤有机质含量与有效磷含量呈正相关,因此磷肥最好施在有机质含量低的土壤上。

土壤酸碱度与磷肥肥效:土壤酸碱度对不同品种磷肥的作用不同,通常弱酸溶性磷肥和难溶性磷肥应分配在酸性土壤上,而水溶性磷肥则应分配在中性及石灰性土壤上。

在没有具体评价土壤供磷水平的数量指标之前,也可以根据土壤的熟化程度对具体田块分配磷肥。一般应优先分配在瘠薄的瘦田、旱田、冷浸田、新垦地和新平整的土地,以及有机肥不足、酸性土壤或施氮肥量较高的土壤上,因为这些田块通常缺磷,施磷肥效果显著,经济效益高。

(2)根据肥料性质合理分配和施用

水溶性磷肥适于大多数作物和土壤,但以中性和石灰性土壤更为适宜。一般可作为基肥、追肥和种肥集中施用。弱酸溶性磷肥和难溶性磷肥最好分配在酸性土壤上,作为基肥施用,施在吸磷能力强的喜磷作物上效果更好。同时弱酸溶性磷肥和难溶性磷肥的粉碎细度也与其肥效密切相关,磷矿粉细度以 90% 通过 100 目筛孔,即最大粒径为 0.149mm 为宜。钙镁磷肥的粒径在 40 ~ 100 目范围内,其枸溶性磷的含量随粒径变细而增加,超过 100 目时其枸溶率变化不大,由于不同土壤对钙镁磷肥的溶解能力不同及不同种类的作物利用枸溶性磷的能力不同,所以对细度要求也不同。在种植旱作物的酸性土壤上施用,不宜小于 40 目,在中性缺磷土壤,不应小于 60 目,在缺磷的石灰性土壤上,以 100 目左右为宜。

(3)以种肥、基肥为主,根外追肥为辅

从马铃薯不同生育期来看,磷素营养临界期一般都在早期,如施足种肥,就可以满足这一时期对磷的需求。否则,磷素营养在磷素营养临界期供应不足,至少减产 15%。在生长旺期,对磷的需要量很大,但此时根系发达,吸磷能力强,一般可利用基肥中的磷。因此,在条件允许时,三分之一做种肥,三分之二做基肥,是最适宜的磷肥分配方案。如磷肥不足,则首先做种肥,既可在苗期利用,又可在生长旺期利用。在生长后期,主要通过体内磷的再分配和再利用来满足后期各器官的需要,因此,只要在前期能充分满足其磷素营养的需要,在后期对磷的反应就差一些。

(4)磷肥深施、集中施用

针对磷肥在土壤中移动性小且易被固定的特点,在施用磷肥时,必须减少其与土壤的接触面积,增加与作物根群的接触机会,以提高磷肥的利用率。磷肥的集中施用,是一种最经济有效的施用方法,因集中施用在作物根群附近,既减少与土壤的接触面积而减少固定,同时还提高施肥点与根系土壤之间磷的浓度梯度,有利于磷的扩散,便于根系吸收。

(5)氮、磷肥配合施用

氮、磷配合施用,能显著地提高作物产量和磷肥的利用率。在一般不缺钾的情况下,作物对 N、P 的需求有一定的比例。而我国大多数土壤都缺氮素,所以单施磷肥,不会获得较高的肥效,只有当 N、P 营养保持一定的平衡关系时,作物才能高产。

(6)与有机肥料配合施用

首先,有机肥料中的粗腐殖质能保护水溶性磷,减少其与 Fe、Al、Ca 的接触而减少固定;其次,有机肥料在分解过程中产生多种有机酸,如柠檬酸、苹果酸、草酸、酒石酸等。这些有机酸与 Fe、Al、Ca 形成络合物,防止了 Fe、Al、Ca 对磷的固定,同时这些有机酸也有利于弱酸溶性磷肥和难溶性磷肥的溶解;再次,上述有机酸还可络合原土壤中磷酸铁、磷酸铝、磷酸钙中的 Fe、Al、Ca,提高土壤中有效磷的含量。

(7)磷肥的后效

磷肥的当年利用率为 10% ~ 25%,大部分的磷都残留在土壤中,因此其后效很长。据研究,磷肥的年累加表现利用率连续 5 ~ 10 年,可达 50% 左右,所以在磷肥不足时,连续施用几年以后,可以隔 2 ~ 3 年再施用,利用以前所施磷肥的后效,就可以满足作物对磷肥的需求。

总之,磷肥的合理施用,既要考虑到土壤条件、磷肥品种特性、作物的营养特性、施肥方法,还要考虑到与氮肥的合理配比及磷肥后效。当土壤中 K 和微量元素不足时,还要充分考虑到这些元素,使其不成为最小限制因子,这样才能提高磷肥的肥效。

10.3.1.3　钾肥

1.钾肥的种类和性质

生产上常用的钾肥有硫酸钾、氯化钾和草木灰等,它们的主要性质见表 10 - 3。

表 10 - 3　　　　　　　　　　　　常见钾肥的种类和性质

名称	分子式	颜色	含钾量(K_2O)	溶解性	酸碱性	吸湿性
硫酸钾	K_2SO_4	白色或淡黄色晶体	50% ~52%	易溶于水	化学中性、生理酸性肥料	吸湿性差,物理性状好
氯化钾	KCl	白色或淡黄色晶体	50% ~60%	易溶于水	化学中性、生理酸性肥料	吸湿性差,物理性状好

植物残体燃烧后剩余的灰,称为草木灰。长期以来,我国广大农村大多数以秸秆、落叶、枯枝等为燃料,所以草木灰在农业生产中是一项重要肥源。草木灰的成分极为复杂,含有植物体内的各种灰分元素,其中含钾、钙较多,磷次之,所以通常将它看作钾肥,实际上,它起着多种元素的营养作用。草木灰中钾的主要存在形态是碳酸钾,其次是硫酸钾,氯化钾最少。

草木灰中的钾大约有 90% 可溶于水,有效性高,是速效性钾肥。由于草木灰中含有 K_2CO_3,所以它的水溶液呈碱性,它是一种碱性肥料。草木灰因燃烧温度不同,其颜色和钾的有效性也有差异,燃烧温度过高,钾与硅酸形成溶解度较低的 K_2SiO_3,灰白色,肥效较差。低温燃烧的草木灰,一般呈黑灰色,肥效较高。

2. 钾肥的合理分配和有效施用

钾肥肥效的高低取决于土壤性质、作物种类、肥料配合、气候条件等,因此要经济合理地分配和施用钾肥,就必须了解影响钾肥肥效的有关条件。

(1)土壤条件与钾肥的有效施用

土壤钾素供应水平、土壤的机械组成和土壤通气性是影响钾肥肥效的主要土壤条件。

土壤钾素供应水平:土壤速效钾水平是决定钾肥肥效的一个重要因素,速效钾的指标数值因各地土壤、气候和作物等条件的不同而略有差异。辽宁省通过多点试验,把速效钾(K) 90 mg/kg(折合 K_2O 为 108mg/kg)作为土壤钾素丰缺的临界值。速效钾含量小于 90mg/kg,施钾肥效果显著;速效钾含量在 91～150mg/kg 时,施钾肥效果不稳定,视作物种类、土壤缓效钾含量、与其他肥料配合情况而定;速效钾含量大于 150mg/kg 时,施钾肥无效。这里需要指出的是,对于速效钾同样较低,而缓效钾数量很不相同的土壤,单从速效钾来判断钾的供应水平是不够的,必须同时考虑缓效钾的储量,方能较准确地估计钾的供应水平。

土壤的机械组成:与含钾量有关。一般机械组成越细,含钾量越高,反之则越低。土壤质地不同,也影响土壤的供钾能力,所以有人提出不同土壤质地的缺钾临界指标:砂土～砂壤土的 K_2O 为 85mg/kg,砂壤土～壤土为 100mg/kg,黏土为 125mg/kg。所以,质地较粗的砂质土壤上施用钾肥的效果比黏土高,钾肥最好优先分配在缺钾的砂质土壤上。

土壤通气性:土壤通气性主要是通过影响植物根系呼吸作用而影响钾的吸收,以至于土壤本身不缺钾,但作物却表现出缺钾的症状,所以在生产实践中,就要对作物的缺钾情况进行具体的分析,针对存在的问题,采取相应的措施,才能提高作物对钾的吸收。

(2)作物条件与钾肥的有效施用

各类作物由于其生物学特点不同,对钾的需要量和吸钾能力也不同,因此对钾肥的反应也各异。马铃薯含糖类较多,需钾量大,应多施钾肥,既能提高产量,又能改善品质。

(3)肥料性质与钾肥的有效施用

肥料的种类和性质不同,其施用方法也存在差异。

硫酸钾用作基肥、追肥、种肥和根外追肥均可,氯化钾则不能用作种肥。硫酸钾适用于各种土壤和作物,特别是施用在喜钾而忌氯的作物效果更佳。氯化钾不宜用在忌氯作物和排水不良的低洼地和盐碱地上。

草木灰适合于作为基肥、追肥和盖种肥,作基肥时,可沟施或穴施,深度约 10cm,施后覆土。作追肥时,可叶面撒施,既能供给养分,也能在一定程度上减轻或防止病虫害的发生和危害。由于草木灰颜色深且含一定的碳素,吸热增温快,质地轻松,因此可用作盖种肥,既供给养分,又有利于提高地温。草木灰也可用作根外追肥,一般作物用 1% 水浸液。草木灰是一种碱性肥料,因此不能与铵态氮肥、腐熟的有机肥料混合施用,也不能倒在猪圈、厕所中储存,以免造成氨的挥发损失。草木灰在各种土壤上对多种作物均有良好的反应,特别是酸性土壤上施于豆科作物,增产效果十分明显。

(4)钾肥与 N、P 肥配合施用

作物对 N、P、K 的需要有一定的比例,因而钾肥肥效与 N、P 供应水平有关。当土壤中 N、P 含量较低时,单施钾肥效果往往不明显,随着 N、P 用量的增加,施用钾肥才能获得增产,而 N、P、K 的交互效应(作用)也能使 N、P 促进作物对 K 的吸收,提高钾肥的利用率。

(5)钾肥的施用技术

钾肥应深施、集中施:钾在土壤中易于被黏土矿物特别是 2∶1 型黏土矿物所固定,将钾肥深施可减少因表层土壤干湿交替频繁所引起的这种晶格固定,提高钾肥的利用率。钾也是一种在土壤中移动性小的元素,因此,将钾肥集中施用可减少钾与土壤的接触面积而减少固定,提高钾的扩散速率,有利于作物对钾的吸收。

钾肥应早施:通常钾肥做基肥、种肥的比例较大,若将钾肥用作追肥,应以早施为宜。因为多数作物的钾素营养临界期都在作物生育的早期,作物吸钾也是在中、前期猛烈,后期显著减少,甚至在成熟期部分钾从根部溢出。砂质土壤上,钾肥不宜一次施用量过大,应分次施用,即应遵循少量多次的原则,以防钾的淋失。黏土上则可一次做基肥施用或每次的施用量大些。

钾肥的施用量:钾肥的施用量要根据土壤有效钾含量、作物需钾量和各营养元素间的相互平衡而定。一般以每亩施氧化钾,马铃薯为 12kg 为宜,对于喜钾作物可适量增加。

10.3.1.4　微量元素肥料

微量元素肥料是指含有 B、Mn、Mo、Zn、Cu 和 Fe 等微量元素的化学肥料。近年来,在农业生产上,微量元素的缺乏日趋严重,在许多作物中都出现了微量元素的缺乏症。施用微量元素肥料,已经获得了明显的增产效果和经济效益,因此,全国各地的农业部门都相继将微肥的施用纳入了议事日程。

1. 硼肥

(1)硼肥的主要种类和性质

目前,生产上常用的硼肥种类有硼砂、硼酸、含硼过磷酸钙、硼镁肥等,其中最常用的是硼酸和硼砂,它们的主要成分和性质见表 10-4。

表 10-4　　　　常见硼肥的成分和性质

名称	主要成分	含硼量/%	溶解性
硼砂	$Na_2B_4O_7 \cdot 10H_2O$	11	易溶于水
硼酸	H_3BO_3	17	易溶于水
含硼过磷酸钙	—	0.6	部分溶
硼镁肥	—	1.5	部分溶

(2)硼肥的施用

土壤条件与硼肥施用:土壤水溶性硼含量高低与硼肥肥效关系密切,是决定是否施硼的重要依据,据中国农业科学院油料作物研究所、上海农业科学院、浙江农业科学院等单位的研究,土壤水溶性硼含量在低于 0.3mg/kg 时为严重缺硼,低于 0.5mg/kg 时为缺硼,施硼肥都有显著的增产效果,硼肥应优先分配于水溶性硼含量低的土壤上。土壤硼含量也与硼肥的施用方法有关,当土壤严重缺硼时以基肥为好,轻度缺硼的土壤通常采用根外追肥的方法。

硼肥的施用技术:硼肥可用作基肥、追肥和种肥。用作基肥时可与P、N肥配合使用,也可单独施用。一般每亩施用0.25~0.5kg硼酸或硼砂,一定要施得均匀,防止浓度过高而中毒。追肥通常采用根外追肥的方法,喷施浓度为0.1%~0.2%硼砂或硼酸溶液,用量每亩为50~75kg,在马铃薯苗期和由营养生长转入生殖生长时各喷一次。种肥常采用浸种和拌种的方法,浸种用浓度为0.01%~0.1%硼酸或硼砂溶液,浸泡6~12h,阴干后播种。

2. 锰肥

(1)锰肥的主要种类和性质

生产上常用的锰肥是硫酸锰、氯化锰等,其主要成分和性质见表10-5。

表10-5 常用锰肥的主要成分和性质

名称	分子式	含锰/%	溶解性
硫酸锰	$MnSO_4 \cdot 7H_2O$	24~28	易溶
碳酸锰	$MnCO_3$	31	难溶
氧化锰	$MnCl_2$	17	易溶
螯合态锰	Mn-EDTA	12	易溶
含锰玻璃肥料	—	10~25	难溶
锰矿泥	—	6~22	难溶
炉渣	—	2~6	难溶
氧化锰	MnO	41~68	难溶

(2)锰肥的施用

土壤条件与锰肥施用:一般将活性锰含量作为诊断土壤供锰能力的主要指标,土壤中活性锰含量小于50mg/kg为极低水平,50~100mg/kg为低,100~200mg/kg为中等,200~300mg/kg为丰富,大于300mg/kg为很丰富。在缺锰的土壤上施用锰肥,一般作物都有很好的增产效果。

锰肥的施用技术:生产上最常用的锰肥是硫酸锰,一般用作根外追肥,浸种、拌种及土壤种肥,难溶性锰肥一般用作基肥。根外追肥喷施浓度一般以0.05%~0.1%为宜。

3. 铁肥

(1)铁肥的主要种类和性质

生产上常用铁肥的种类、成分和性质详见表10-6。

表10-6 常用铁肥的种类、成分和性质

名称	分子式	含铁量/%	溶解性
硫酸亚铁	$FeSO_4 \cdot 7H_2O$	20	易溶
硫酸亚铁	$(NH_4)_2SO_4 \cdot FeSO_4 \cdot 6H_2O$	14	易溶
螯合态铁	如 Fe-EDTA	5~14	易溶

（2）铁肥的施用

生产上最常用的铁肥是硫酸亚铁,目前多采用根外追肥的方法施用。喷施浓度为 0.2% ~1%。

4. 钼肥

（1）钼肥的主要种类和性质

生产上常用的钼肥有钼酸铵、钼酸钠、三氧化钼、钼渣和含钼玻璃肥料等,其主要成分的性质见表 10 - 7。

表 10 - 7　　　　　　　　　　　**常用钼肥的种类和性质**

名称	分子式	含钼/%	溶解性
钼酸铵	$(NH_4)_2MoO_4$	49	易溶
钼酸钠	Na_2MoO_4	39.6	易溶
三氧化钼	MoO_3	66	难溶
钼渣	—	5 ~15	难溶
含钼玻璃肥料	—	2 ~3	难溶

（2）钼肥的施用

钼肥多用作拌种、浸种或根外追肥。拌种时,每千克种子用钼酸铵 2 ~6g,先用热水溶解,再用冷水稀释成2% ~3%浓度的溶液,用喷雾器喷在种子上,边喷边拌,拌好后将种子阴干,即可播种。浸种时,可用0.05% ~0.1%浓度的钼酸铵溶液浸泡种子12h。叶面喷肥一般用0.01% ~0.1%钼酸铵溶液,喷1 ~2 次。

5. 施用微量元素肥料的注意事项

（1）注意施用量及浓度

作物对微量元素的需要量很少,而且从适量到过量的范围很窄,因此要防止微肥用量过大。土壤施用时还必须施得均匀,浓度要保证适宜,否则会引起植物中毒,污染土壤与环境,甚至进入食物链,有碍人畜健康。

（2）注意改善土壤环境条件

微量元素的缺乏,往往不是因为土壤中微量元素含量低,而是其有效性低,通过调节土壤条件,如土壤酸碱度、氧化还原性、土壤质地、有机质含量和土壤含水量等,可以有效地改善土壤的微量元素营养条件。

（3）注意与大量元素肥料配合施用

微量元素和 N、P、K 等营养元素,都是同等重要不可代替的,只有在满足了植物对大量元素需要的前提下,施用微量元素肥料才能充分发挥肥效,才能表现出明显的增产效果。

10.3.1.5　复合肥料

1. 复合肥料的概念和特点

（1）复合肥料的概念

在一种化学肥料中,同时含有 N、P、K 等主要营养元素中的两种或两种以上成分的肥料,称为复合肥料。含两种主要营养元素的叫二元复合肥料,含三种主要营养元素的叫三元复合肥料,含三种以上营养元素的叫多元复合肥料。

复合肥料习惯上用 N: P_2O_5: K_2O 相应的百分含量来表示其成分。例如,某种复合肥料中含 N10% ,含 P_2O_5 20% ,含 K_2O10% ,则该复合肥料表示为 10:20:10。有的在 K_2O 含量数后还标有 S,如 12:24:12(S),即表示其中含有 K_2SO_4。

复合肥料按其制造工艺可分为化成复合肥料、配成复合肥和混成复合肥料三大类。化成复合肥料是通过化学方法制成的复合肥料,如磷酸二氢钾。配成复合肥是采用两种或多种单质肥料在化肥生产厂家经过一定的加工工艺重新造粒而成的含有多种元素的复合肥,在加工过程中发生部分化学反应,通常所说的复混肥多指这种配成复合肥料。混成复合肥料是将几种肥料通过机械混合制成的复合肥料,在加工过程中只是简单的机械混合,而不发生化学反应,如氯磷铵是由氯化铵和磷酸铵混合而成。

(2)复合肥料的特点

复合肥料的优点:有效成分高,养分种类多;副成分少,对土壤的不良影响小;生产成本低;物理性状好。

复合肥料的缺点:养分比例固定,很难适于各种土壤和各种作物的不同需要,常要用单质肥料补充调节。难以满足施肥技术的要求,各种养分在土壤中的运动规律及对施肥技术的要求各不相同,如氮肥移动性大,磷、钾肥移动性小,而后效却是磷、钾肥长。在施用上,氮肥通常作追肥,磷钾肥通常作基肥和种肥,而复合肥料是把各种养分同一时期施在同一位置,这样,就很难符合作物某一时期对养分的要求。因此,必须摸清各地土壤情况和各种作物的生长特点、需肥规律,施用适宜的复合肥料。

2. 复合肥料的主要种类、性质和施用

(1)磷酸铵

磷酸铵简称磷铵,是用氨中和磷酸制成的,由于氨中和的程度不同,可分别生成磷酸一铵,磷酸二铵和磷酸三铵。目前国产的磷酸铵实际上是磷酸一铵和磷酸二铵的混合物。含 N 14% ~18% ,含 P_2O_5 46% ~50% ,纯净的磷铵为灰白色,因带有杂质,故为深灰色。磷铵易溶于水,具有一定的吸湿性,通常加入防湿剂,制成颗粒状,以利储存、运输和施用。

磷酸铵适用于各种作物和土壤,特别适用于需磷较多的作物和缺磷土壤。施用磷酸铵应先考虑磷的用量,不足的氮可用单质氮肥补充,磷酸铵可作基肥、追肥和种肥。作基肥和追肥,每亩以 10 ~15kg 为宜,可以沟施或穴施,作种肥以每亩 2 ~3kg 为宜,不宜与种子直接接触,以防影响发芽和引起烧苗。果树成树基肥以每株 2.5kg 为宜,追肥可采用根外追肥的方式,喷施浓度为 0.5% ~1% 。磷酸铵不能与草木灰、石灰等碱性物质混合施用或储存,酸性土壤上施用石灰后必须相隔 4 ~5d 才能施磷铵,以免引起氮素的挥发损失和降低磷的有效性。

(2)氨化过磷酸钙

为了清除过磷酸钙中游离酸的不良影响,通常在过磷酸钙中通入一定量的氨制成氨化过磷酸钙,其主要成分为 $NH_4H_2PO_4$、$CaHPO_4$ 和 $(NH_4)_2SO_4$,含 N 为 2% ~3% ,P_2O_5 为 13% ~15% 。氨化过磷酸钙干燥、疏松,能溶于水(磷为弱酸溶性),不含游离酸,没有腐蚀性,吸湿性和结块性都弱,物理性状好,性质比较稳定。

氨化过磷酸钙的肥效稍好于过磷酸钙,适合于各类作物,在酸性土壤上施用的效果最好,注意不得与碱性物质混合,以防止氨的挥发和磷的退化。因含氮量低,故应配施其他氮肥,其施用方法同过磷酸钙相同。

（3）磷酸二氢钾

磷酸二氢钾是一种高浓度的磷钾二元复合肥,纯品为白色或灰白色结晶,吸湿性小,物理性状好,易溶于水,水溶液 pH 值为 3～4,价格昂贵。

磷酸二氢钾适作浸种、拌种与根外追肥。浸种浓度 0.2%,时间为 12h。拌种用 1% 浓度喷施,当天拌种下地。喷施浓度为 0.2%～0.5%,每亩用量 50～75kg 溶液,选择在晴天的下午,以叶面喷施不滴到地上为度。

（4）硝酸钾

硝酸钾俗称火硝,由硝酸钠和氯化钾一同溶解后重新结晶或从硝土中提取制成,其分子式为 KNO_3。含 N13%,含 K_2O 46%。纯净的硝酸钾为白色结晶,粗制品略带黄色,有吸湿性;易溶于水,为化学中性,生理中性肥料。在高温下易爆炸,属于易燃易爆物质,在储运、施用时要注意安全。

硝酸钾适作旱地追肥,用量一般为 5～10kg/亩,对马铃薯等喜钾而忌氯的作物具有良好的肥效。硝酸钾也可作根外追肥,适宜浓度为 0.6%～1%。在干旱地区还可以与有机肥混合作基肥施用,用量约为 10kg/亩。

由于硝酸钾的 N:K_2O 为 1:3.5,含钾量高,因此在肥料计算时应以含钾量为计算依据,氮素不足可用单质氮肥补充。

（5）尿素磷铵

尿素磷铵的化学组成为 $CO(NH_2)_2 \cdot (NH_4)_2HPO_4$,是以尿素加磷铵制成的,是一种高浓度的氮、磷复合肥,其中的 N、P 养分均是水溶性的,N:P_2O_5 为 1:1或 2:1,易于被作物吸收利用。

尿素磷铵适用于各类型的土壤和各种作物,其肥效优于等氮、磷量的单质肥料,其施用方法与磷酸铵相同。

（6）铵磷钾肥

铵磷钾肥是由硫铵、硫酸钾和磷酸盐按不同比例混合而成的三元复合肥料,或者由磷酸铵加钾盐而制成。铵磷钾肥中磷的比例比较大,可适当配合施用单质氮、钾肥,以调整比例,更好地发挥肥效。

除上述之外,我国生产的复合(混)肥料还有很多种类,有些在生产上已广泛应用且效果良好。各地区应根据不同的土壤、气候、作物及生产条件,选用合适的复合肥料。

10.3.2　有机肥

我国是一个具有悠久历史传统的农业国家,施用有机肥料是农业生产的优良传统,在化肥出现之前,有机肥料为农业生产的发展作出了卓越的贡献,即使在化肥工业高度发展的今天,有机肥料仍具有其化肥不可代替的方面:有机肥料含有丰富的有机质和各种养分,是养分最全的天然复合肥,它不仅可以直接为作物提供养分,而且还可以活化土壤中的潜在养分,提高土壤有效养分的含量;有机肥料中含有多种有益微生物,能增强土壤微生物活性,促进土壤中的物质转化;有机肥料在改土培肥方面具有重要作用,施用有机肥料,能够提高土壤的保水保肥能力,促进土壤中团粒的形成,从而改善土壤的理化性质,提高土壤肥力,同时有机肥料还能预防和减轻农药及重金属对土壤的污染。这些都是化肥所不具备的特点。如今,人们对食品质量的要求越来越高,绿色食品、无公害食品备受青睐,农业可持续发展的提出、土壤资源的破坏,所有这些都在呼唤着有机肥料重新走回田间。因此,调整肥料结构,充分利用有机肥源,科学积制、合理利用,既能使农业废弃物再利用,减少化肥投入,保护农村环境,创造良好的农业生态系统,又可以达到培肥土壤、稳产高产、增产增收的目的。

当然,有机肥料也有它的缺点,主要是:养分含量低、肥效缓慢;施肥数量大,运输和施用不便;在作物生长旺盛、需肥较多的时期,往往不能及时满足作物对养分的需要。

在农业生产实践中,将具有多种功能的有机肥料与养分含量高、肥效快、肥劲猛的化肥配合施用,可以达到取长补短之效,既满足了植物营养连续性的要求,又满足了植物营养阶段性的要求;既能为作物高产稳产提供充足的养分,又能培肥地力,为作物生长创造良好的环境条件,同时还能节省农业投资,取得较好的社会和经济效益。

我国资源丰富,有机肥种类繁多,如粪尿肥、堆沤肥、秸秆肥、绿肥、土杂肥、泥炭和沼气肥等都是我国农村经常使用的有机肥料。

10.3.2.1 粪尿肥

1.人粪尿

（1）人粪尿的成分和性质

人粪是食物经消化后未被吸收而排出体外的残渣,人粪是由大约70%以上的水和20%左右的有机物质组成的,其中有机物质主要包括纤维素、半纤维素、脂肪和脂肪酸、蛋白质及其分解产物、氨基酸、酶、粪胆质和色素等。此外,人粪中还含有硫化氢、吲哚、丁酸等臭味物质和5%左右的硅酸盐、磷酸盐、氯化物等矿物质,此外,人粪中还含有病菌和虫卵等物质。新鲜人粪一般呈中性反应,按全国有机肥品质标准,人粪属于一级。

人尿含水95%以上,余者为水溶性有机物和无机盐,尿素约2%,氯化钠1%,尚有尿酸、马尿酸、肌肝酸、磷酸盐、铵盐、氨基酸以及各种微量元素、生长素等少许。新鲜人尿由于磷酸盐的作用,呈酸性反应,腐熟后由于尿素水解为碳酸铵,呈碱性反应。

人粪尿是人粪和人尿的混合物,分布广、数量大,养分含量高,所含有机物碳氮比小,有机质分解快,易于供应养分,是粗肥中的细肥,含氮量高,含磷钾少,常把人粪尿当做高氮速效性有机肥料来施用。由于其腐殖质积累少,故对改土培肥无太大意义。人粪尿中的养分含量详见表10-8。

表10-8　　　　　　　　　　　　人粪尿的养分含量

类别	主要各成分含量(占鲜物%)					一成年人排泄量(kg)			
	水分	有机物	N	P_2O_5	K_2O	鲜物	N	P_2O_5	K_2O
人粪	>70	约20	1.00	0.50	0.37	90	0.90	0.45	0.34
人尿	>90	约3	0.50	0.13	0.19	700	3.50	0.91	1.34
人粪尿	>80	5~10	0.5~0.8	0.2~0.4	0.2~0.3	790	4.40	1.36	1.67

（2）人粪尿的储存方法

由于人粪尿是一种半流体肥料,在储存过程中有氨的生成且含有病菌和虫卵,因此,人粪尿储存的原则和关键就是减少氨的挥发、防止渗漏、提高肥料质量以及减少病菌虫卵的传播。北方气候干燥、年蒸发量大,多采用拌土制成土粪或堆制成堆肥,南方高温多雨,多采用粪尿混存的方法制成水粪。常见的储存方法有:

改建厕所:首先是厕所和储粪池的位置,应选择地势较高、避风荫凉的地方。其次粪池四周及低部应砌实捶紧,上面要搭棚加盖,避免风吹日晒、雨淋和渗漏,在这种条件下储存,既能减少氮素损失,又能改善环境卫生。

粪尿分存:人尿不经储存可直接施用。

加保氮剂:常用保氮物质有两类,一类为吸附性强的物质,另一类为化学保氮物质,如干细土、草炭、落叶、秸秆、过磷酸钙、石膏和硫酸亚铁等,其用量为:干细土为粪液的 2 ~ 3 倍,草炭为 20% ,落叶、秸秆为粪液的 3 ~ 4 倍,过磷酸钙、石膏为 3% ~ 5% ,硫酸亚铁为 0.5% 。另外,也可以把少量的锰盐加到新鲜人粪尿中,因锰可抑制脲酶活性,使尿素不能分解成碳酸铵,减少氨的挥发损失。

制成堆肥:将人粪尿与细土、草炭、秸秆、垃圾和落叶等混合堆制成堆肥,既能促进秸秆腐熟,又有利于保肥。

(3)人粪尿储存中的注意事项

不晒粪干:有人为储运方便,常将粪尿与少量泥土或炉灰混合制成粪干,既传播疾病、污染环境,又损失氮素达 40.1% 之多。

不掺草木灰:防止氨的挥发。

厕所与猪圈分开:利用人粪喂猪,很容易传染人猪共患的疾病,对人的身体健康不利。

(4)人粪尿的施用方法

作物的营养特性与人粪尿的施用:人粪尿对一般作物都有良好的效果,但不适于忌氯的作物,因含有氯会降低忌氯作物的品质。

土壤特性与人粪尿的施用:除低洼地和盐碱地外,人粪尿适于各种土壤,在砂土上应分次施用。

要与磷、钾肥和其他有机肥料配合施用:人粪尿是含氮较多的速效性有机肥料,磷、钾含量少,应根据土壤条件和作物营养特点配施磷、钾肥。人粪尿有机质含量低,对改土培肥无太大意义,因此还需要配施其他有机肥料,尤其在轻质土壤和缺乏有机质的土壤上。

人粪尿的施用方法:人粪尿一般情况下要用腐熟的,可用作基肥、追肥和种肥,一般用作追肥,制成堆肥的多作基肥施用。作追肥要兑水 3 ~ 5 倍,土干时可兑水 10 倍,否则浓度大,易烧苗,水田泼施,旱田条施或穴施,施后覆土。

2.家畜粪尿和厩肥

家畜粪尿包括猪、马、牛、羊的粪尿,是我国农村中的一项重要肥源。厩肥是家畜粪尿和各种垫圈材料混合积制的肥料,在有机肥料中占有重要的位置。

(1)家畜粪尿的成分和性质

家畜粪是饲料经消化后,没有被吸收而排出体外的固体废物,成分非常复杂,主要有纤维素、半纤维素、木质素、蛋白质及其分解产物,脂肪、有机酸、酶和各种无机盐类。

家畜尿是饲料经消化吸收后,参与体内代谢,以液体排出体外的部分,其成分比较简单,全是水溶性物质,主要有尿素、尿酸、马尿酸以及钾、钠、钙、镁的无机盐类。

不同家畜粪尿的性质有较大的差异,猪粪质地较细,C/N 窄,腐熟后形成大量腐殖质,阳离子交换量大,积制过程中发热量少,温度低,为温性或冷性肥料;马粪质地粗,分解快,发热量大,属热性肥料,多作温床或堆肥时的发热材料;羊粪粪质细密而干燥,养分浓厚,积制过程中发热量低于马粪而高于牛粪,也属热性肥料;牛粪粪质细密,但含水量高,有机质分解慢,发酵温度低,是典型的冷性肥料。

（2）家畜粪尿的养分含量

家畜的种类、年龄、饲料和饲养管理方法不同,其粪尿中养分的含量差异很大,现将家畜粪尿中养分的平均含量列于表10-9。家畜粪是富含有机质和氮、磷的肥料,家畜尿是富含磷、钾的肥料。其中羊粪中氮、磷、钾含量最高,猪、马次之,牛粪最少。按国家有机肥品质分级标准,猪粪属二级、马粪属三级、羊粪属二级、牛粪属三级。

表10-9　　　　　　　　　　　新鲜家畜粪尿的平均养分含量(%)

种类		水分	有机质	N	P$_2$O$_5$	K$_2$O	CaO	C:N
猪	粪	81.5	15.0	0.6	0.40	0.44	0.09	14:1
	尿	96.7	2.8	3.0	0.12	0.95	—	
马	粪	75.8	21.0	0.58	0.30	0.24	0.15	24:1
	尿	90.1	7.1	1.20	微量	1.50	0.45	
牛	粪	83.3	14.5	0.32	0.25	0.16	0.34	26:1
	尿	93.8	3.5	0.95	0.03	0.95	0.01	
羊	粪	65.5	31.4	0.65	0.47	0.23	0.46	29:1
	尿	87.2	8.3	1.68	0.03	2.10	0.16	

（3）家畜粪尿和厩肥的施用

家畜粪尿和厩肥是我国农村普遍积制和施用的一种有机肥料,若粪尿分存时,尿可作追肥,粪可作基肥,马粪和羊粪一般在早春作苗床的发热材料。肥料的腐熟程度是影响家畜粪尿和厩肥的主要因素,原则是没有腐熟好的粪肥不能用作追肥和种肥,只能用在生育期长的作物上作基肥施用。完全腐熟的粪肥基本上是速效性的,既可作基肥,也可用作种肥和追肥。就土壤条件而言,家畜粪尿与厩肥首先分配在肥力较低的土壤上,质地黏重的土壤用腐熟的厩肥,且不宜耕翻过深,砂质土通透性好,肥力低,可施腐熟稍差的厩肥,且耕翻可以深一些。为了充分发挥厩肥和畜粪的增产效果,应提倡厩肥或畜粪与化肥配合或混合施用,二者取长补短,互相促进,是合理施肥的一项重要措施。另外,厩肥在施用后立即耕埋,有灌溉条件的结合灌水,其效果更好。

10.3.2.2　堆肥

堆肥是利用秸秆、落叶、山青野草、水草、绿肥和垃圾等为主要原料,再混合不同数量的粪尿和泥炭、塘泥等堆制而成的肥料,因此,堆肥实际上是秸秆还田的一种方式。

1.堆肥材料

堆肥的材料大致可分为三类:一是不易分解的物质,为堆肥原料的主体,它们大多是C/N=（60~100）:1左右的物质,如稻草、落叶、杂草等;二是促进分解的物质,一般为含氮较多的物质,如人粪尿、家畜粪尿和化学氮肥以及能中和酸度的物质如石灰、草木灰等;三是吸收性能强的物质,如泥炭、泥土等,用以吸收肥分。

在这些堆肥材料中虽有一定量的养分,但大多不能直接被作物吸收利用,同时体积庞大,有时还会有杂草种子、病菌、虫卵等,通过堆制,既能释放出有效养分,又能利用腐熟过程中产生的高温,杀死杂草种子、病菌和虫卵,同时又缩小体积。在堆制前,不同的材料要加以处理(为了加速腐熟):粗大的(玉米秸秆等)应切碎至 10 ~ 15cm,含水多的应晒一下,老熟的野草可进行假堆积或先用水浸泡,使之初步吸水软化等。

2. 堆制条件

堆肥腐熟是粗有机质在好气性微生物的作用下进行的矿化和腐殖化的两个对立统一的过程,矿化是营养元素有效化的过程,腐殖化则是营养元素的保蓄过程,也就是说,堆肥的腐熟过程是微生物对粗有机质进行分解和再合成的过程。因此,堆肥的腐熟过程,决定于肥堆内微生物的活动,所以,影响微生物活动的因素也就是影响堆肥腐熟的因素,即堆制条件。

(1)水分

水分有多方面的作用。首先是微生物生存的必要前提,干燥的环境不利于微生物的生存和繁殖。其次,吸水软化后的堆肥材料易被分解。水分在堆肥中移动时,可使菌体和养分向各处移动,有利于腐熟均匀。水还有调节堆内通气性的作用。一般堆肥要求含水量应占原材料最大持水量的 60% ~ 75%,也就是用手紧握堆肥材料,微有液体挤出的时候。夏季堆肥和高温阶段应经常补充水分。

(2)通气

通气状况直接影响肥堆内微生物学过程,通气不良会使好气性微生物的活动受到抑制,从而影响堆肥的腐熟和质量。通气过旺,又会使有机质剧烈分解,养分损失多。适宜的通气性可以通过控制材料的粗细和长短、水分含量、紧实度、覆土厚度、设置通气沟和通气塔以及翻堆等方法调节。一般来说,堆制初期要创造良好的通气条件,以加速分解和产生高温,后期要创造较好的嫌气条件,以利腐殖质的形成,减少养分损失。

(3)温度

各种微生物都有适于活动的温度范围,嫌气微生物为 25 ~ 35℃,好气微生物为 40 ~ 50℃,高温性微生物的适宜温度为 60 ~ 65℃,因此,控制好堆温是获得优质堆肥的条件之一。通常采用接种高温纤维分解菌(加入骡、马粪)以利升温,调节堆的大小以利保温,控制水分和通气条件以调温。

(4)C/N

通常堆肥的主体材料 C/N 大都在(60 ~ 100):1 的范围内,不利于微生物分解。因此在堆制时,常加入适量含 N 物质,以降低 C/N,但 C/N 如果过小(<(25 ~ 30):1),则矿化速度快,腐殖化系数低,为兼顾矿化与腐殖化,堆肥材料的 C/N 以调节至 40:1 左右为宜。

(5)pH

各种微生物对酸碱度都有一定的适应范围,全面衡量,中性和微碱性条件,有利于堆肥中微生物活动,能加速腐熟,减少养分损失。在堆制腐解过程中,有机质分解产生有机酸,使 pH 降低,从而在一定程度上抑制了后期微生物的活动,为此在高温堆肥时,要加 2% ~ 3% 的石灰或 5% 的草木灰,以中和酸度。普通堆肥由于有土壤的缓冲作用,可以不加。

3. 堆肥的种类和施用

堆肥的主要原料是植物秸秆,根据秸秆的种类不同,将堆肥分为玉米秆堆肥、麦秆堆肥、水稻秆堆肥和野生植物堆肥等品种,它们的养分含量详见表 10 - 10。

表 10-10 堆肥的养分含量(%)

堆肥种类	几种营养元素含量(占干物重%)				
	N	P	K	Ca	S
麦 秆	0.50~0.67	0.09~0.15	0.44~0.50	0.16~0.38	0.12
稻 草	0.63	0.11	0.70	0.16~0.44	0.11~0.19
玉米秆	0.48~0.50	0.17~0.18	1.38	0.39~0.80	0.26
豆 秆	1.30	0.13	0.41	0.79~1.50	0.23
油菜秆	0.56	0.11	0.93	—	0.35

按国家有机肥品质分级标准,水稻秆堆肥和野生植物堆肥属三级,玉米秆堆肥和麦秆堆肥属四级。

堆肥的施用与厩肥相似,一般适作基肥。在砂质土壤上、高温多雨的季节和地区、生长期长的马铃薯品种,可用半腐熟的堆肥;反之,质地黏重、低温干燥的季节和地区、生长期短的马铃薯品种,宜施用腐熟的堆肥。腐熟的优质堆肥也可作追肥和种肥,但半腐熟的堆肥不能与根或种子直接接触。堆肥施用后立即耕翻并配合施用速效氮、磷肥。施用量各地差异较大,一般每亩用量500~1000kg。

10.3.2.3 沤肥

沤肥是利用秸秆、落叶、山青野草、水草、绿肥和垃圾等为主要原料,再混合不同数量的粪尿和泥炭、塘泥等,在常温、淹水条件下沤制而成的肥料,因此,沤肥实质也是秸秆还田的一种方式,是我国南方水网地区广泛施用的一种有机肥源。与堆肥相比,在沤制过程中,有机质和氮素的损失较少,腐殖质积累较多,肥料的质量比较高。

10.3.2.4 秸秆还田

秸秆是农作物的副产品,含有各种营养元素,将秸秆直接还田,有供给作物养分、增加土壤有机质、改善土壤理化性质、增加作物产量的作用,同时还减少运输,节省劳动力。据甘肃省统计,2009年,全省有机肥示范区利用秸秆直接翻压还田30.8×104m³,占秸秆还田总量的11%。

1. 秸秆还田的方式

秸秆直接还田有翻压还田和覆盖还田两种方式。在作物收获后,将秸秆在下茬作物播种或移栽前耕翻入土的还田方式为秸秆翻压还田;将秸秆或残茬铺盖于土壤表面的还田方式为秸秆覆盖还田。

2. 秸秆还田时的注意事项

秸秆处理:秸秆经机械切碎后应翻压至15cm以下,翻压后要及时耙压保墒,以利腐解,旱地墒情不好,还要先灌水,后翻压。

补充氮、磷化肥:由于秸秆中 C/N 较高,翻压时,应每亩施 NH_4HCO_3 15kg(或相当的 N 素),过石 30~50kg。

翻压时间:旱地在晚秋进行,争取边收获边耕埋,以避免秸秆中水分的散失,水田易在插秧前 7~15d 施用,或在翻耙地以前施用。

秸秆翻压量:一般来说,秸秆可全部还田,在薄地,N肥不足的情况下,秸秆还田又距播期近,用量则不宜过多。

10.3.2.5　绿肥

1. 绿肥在农业生产上的作用

凡利用植物绿色体作肥料的均称绿肥,专作绿肥栽培的作物称为绿肥作物,它在农业生产上的作用大致归纳为如下几个方面:

①增加土壤氮素和有机质。

绿肥作物鲜草含有机质12%～15%,含N0.3%～0.6%,如果以每亩生产1000kg计算,这些绿肥作物翻埋到土壤中以后,相当于施入新鲜有机质120～150kg,N素3～6kg。

②富集与转化土壤养分。

绿肥作物根系发达,吸收利用土壤中难溶性矿质养分的能力很强,豆科绿肥作物主根入土很深,通过绿肥作物的吸收利用,将土壤耕层甚至深层中不易为其他作物吸收利用的养分集中起来,待绿肥翻耕腐解后,大部分重新以有效态留在耕层中,供下茬作物吸收利用。

③改善土壤理化性状,加速土壤熟化,改良低产土壤。

绿肥能提供较大量的新鲜有机物质和钙等养分,绿肥作物的根系又有较强的穿透能力与团聚作用,施用绿肥能促进土壤水稳性团粒结构的形成,改善土壤的理化性状,从而使土壤的保水、透水性、保肥、供肥性都得到加强,耕性变好,有利于土壤熟化和低产土壤改良。

④减少水、土、肥的流失和固沙护坡。

绿肥作物茎叶茂盛,能很好地覆盖地面,可以缓和暴风雨对土壤的直接侵蚀,减少地面径流,防止冲刷,减少水、土、肥流失,对培养山岭薄地、山区果园等土壤肥力有良好的效果。在风沙区种植绿肥,可增加土壤植物覆盖度、土壤有机质含量和养分含量,具有固沙改沙作用。

2. 常见的绿肥作物及其应用

我国是利用绿肥最早的国家,绿肥资源十分丰富,据全国绿肥试验网调查,我国共有绿肥资源10科24属60多种,1000多个品种。生产上应用较多的有:田菁、沙打旺、苜蓿、草木樨、紫穗槐、苕子等,现在我国主要绿肥的养分含量列于表10-11。按全国有机肥品质分级标准,田菁属三级,其他几种均属二级。除上述绿肥品种之外,我国在生产上还有很多应用广泛的绿肥品种,如紫云英、豇豆、绿豆、细绿萍、水葫芦等,这里就不一一介绍了。

表10-11　　　　　　　　　　　我国主要绿肥及其养分含量(%)

绿肥种类	有机质	全N	全P	全K	C/N
田菁	27.5	0.67	0.06	0.43	17.9
沙打旺	15.7	0.47	0.04	0.46	14.1
草木樨	20.3	0.54	0.04	0.29	13.8
黄花苜蓿	19.6	0.67	0.08	0.40	14.2
紫花苜蓿	34.6	0.61	0.07	0.69	—
紫穗槐	31.5	0.91	0.10	0.45	15.4

绿肥的利用大体上有三种方式,一是直接翻压还田,二是收割后做堆沤肥的材料,三是做饲料过腹还田,各地可根据具体情况,因地制宜地选择绿肥品种及利用方式。

10.3.3　施肥

施肥能提高作物的产量和品质,有利于培肥地力,已为生产实践所证实。但如果施肥不合理,造成的负面影响也是非常严重的,如品质降低、地力下降、经济效益降低等,更为严重的是对环境特别是农村生态环境将造成恶劣影响,这对农业的发展甚至是人类的发展都是不利的。因此,施肥虽说是农业生产不可或缺的一个重要环节,但无论是化肥还是有机肥,在施用上都必须做到有效、合理。所谓合理施肥,是指在一定的气候和土壤条件下,为了栽培某一种作物或某一系列作物所采用的正确的施肥措施。它包括有机肥料和化学肥料的配合,各种营养元素之间的比例,化学品种的选择,经济的施肥量,适宜的施肥时期和方法等。这一整套正确的施肥措施,也可简称为施肥制度,它可以对某一季作物而言,也可以是对一定的轮、间、套的种植体系而言。施肥是否合理主要看两项指标,一是看能否提高肥料利用率,二是看能否提高经济效益,增产增收。施肥后达不到这两项指标,就不能算合理施肥。

1. 施用方法

施用的目的是营养作物、培肥地力、提高产量和经济效益,生产上应根据作物的营养特点、土壤的供肥能力、肥料性质和气候特点等,因地制宜地采用不同的施肥方法,以获得肥料的最大效应,达到施肥的目的。我国农民有着丰富的施肥经验,总结出了看天、看地、看庄稼的施肥技术,现代农业则要求更高,特别是在施肥量和养分配比上要求得更严格,而在施肥环节上一般仍可分为基肥、追肥和种肥。

(1)基肥

基肥是在作物播种或移栽前施入土壤的肥料,也可称之为底肥。基肥的用量较大,通常以有机肥为主,化肥为辅。化肥中大部分磷肥和钾肥作基肥,部分氮肥作基肥。基肥具有培肥和改良土壤及在整个生育期内为植物提供养分的作用,遵循肥土、肥苗和土肥相融的原则,基肥的施用方法有:

撒施: 撒施是在耕地前将肥料均匀地撒于地表,再结合耕地将肥料翻于土中,这是最简单和最常用的一种方法。

条施和穴施: 条施是结合犁地做垄,在行间开沟,将肥料施于沟内,覆土后播种的施肥方法,一般适用于单行距作物或单株种植的作物。条施比撒施肥料集中,有利于提高肥效。

穴施是在预定种植作物的位置开穴施肥或将肥料施于种植穴内,是一种比条施肥料更集中的施肥方法,适用于单株种植的作物。

分层施肥: 通常在有粗、细肥搭配或施用磷肥时采用此法。将有机肥或磷肥翻入下层土壤,少量细肥及磷肥在耕地或耙地时混在上层土壤中,作物生长早期可利用上层的肥料,中后期则利用下层的肥料。这种方法一次施肥量较大,施肥次数少,肥效长,对于有地膜覆盖的作物尤其适用。

(2)种肥

种肥是播种或定植时施在种、苗附近的肥料,其作用是为种子萌发或幼苗生长提供良好的营养条件和环境条件。化肥、有机肥、微生物肥料均可用作种肥,但有机肥必须是腐熟的,化肥中凡浓度过大、过酸或过碱、吸湿性强及含有毒副成分的肥料均不宜做种肥。种肥的施用方法有以下四种。

拌种：　少量化肥或微生物肥料与种子拌匀后一起播入土壤,肥料用量视种子和肥料种类而定。

盖种肥：　先播种,后将肥料盖于种子之上,如草木灰适合用作盖种肥。

条施和穴施：　在行间或播种穴中施肥,方法同基肥的条施或穴施。

（3）追肥

追肥是在作物生长发育期间施用的肥料,其作用是及时补充作物在生育过程中,尤其是作物营养临界期和最大效率期所需的养分,以促进生长,提高产量和品质。追肥的施用方法有：

撒施：　将肥料撒施地表,再结合中耕耕翻入土,适用于水稻、小麦等密植作物。

条施：　适用于中耕作物,在作物行间开沟,将肥料施于沟内,施后覆土。

结合灌水施肥:将肥料溶于灌溉水中,使肥料随水渗入耕层,这种方法本身水、肥利用率就较高,在开沟条施或穴施困难的情况下这种方法更加适合。在有喷灌或滴灌的地块最好结合灌溉进行喷、滴灌施肥,具有省肥、渗透快、肥效高等优点。

根外追肥：　将肥料配成一定浓度的溶液,喷在作物的叶面,通过叶部营养直接供给作物养分。这种施肥方法最适合于微量元素肥料的施用或在作物出现缺素症时施肥,对于大量元素肥料,根外追肥作为一辅助性手段,在作物发育的中、后期应用效果较好。根外追肥的关键是浓度,肥料的种类不同、作物不同或同一作物的不同生育时期,根外追肥的浓度均不同,生产上应根据实际情况,选用合适的肥料和适当的喷施浓度。

2. 配方施肥

（1）配方施肥的概念和内容

配方施肥是我国 20 世纪 80 年代形成的,建立在田间试验、土壤测定和植物营养诊断三大分支学科基础上的农业新技术。这一技术的推广应用,标志着我国农业生产中科学计量施肥的开始。专家将配方施肥定义为:"根据作物的需肥规律,土壤的供肥性能与肥料性质,在施用有机肥的基础上,提出 N、P、K 及微肥的适宜用量和比例以及相应的施肥技术。"由此可见,配方施肥的内容,包括配方和施肥两个程序。配方的核心是肥料的计量,在马铃薯播种以前,通过各种手段确定达到一定目标产量的肥料用量,回答获得多少马铃薯块茎,该施多少 N、P、K 等问题。施肥的任务是肥料配方在生产中的执行,保证目标产量的实现。根据配方确定的肥料用量、品种和土壤、肥料特性,合理安排基肥、种肥和追肥的比例以及施用追肥的次数、时期和用量等。

（2）养分平衡法配方施肥

养分平衡法是国内外配方施肥中最基本和重要的方法。此法根据农作物需肥量与土壤供肥量之差来计算实现目标产量的施肥量。由农作物目标产量、农作物需肥量、土壤供肥量、肥料利用率和肥料中有效养分含量这五大参数构成的平衡法计量施肥公式,可告诉人们该施多少肥料。

计划产量施肥量 = 作物计划产量需肥量 − 土壤供肥量/肥料利用率（%）× 肥料中养分含量

1）目标产量指标

目标产量是决定肥料施用量的原始依据,是以产定肥的重要参数,通常用下列方法确

定:

①平均产量确定目标产量:采用当地前三年平均产量为基数,再增加 10% ~ 15% 作为目标产量。如某地前三年作物的平均产量为 500kg,则目标产量可定为 550 ~ 575kg。

②土壤肥力确定目标产量:根据农田土壤肥力水平,确定目标产量,叫以地定产。在正常栽培和施肥条件下,农作物吸收的全部营养成分中有 55% ~ 80% 来自土壤,余者来自肥料,任凭人们高肥大水,也改变不了这种状态。就不同肥力而言,肥地上农作物吸收土壤养分的份额多,瘦地上农作物吸收肥料中养分的份额相应较多。我们把土壤基础肥力对农作物产量的效应称为农作物对土壤肥力的依存率。即

$$农作物对土壤肥力的依存率(\%) = \frac{无肥区农作物产量}{完全肥区农作物产量} \times 100\%$$

也是我们通常所说的相对产量。掌握了一个地区某种农作物对土壤肥力的依存率后,即可根据无肥区单产来推算目标产量,这就是以地定产的基本原理和方法。目前,我国的以地定产的数学模型皆为指数式,也有不少地区以直线回归方程描述,但直线回归方程有一定的条件,即在某一产量范围内,y 与 x 呈直线关系。

要建立一个地区某种农作物无肥区单产与目标产量之间的数学关系式,就要进行田间试验,最简单的试验方案是设置无肥区和完全肥区两个处理,布点合理并有足够的数量,一般不少于 20 个点,小区面积 33m²,农作物生育期正常管理,成熟后单打单收。

以地定产式的建立,为配方施肥确定目标产量提供了一个较为精确的算式,把经验性估产提高到计量水平,可以说是我国肥料工作者的一大贡献。应当指出,以地定产式的建立是以农作物对土壤肥力的依存率为其理论基础,就是说基础地力确定目标产量,对土壤无障碍因子,气候、雨量正常的广大地区具有普遍的指导意义,若土壤水分不能保证,或有其他障碍因子存在,确定目标产量需另觅其他途径。

2)农作物的需肥量

农作物从种子萌发到种子形成的一世代间,需要吸收一定量养分,以构成自体完整的组织。对正常成熟农作物全株养分进行化学分析,测定出 100kg 经济产量所需养分量,即形成 100kg 农产品时该作物需吸收的养分量。这些养分包括了 100kg 产品及相应的茎叶所需的养分在内,不包括地下部分。依据 100kg 产量所需养分量,可以计算出作物目标产量所需养分量(表 10 - 12)。

表 10 - 12　　马铃薯形成 100kg 经济产量所需吸收 N、P、K 的大致数量

作物收获物	形成 100kg 经济产量所吸收的养分数量/kg		
	N	P₂O₅	K₂O
马铃薯块茎	0.50	0.20	1.06

$$作物目标产量所需养分量 = \frac{目标产量}{100} \times 100kg 产量所需养分量$$

3)土壤供肥量

土壤供肥量是百余年来国内外学者最为关注的重要议题之一,目前测定土壤供肥量最经典的方法是在有代表性的土壤上设置肥料五项处理的田间试验,分别测出供 N,供 P₂O₅,

供 K_2O 量。例如：

某马铃薯三要素五项处理产量结果（单位：kg/亩）如下：处理 CK、PK、NK、NP、NPK 产量分别为 280、300、388、372、400。则

$$土壤供氮量 = 无氮区作物产量/100 \times 100kg 经济产量所吸收的养分数量。$$
$$= 300/100 \times 0.5kg/亩 = 1.50kg/亩$$

同理，

$$土壤供磷量 = 388/100 \times 0.2kg/亩 = 0.776kg/亩$$
$$土壤供钾量 = 372/100 \times 1.06kg/亩 = 3.9432kg/亩$$

（注：1 亩 $\approx 667m^2$）

4）肥料利用率

肥料利用率是指当季作物从所施肥料中吸收的养分占施入肥料养分总量的百分数。肥料利用率常规下可以用田间差减法求得，即在田间设置施肥和不施肥两个处理试验，施肥区作物所吸收的养分减去土壤供肥量，即是作物从肥料中吸收的养分数量，再除以施用养分的总量即为肥料利用率。

$$肥料利用率 = \frac{（施肥区产量 - 无肥区产量）}{100} \times \frac{100kg 经济产量需养分量}{施入养分总量} \times 100\%$$

5）肥料中养分含量

可以从肥料的包装标识或在实验室实际测定获得该项指标。

6）确定施肥量

某马铃薯无肥区产量 360kg/亩，如果 NH_4HCO_3 的利用率为 40.8%，NH_4HCO_3 的含 N 量为 16.5%，欲达 550kg/亩，应施多少碳酸氢铵？

$$施肥量（NH_4HCO_3） = (550/100 \times 0.5 - 360/100 \times 0.5)/16.5\% \times 40.8\% kg/亩 \approx 14.11kg/亩$$

这里需要特别说明的是，如果田间同时施用了有机肥料，那么，在计算化肥用量时，还必须将有机肥料的供肥量扣除。

有机肥料的养分供应量（供肥量）= 有机肥料的施用量 × 有机肥料中养分含量 × 有机肥料中该养分的利用率

以上计算都是根据一定条件下的田间试验结果，因此，它的适用范围是受一定条件限制的。个别地块的田间试验结果，不能作为指导整个地区的施肥依据，当土壤、气候和技术等条件发生变化时，肥效的增产效应也必然随之变化，因此，肥料效应曲线不可能是固定不变的，效应曲线的模式也不会是千篇一律的，在应用肥料效应函数法配方施肥时必须加以注意。

3. 马铃薯的配方施肥

（1）马铃薯配方施肥的意义

马铃薯的配方施肥，与其他作物的配方施肥是一样的。即根据土壤和所施农家肥中可以提供的氮、磷、钾三要素的数量，对照马铃薯计划产量所需用的三要素数量，提出氮、磷、钾平衡的配方，再根据配方用几种化肥搭配给以补充，来满足计划产量所需的全部营养。这样既保证了马铃薯生长和形成产量的需要，又节省了肥料和资金，还避免了因某种元素施用过多而造成减少产量的问题。

在一些农业发达的国家，配方施肥早已成为一种常规的农业技术被普遍应用。我国当

前的农业经济基础还比较薄弱,特别是马铃薯主产区的农民还不富裕,同时我国的化肥产量还满足不了生产上的需求。通过配方施肥技术的推广应用,实行合理施肥、科学施肥,就能有效地减少营养成分的损失,提高肥料的利用率,不仅节省了肥料,减少了生产投入,降低了生产成本,还使有限的化肥得到充分利用,取得理想的产量。同时还能改良和培肥土壤,使地力不断提高,实现农业生产连续丰收,创造可靠的物质基础。

(2)马铃薯配方施肥的实施

配方施肥,也叫测土配方施肥。实行马铃薯的配方施肥,既要考虑马铃薯的需肥特点,又要考虑到当地土壤条件、气候条件和肥料特性,特别还要考虑当地的技术水平、施肥水平、施肥习惯和经济条件等综合因素。其具体做法如下:

第一步,进行土壤营养成分和所施用的农家肥营养成分的化验,测出土壤和农家肥中的氮、磷、钾的纯含量,再按有效利用率计算出可以供给马铃薯生长利用的氮、磷、钾数量(每种有效成分×有效利用率)。

第二步,依据马铃薯每生产1000kg块茎,需纯氮(N)5kg、纯磷(P_2O_5)2kg、纯钾(K_2O)11kg的标准,计算出预计达到产量的氮、磷、钾的总需要量,再减去土壤和农家肥中可提供的氮、磷、钾数量,即得出需要补充的数量(即分别需用氮、磷、钾的总数量,减去土壤和农家肥中可分别提供的氮、磷、钾数量,就是需要分别补充的氮、磷、钾数量)。最后,根据当地的施肥水平和施肥经验,对需要补充的各种肥料元素数量进行调整,提出配方。

第三步,按照化肥的有效成分和有效利用率,计算出需要施用的不同品种的化肥数量。

第四步,根据施肥经验,决定基肥和追肥分别施用的品种和数量。

整个配方施肥的过程,前半部分叫测土,后半部分叫配方施肥。一个配方的适用范围,可以大一些,也可以小一些。在一个土壤肥力均匀和施肥水平相近的区域内,适用范围可以大一些,但需要进行多点取土样,才能获得有较广泛的代表性。因此,最关键的是依靠经验和过去的试验结果,其最后的配方基本是由分析和估算而得出来的。这种方法适应于生产水平差异小,而基础较差的地方使用。统一进行选点测土和提出配方,可减少农民的麻烦,农民易于接受。面以一家农户的地块,或几家农户连片同质量的地块为测土配方单位的,适用范围则可以小一些。这样,代表面积越小越准确,因为差异小,测土和配方都更接近实际。不过代表面积小,也得按程序做一遍,比较麻烦。

例如:某一农户或某一个村,种植马铃薯,计划单位面积产量要达到每亩2000kg。

①已知每产1000kg块茎,需纯氮5kg、纯磷2kg、纯钾11kg。因此,每产2000kg块茎,需纯氮10kg、纯磷4kg、纯钾22kg。

②经取土样和农家肥样化验,并按营养成分利用率计算得出:土壤和农家肥中当年可以提供纯氮5kg、纯磷2kg、纯钾14kg。

③用①的结果减去②的结果,即得知每生产2000kg块茎尚缺纯氮5kg、纯磷2kg、纯钾8kg。

④当地习惯使用磷酸二铵、尿素、硫酸钾或氧化钾等肥料。按不同化肥种类的不同元素含量及当年有效利用率,计算(一般应先计算多元素的复合肥,再计算单质肥料)所使用肥料的施用量:

磷酸二铵:含磷46%、氮18%,磷当年利用率为20%,氮当年利用率为60%。由③得知需补充磷2kg、氮5kg,根据以下公式:

需化肥数量 = 需补充元素纯量 ÷ (化肥含量 × 当年利用率)

可以得出:需磷酸二铵数量 = 2kg ÷ (0.46 × 0.2) = 21.7kg

21.7kg 磷酸二铵中含可利用的氮量为:

$$21.7kg × 0.18 × 0.6 = 2.3kg$$

尿素:含氮 46%,当年利用率为 60%,由③得知需补充 5kg 纯氮,减去磷酸二铵中可提供的纯氮 2.3kg,实缺纯氮 2.7kg。

$$需尿素数量 = 2.7kg ÷ (0.46 × 0.6) = 9.8kg$$

硫酸钾或氯化钾:含钾 60%,当年利用率为 50%,由③得知需补充钾 8kg。

$$需硫酸钾或氧化钾数量 = 8kg ÷ (0.6 × 0.5) = 26.6kg$$

⑤根据当地施肥水平和施肥经验,可对上述计算得出的化肥用量加以适当调整,提出每 667m2 化肥施用配方:

磷酸二铵 20kg;尿素 10kg;硫酸钾或氧化钾 25kg;硫酸锌 2kg;硅酸镁 1kg。

⑥在施用方法上,除尿素留 5kg 在发棵期之前追施外,其余在播种前均匀掺混后,全部撒于地表,耙入土中作基肥,或顺垄撒于垄沟做基肥。

(3)马铃薯专用化肥

测土配方施肥是农业生产现代化的重要组成部分,今后我国大部分农作物施肥都将采取这一做法。但目前我国化肥产量较少,品种单一;农民的经济基础薄弱;土壤养分的化验检测设备又不普及,普遍采用测土配方施肥还有一定的困难。可是又不能等到一切条件都具备了以后再普遍推广。因此,根据"地力分区配方法"的原理,在比较大的范围,地力非常相近的行政区或自然区域内,按多点取样的土壤化验资料及当地的施肥水平,参照某种作物的需肥特点,用计算和估算相结合的方法,提出适应化较大的区域性配方。然后集中在有设备、有技术力量和有原料的生产单位,统一成批的配比,再用机械混合或化学合成方法,制成某种作物的专用肥料,分别供应区域内农产和农业单位应用。经施用后效果很好,很受农民的欢迎。实质上这种专用化肥,就是针对我国国情的一种配方化肥。它既解决了化肥品种不全无法配方的问题,又解决了范围大、用户多和土壤化验实施不了的实际问题,还起到了配方施肥、降低成本和不浪费肥料的作用。所以,按这种方法配制的专用化肥,在近期还是大有前途的。

马铃薯专用化肥,就是在这样一个背景下开发出来的。河北省围场满族蒙古族自治县,历年马铃薯种植面积为 27000hm² 左右,由于多年来施用单一的氮肥,导致土壤营养成分失调,肥料的投入产出比下降。20 世纪 60 年代每千克氮肥可增产 4kg 左右的粮食。到 20 世纪 80 年代每千克氮肥只能增产 1.5kg 粮食。要扭转这一局面,就必须在种马铃薯时实行配方施肥,可是却又面临着土壤化验规模小、力量不足,钾肥又不能保证供应的实际问题。1992 年,该县便酝酿开发使用马铃薯专用化肥项目,与承德市农业局、唐山开滦复合肥厂合作,经反复研究,依据围场历年来土壤化验资料、当地农民施肥水平、马铃薯吸肥规律以及造粒技术等实际情况,确定了氮 13,磷 7,钾 15 的配方,并配加锌、锰等微量元素肥。1993 年,他们试验施用生产出的第一批马铃薯专用化肥,结果显示出了专用化肥的明显作用,得到了种植户的认可。

几年来,该县施用马钟薯专用化肥的面积逐渐扩大,对周边相似地区也产生了很大的影响。如内蒙古自治区的多伦县、克什克腾旗和喀喇沁旗等地,也纷纷引进试用,并取得了很好的效果。

(4)马铃薯可以适量施用含氯化肥

以前,人们认为氯元素影响马铃薯块茎品质,所以把马铃薯列入"忌氯作物",在马铃薯生产中从不使用含氯化肥。马铃薯对钾肥需要量最大,而市场上常见的含钾化肥只有硫酸钾和氯化钾两种。硫酸钾的价格是氯化钾的2倍,货源又比氧化钾紧缺。所以,生产者宁可让马铃薯缺少钾肥,也不买昂贵的硫酸钾,同时也不敢使用价格便宜的氧化钾来补充钾元素。20世纪80年代以来,人们开始重新研究和认识"马铃薯是忌氯作物"的问题,国内外许多专家学者对马铃薯施用含氯化肥的问题进行了大量的研究。研究结果表明,只要施用的含氯化肥中的氯元素浓度在633 ppm(633/1000000)以下,就对马铃薯不仅没有任何坏影响,还有利于植株生长,其产量会有不同程度的增加,块茎淀粉含量与不施氯的基本一样,因而不存在降低块茎质量的问题。因此,在给马铃薯施用全钾化肥时,可以大胆应用氯化钾。这样,既保证了马铃薯对钾肥的需求,也不至于使生产成本上升。

10.4 马铃薯的矿质营养

马铃薯的产量形成是通过吸收矿物质、水分和同化 CO_2 的营养过程,促进植株生长发育和其他一切生命活动而实现的。在栽培过程中,为了保证正常的生长发育,需要十多种营养元素,即碳、氢、氧、氮、磷、钾、硫、钙、镁、铁、铜、锰、钼、锌、硼、氯等,除碳、氢、氧是通过叶片的光合作用从大气和水中得来以外,其他营养元素(如矿物质)是通过根系从土壤中吸收得来的(母薯的矿质营养元素,有一部分也转移到新的植株中去)。这些矿质营养元素虽然占马铃薯产量的干物质比重很小(约占5%),但它们通过提高光合生产率,参与并促进光合产物的合成、运转、分配等生理生化过程,而对产量形成起着重要作用,即有的元素直接作为植物体的组成成分,有的则作为调节植物体内的生理功能,也有两者兼备的。它们对植物体的生命活动是不可缺少的,也不能相互代替。在生长发育过程中,缺乏任何一种元素,都会引起植物体生长失调,最终导致减产和品质降低,氮、磷、钾是作物生长发育需要量最多的三要素,土壤中常缺乏,尤其是氮素和磷素,必须经施加以补充,才能满足作物的需要。其他元素也应根据土壤含量和作物的需求适当施用。但是,马铃薯所吸收的"三大要素"之间的比例,却与其他农作物的大不一样。马铃薯吸收的钾素量最多,氮素次之,吸收量最少的是磷素。据资料介绍,每生产1000kg马铃薯块茎,需要从土壤中吸收全钾11kg、氮素5kg、磷素2kg。

10.4.1 氮素对马铃薯生长的影响

马铃薯吸收氮,主要用于植株茎秆的生长和叶片的扩大。叶片是进行光合作用制造有机物质的关键部位。所以,有足量的氮素,就能使马铃薯植株枝叶繁茂、叶片墨绿,为有机营养的制造和积累创造有利的条件。适量的氮气还能增加块茎中的蛋白质含量,提高块茎的产量。因此,氮素是马铃薯植株健壮生长和获得较高产量不可缺少的肥料之一。如果氮肥不足,就会使马铃薯棵长得矮,长势弱,叶片小,叶色淡绿发灰,分枝少,开花早,下部叶片提早枯萎和凋落,降低产量。但是,如果氮肥过量,则又会引起植株疯长,营养分配打乱,大量营养被茎叶生长所消耗,匍匐茎"窜箭",降低块茎形成效量,延迟结薯时间,造成块茎晚熟和个小,干物质含量降低,淀粉含量减少等。氮肥过多的地块所生产的块茎,不好储藏,易染病腐烂。另外,氮肥过多还会导致枝叶太嫩,容易感染晚疫病,造成更大的产量损失。而且一旦出现氮肥施用过多的问题,一般难以采取措施来补救,不像氮肥用量不足的问题可以用追肥的方法来补救。因此,在施用底肥时一定要注意氮肥不能过量。据实践经验,在当前施肥水平的条件下,中等以上肥力的田地,每亩施氮素量以控制在 4~7kg 为宜。

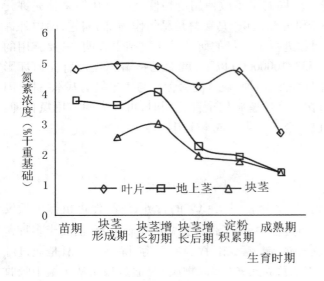

图 10-1　因素中量处理下马铃薯不同器官内氮素浓度

1. 马铃薯各器官中氮素的含量

在整个生育期内,马铃薯各器官氮素含量始终表现为叶片 > 地上茎 > 块茎(图 10-1)。叶片中的氮素浓度的变化幅度在 2%~5%,在全生育期间其动态变化为:块茎形成期达到最高峰,然后逐渐降低,到淀粉积累期又有所回升。地上茎中的氮素浓度在整个生育期的变化为:在块茎开始增长初期有一小峰值外,而后一直下降直到成熟收获。块茎中氮素浓度的变化趋势与前二者表现趋势相同:块茎中的氮素浓度在块茎增长初期有一低峰,而后一直下降直至收获。

因此,在马铃薯高产栽培施肥实践中,必须注重氮、磷、钾的适量与配合,使之既能满足块茎的形成与生长的需要,又可防止植株生长过旺或生育后期发生早衰。如在块茎形成期,使叶片具有 4.89% 左右的氮素浓度;块茎增长初期,使地上茎的氮素浓度达 3.9% 左右;在淀粉积累期,维持叶片 4.6% 左右的氮素浓度,可获得较高的经济产量。

2. 马铃薯对氮素的吸收速率

马铃薯对氮的吸收速率在整个生育期间呈单曲线变化,峰值出现在块茎增长期(图 10-2)。马铃薯出苗后,由于各器官建成及生长发育氮的需求量不断增加,氮的吸收速率逐渐升高,特别是块茎形成和块茎增长期,由于旺盛的细胞分化和块茎的迅速建成,氮的吸收速率增高,并达到峰值,而此后由于块茎增长趋慢,转为淀粉积累,对氮的需求量逐渐减少,氮的吸收速率随之直线下降,直到出苗后 90 d 左右基本停止吸收。由此可见,马铃薯对氮的吸收与营养生长和块茎的增长密切相关,而发生早衰的植株由

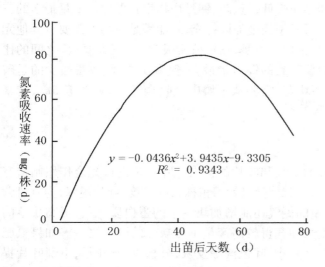

$$y = -0.0436x^2 + 3.9435x - 9.3305$$
$$R^2 = 0.9343$$

图 10-2　因素中量组合处理下马铃薯氮素吸收速率的变化

于过早停止生长,对氮的吸收也较早地停止。

在因素中量组合栽培条件下,马铃薯植株个体对氮素的吸收速率的变化符合二次曲线,如图 10－2 所示。马铃薯对氮素的最高吸收速率可达 80 mg/株·d 左右,峰值出现在出苗后 45 d 左右。

3. 马铃薯氮素积累量的动态变化

马铃薯植株体内氮素的积累量在苗期至块茎形成期处于缓慢增长期,从块茎形成及块茎增长期间直线增长,到淀粉积累期达到峰值,此后随着叶片的衰老、脱落,发生氮素的转移和损失,使氮的积累量有所下降(表 10－13、图 10－3)。

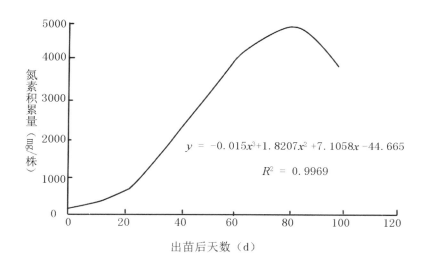

$$y = -0.015x^3 + 1.8207x^2 + 7.1058x - 44.665$$
$$R^2 = 0.9969$$

出苗后天数（d）

图 10－3 因素中量组合处理下马铃薯氮素积累量的变化

不同处理下,随着密度的增大,氮素积累量呈递减趋势,这是因为随密度的增大,单株营养面积降低,养分竞争加剧,同时不良的通风透光条件影响了马铃薯的正常生长发育而使养分吸收量降低。增施氮、磷、钾肥,马铃薯体内氮的积累量均有所增加。增施氮肥,增加了植株对氮的吸收量,根系吸收的氮素用于合成叶绿素或以游离氨基酸储存起来,从而提高了全株的氮素积累量。在因素中量组合处理下,马铃薯植株体内氮素的积累量(y)随出苗后天数(x)的变化符合三次曲线(图 10－3)。

表 10－13　　**不同施肥与密度处理下马铃薯氮素积累量的动态变化**（mg/株）

处理	苗期 （10）	块茎形成 期（19）	块茎增长 初期（35）	块茎增长 后期（55）	淀粉积累 期（75）	成熟期 （103）
高密度	161	538	1460	2243	2849	2580
低密度	194	562	2068	4035	5056	3938
高施磷	198	565	1812	3742	4582	4036
未施磷	163	547	1370	3067	3870	3292

续表

处理	苗期（10）	块茎形成期（19）	块茎增长初期（35）	块茎增长后期（55）	淀粉积累期（75）	成熟期（103）
高施钾	192	580	1817	3518	4661	4010
未施钾	155	527	1523	3173	3915	3040
高施种氮	203	629	2042	3785	4585	3969
未施种氮	161	536	1303	2562	3688	2905
高追氮	180	549	1805	3721	4458	3689
未追氮	184	543	1439	2354	3398	3394
因素中量（适量）组合	182	549	1791	3509	4224	3535
未施肥（CK）	152	516	1257	2083	2612	2253

注:表头中括号内数字为出苗后天数。

在因素中量组合处理下,马铃薯单产最高为 3060 kg/亩,因而每生产 500 kg 块茎需吸收氮素 2.65 kg。

4. 氮素在马铃薯各器官内的分配

随着生育进程的推移,马铃薯吸收的氮素在各器官内的分配状况如图 10 – 4 所示。氮素在叶片中的分配率以苗期为最高,此时 70% 以上的氮分配到叶片,用于光合系统的迅速

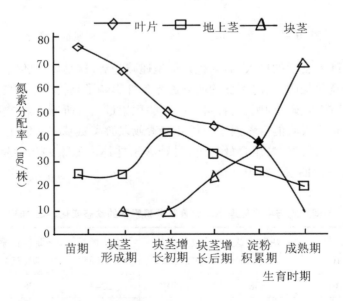

图 10 – 4　因素中量组合处理下马铃薯氮素分配率的变化

建成;此后随着生育进程的推移,叶片中氮素的分配不断地下降;成熟期,由于叶片的衰老和脱落,只有 10% 左右的氮没有转移而滞留在叶片中。氮的茎中分配率在整个生育期间则呈

单峰曲线变化:从苗期至块茎增长初期,氮在茎中的分配率缓慢上升,到块茎增长初期达到峰值,此后又逐渐下降,这说明块茎的增长初期,也正值地上茎的旺盛生长、伸长期,此时地上茎对氮有较大的需求量。块茎形成进入增长期后,氮素在块茎中的分配率一直呈上升趋势,大量的氮素转移到块茎中,用于块茎的建成和营养的储存,到成熟期,有70%的氮素最终储存在块茎中。

在淀粉积累期以前,各器官中氮素的分配基本上表现为叶片 > 地上茎 > 块茎,叶片中氮素的分配率高,有利于维持其光合活性;而淀粉积累期后,则以块茎中的氮素分配率为最高,表明马铃薯植株在淀粉积累开始后,各器官中的氮素向块茎的转移加快,使叶片和地上茎的衰老进一步加剧。

10.4.2 磷素对马铃薯生长的影响

马铃薯吸收的磷肥,在前期主要用于根系的生长发育和匍匐茎的形成,使幼苗健壮,提高抗旱、抗寒能力,在后期主要用于干物质和淀粉的积累,促进早熟,提高品质,增加耐贮性。同时,磷肥的施用还能增强氮肥的增产效应。马铃薯需磷肥的数量虽然很少,却非常重要,没有磷肥,马铃薯植株就不可能生长。如果缺磷,马铃薯植株就生长缓慢,茎秆矮,叶子稍卷曲,边缘有焦痕,长势弱,块茎内出现褐色锈斑,煮熟时锈斑处发脆,影响食用。

给缺磷的土壤增施磷肥时,要考虑到磷肥被农作物吸收利用率较低,仅有20% ~ 30%,因而应适当增加施用的数量。缺磷的地块,每亩(1 日)施用磷素4.5kg。

1. 马铃薯各器官磷素浓度的变化

马铃薯叶片和块茎中磷素浓度的变化均呈单峰曲线变化,峰值均出现在块茎增长期,而地上茎呈逐渐下降趋势。叶片、地上茎、块茎中磷素浓度变化幅度分别0.28% ~ 0.51% 、0.26% ~ 0.58% 、0.33% ~ 0.49% 。保证块茎增长期磷素

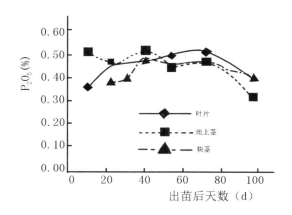

图10 - 5 旱作马铃薯不同器官内磷含量的变化

的供应,是使马铃薯群体具有良好的发展动态和获得高产的前提(图10 - 5)。

在种植密度适宜、氮磷钾适量配施下,叶片和块茎在全生育期具有较高的磷浓度,而地上茎的磷浓度居中,块茎产量最高。

2. 马铃薯磷素(P_2O_5)吸收速率的变化

马铃薯磷素(P_2O_5)吸收速率均呈单峰曲线变化,峰值出现在块茎快速增长期(出苗后的41 ~ 54d)由此说明,马铃薯对磷素(P_2O_5)的需求量虽低,但幼苗的生长发育、块茎的形成、块茎体积的增长乃至淀粉的积累都需吸收一定量的磷素(图10 - 6)。

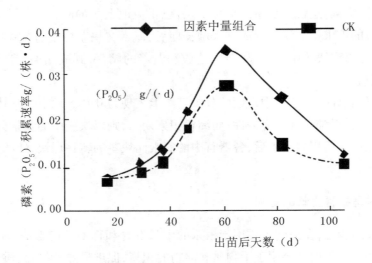

图 10-6　马铃薯磷素吸收速率变化

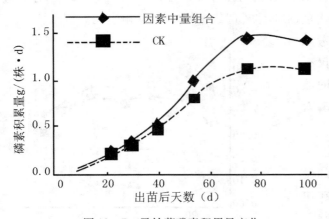

图 10-7　马铃薯磷素积累量变化

3. 马铃薯磷素(P_2O_5)积累量的变化

马铃薯植株体内磷素(P_2O_5)积累量的变化,在块茎增长期(出苗后 40d)之前增加缓慢,进入块茎增长期后直线增加,在淀粉积累期达最高,之后略有下降(图 10-7)。这表明,马铃薯对磷的需求量较少。根据测产结果,每生产 500 kg 块茎需吸收磷素(P_2O_5) 0.80 kg。

4. 磷素(P_2O_5)在马铃薯各器官内的分配

随着生育进程的推移,马铃薯吸收的磷素在各器官内的分配也在不断发生变化(图 10-8)。磷素在马铃薯各器官内的分配,随着生长中心的转移而发生变化。磷素在叶片中的分配率以苗期为最高,60%~70%的磷素分配到叶片,用于光合系统的迅速建成,此后随着生育期的推移,不断地下降,成熟期由于叶片的衰老和脱落,磷素在叶片中的分配率降低到 15%~20%;磷素在地上茎中的分配率,整个生育期间呈递减变化:即从幼苗期和块茎形成期的 35%~40%逐渐下降到成熟期的 10%~15%;块茎形成进入增长期后,磷素在块茎中的分配率一直呈上升趋势,大量的磷素转移到块茎中用于块茎的建成和储存,到成熟期有 70%~75%的磷素最终储存在块茎中。降低密度、增施氮磷钾肥提高了磷素在各器官中的分配率,即提高了生育前期在叶片、地上茎中、生育后期在块茎中的分配率。群体结构合理,氮、磷、钾适量配施下,磷素在各器官中的分配相对均衡,利于生长中心的协调转移,提高产量。

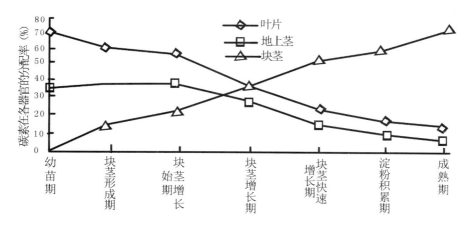

图 10 - 8　马铃薯磷素分配率的变化

10.4.3　钾素对马铃薯生长的影响

马铃薯吸收钾素主要用于茎秆和块茎的生长发育。充足的钾肥,可以使马铃薯植株生长健壮,茎秆粗壮坚韧,增强抗倒伏、抗寒和抗病能力,并使薯块变大,蛋白质、淀粉、纤维素等含量增加,减少空心,从而使产量和质量都得到提高。钾肥在马铃薯体内具有延缓叶片衰老,增加光合作用时间和有机物制造的强度等显著作用。马铃薯植株在生长过程中,缺少钾肥,会造成植株弯曲,节间缩短。叶缘向下卷曲,叶片由绿色变为暗绿,最后变成古铜色,同时叶脉下陷,根系不发达,匍匐茎变短,块茎小,产量低,质量差,煮熟的块茎薯内呈灰黑色。

因为马铃薯吸收钾肥量最大,即使是土壤中富含钾素的地块,种植马铃薯时也要补充一定数量的钾肥,才能满足马铃薯植株生长的需要。实践表明,按目前我国施肥水平,每亩应施用全钾 6 ~ 8kg。

1. 马铃薯各器官钾素(K_2O)的含量

马铃薯各器官钾素浓度随生长发育进程均呈现递减变化,且地上茎中钾素浓度始终高于叶片和块茎,而块茎和叶片的钾素浓度差异较小(图 10 - 9)。因此,在高产栽培条件下,必须适量供应钾素,以满足马铃薯生长发育对钾素的需求。

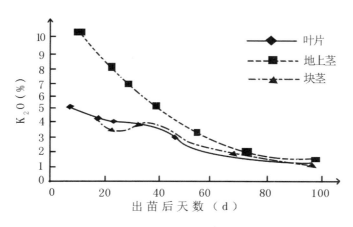

图 10 - 9　马铃薯各器官钾素含量

2. 马铃薯钾素（K_2O）吸收速率的变化

马铃薯对钾素（K_2O）的吸收速率呈单峰曲线变化，峰值出现在块茎增长期，进入淀粉积累期后，钾（K_2O）的吸收速率迅速下降，至成熟期有一定量的钾素外渗并随叶片的脱落而出现"流失"（图 10 - 10）。

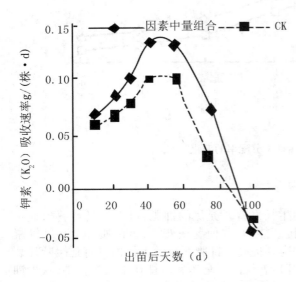

图 10 - 10 马铃薯钾素吸收速率变化

马铃薯钾素（K_2O）吸收速率的变化与块茎的形成与代谢规律一致。因为钾在马铃薯植株体内与光合产物的运输相关，在块茎增长期和淀粉积累期均有大量的光合产物运输到块茎中，供块茎的建成和储藏物质的积累，因而植株对钾的吸收速率最高。

3. 马铃薯钾素（K_2O）积累量的动态变化

马铃薯植株钾素（K_2O）的积累量，在幼苗期和块茎形成期因植株较小而积累量少，从块茎增长期开始，钾素积累量呈直线升高，并在淀粉积累期达到峰值，此后随着叶片的衰老、脱落，发生 K_2O 的转移和流失，使 K_2O 的积累量有所下降（图 10 - 11）。

根据测产结果，马铃薯在适宜栽培条件下，每生产 500 kg 块茎需吸收钾素（K_2O） 4.49 kg。

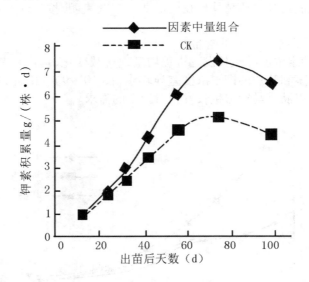

图 10 - 11 马铃薯钾素积累量变化

4. 钾素（K_2O）在马铃薯各器官的分配

随着马铃薯生育进程的推移，马铃薯吸收的钾素（K_2O）在各器官内的分配随生长中心的转移而发生变化。

钾素在叶片中的分配率以幼苗期为最高,其中 55% ~60% 的钾素分配到叶片,用于器官的迅速建成,此后随着生育进程的推移,不断地下降。成熟期,由于叶片的衰老和脱落,钾素在叶片中的分配率降低到 10% ~20%,整个生育期间钾素在地上茎中的分配率呈平缓的递减变化:即从幼苗期的 40% ~45% 缓慢下降到成熟期的 10% ~20%,块茎形成进入增长期后,钾素的分配率一直呈上升趋势,大量的钾素转移到块茎中用于块茎的建成和储存,到成熟期,有 60% ~70% 的钾素最终储存在块茎中。

10.4.4　钙、镁、硫和微量元素营养

马铃薯生长除需上述三大要素外,还需要中量元素和微量元素。这些元素虽然被吸收的数量极少,可是它们的作用很大,如同炒菜时添加的调料一样,缺少调料做出菜来就味道不佳,微量元素不足,也会引发一些病状,从而降低马铃薯的产量和质量。所需的中量元素主要有钙、镁、硫,所需的微量元素有锌、铜、钼、铁、锰、硼等。一般土壤中都含有这些元素,基本可以满足马铃薯植株生长的需要。如果经土壤化验,已知当地缺少哪种元素,可在施肥时适当增加一点含有这种元素的肥料,就能起到很好的作用。

1.钙、镁、硫的生理作用及含量

马铃薯根、茎、叶中钙的含量占干重的 1% ~2%,但在块茎中的含量则只有干重的 0.1% ~0.2%。生育期总需求量约相当于钾素的 1/4。它是构成细胞壁的元素之一,细胞壁的胞间层是由果胶钙组成的。钙对马铃薯具有双重作用,一方面作为营养元素之一,供植物吸收利用,另一方面能促进土壤有效养分的形成,中和土壤酸性,抑制其他化学元素对马铃薯的毒害作用,从而改善土壤环境,促进马铃薯的生长发育。一般土壤不会缺钙。但在 pH 值低于 4.5 的酸性土壤中,施用石灰补充钙质,中和酸性,对增产有良好的效果。

马铃薯的根、茎、叶中镁的含量为干重的 0.4% ~0.5%,生育期间茎、叶中镁的含量一般不下降,还略有增加,主要是因为镁离子极不易进入韧皮部从茎叶中输出的缘故。块茎中的镁,随生育期的推移,则有所下降,一般占块茎干物重的 0.2% ~0.3%。镁是叶绿素的成分之一,也是多种酶的活化剂,影响发酵和呼吸过程,并影响核酸和蛋白质的合成及碳水化合物的代谢。

镁和钙在马铃薯体内的含量十分稳定,占各种无机元素总量的 6% 左右。结果其中一种的含量增加,则另一种的含量必定减少。据前苏联学者报道,在轻质砂土和灰化黑钙土上施用镁肥,对提高块茎产量和淀粉含量有良好作用。

硫在马铃薯的根、茎、叶中的含量为干物重的 0.3% ~0.4%,在块茎中的含量为干物重的 0.2% ~0.3%。硫是几乎所有的蛋白质的成分之一,因为构成蛋白质的几种氨基酸如胱氨酸、半胱氨酸、蛋氨酸中都含有硫。硫也是辅酶 A 的成分之一,而辅酶 A 影响着脂肪、碳水化合物等许多重要物质的形成。一般栽培马铃薯的土壤中多不缺硫。

2.微量元素的生理作用及其对产量和品质的影响

除三要素和钙、镁、硫外,微量元素也是马铃薯生育必不可少的,其中具有重大生理功能的有锌、铜、硼、锰、铁等。据测定,在块茎增长期,马铃薯新鲜叶子各种微量元素的含量是:铁 70~150ppm,硼 30~40ppm,锌 20~40ppm,锰 30~50ppm。

这些微量元素对作物生长发育的重要作用,主要是因为它们是许多种酶的组成成分或活化剂,如铁是细胞色素氧化酶、过氧化氢酶和过氧化物酶的成分之一,在细胞呼吸过程中

起重要作用。锰能激活三羧酸循环中的某些酶,提高呼吸强度,在光合作用中,水的光解需要有锰参与,锰也是叶绿体的结构成分,缺锰时,叶绿体结构会破坏解体。铜是多酚氧化酶、抗坏血酸氧化酶等的成分,它能影响氧化还原过程,增强呼吸强度;铜又存在于叶绿体的质体兰素中,质体兰素是光合作用中电子传递体系的一员。硼能促进碳水化合物的代谢和运输,以及细胞的分裂作用。锌是某些酶的组成成分和活化剂,又是吲哚乙酸合成所必需的物质,缺锌时,植株中吲哚乙酸含量减少,株型和生长习性异常。

关于施用微量元素增产和改善马铃薯品质的作用已有不少研究,其增产作用常因土壤条件而异,一般在肥沃土地上施用微量元素没有效果或效果不大,在贫瘠土壤上施用具有一定或显著效果。例如,1977 年青海省乐都县农科所和青海省农科院土肥研究所试验,在基肥中每亩施入 0.25kg,0.5kg,1kg 硼酸,增产率分别为 37.3%、26.2% 和 1.4%,用 0.1% 硼酸溶液浸种 10 分钟和在花期喷施,分别增产 10.5% 和 8.4%。又据四川省冕宁县王仕琨研究,马铃薯施用锌、硼有明显的增产效果,锌、硼单施及锌、硼配合施用产量平均高于对照 0.09% ~ 19.89%,其中锌、硼基施加叶面喷施的产量最高,比叶面喷施和基施产量分别提高 2.66% 和 4.19%。从产量结构分析其增产原因时认为,锌、硼增产主要依靠大中薯率的提高,大中薯率平均比对照提高 8.36%,而锌、硼配合施用较单施增产,主要是依靠单株结薯数增加,单株结薯数比对照平均增加 10.54%。

近年来,各地先后研制出种类和名目繁多的生长素类的农药,有某种作物专用的,也有适合多种作物的,其成分大同小异,多数都含有农作物必需的常量元素和若干补微量元素,通过拌种、浸种、喷施等办法,施给不同作物,用药量少而经济,使用方法简便,一般都表现不同程度的增产效果。它们是通过调节农作物生长发育、促进光合产物的合成、运转和分配,从而达到提高农作物产量和品质的目的。研究发现,矮壮素以 0.1% ~ 0.15% 的浓度,在马铃薯块茎形成期叶面喷施,对增加块茎产量和单株结薯数有显著作用,并可降低植株高度,增加茎秆重量,提高经济产量系数,但对叶绿素含量影响不显著。增苷磷用 0.1% 和 0.2% 的浓度,在马铃薯淀粉积累期进行叶面喷施,可显著提高淀粉含量,但对块茎产量没有显著影响。三十烷醇以 0.01ppm、0.05ppm、0.1ppm、0.5ppm 和 1ppm 各浓度,在块茎形成期进行叶面喷施,对块茎产量和单株结薯数没有显著影响。但 0.1ppm 和 0.5ppm 两浓度,对增加淀粉含量有一定作用。比久和缩节素均以 0.02% 和 0.03% 的浓度,在块茎形成期进行叶面喷施,对块茎产量没有显著影响,但以 0.03% 浓度的比例对叶面喷施,可使单株结薯数显著增加。丰产素以 4000 倍液,在块茎形成和块茎增长期分两次喷施,平均增产 12.5%,每亩增产块茎 213kg。植宝素以 4000 倍液,在块茎形成和块茎增长期分别喷施,平均增产 2.9%,每亩地增产块茎 61kg。膨大素喷施后,对块茎有增大作用,大薯率提高,对增产有一定效果。又据甘肃省天水市农科所潘连公等人研究,使用北京产的马铃薯多元微肥试验结果表明,以每亩 100g,在现蕾和终花期叶面喷施增产作用较大,并有助于淀粉积累,每亩用 90g 微肥拌种并结合初花期叶面喷施,增产作用也较大,并能提高淀粉产量。平均增产 2.9% ~ 6.2%,大中薯率也有所提高。

近年来,稀土元素在马铃薯上的应用研究也有一些人研究,对马铃薯的产量和品质都有一定的影响。据黑龙江省农科院解惠光等人研究,试验是以"农乐"(含稀土 R_2O_3 S8%)水溶液进行叶面喷施,其结果无论是不同喷施时期、不同用量还是不同次数,均较对照区增产,增产幅度在 12.8% ~ 16.7%,每亩增产块茎 208.5 ~ 270kg。从喷施时期看,花期稍优于蕾期,从施用剂量看,每公顷 1500g 优于每公顷 750g。从喷施次数看,喷一次优于喷两次。从薯块商品率上看,大中薯之和较对照高 0.26% ~11.6% ,高剂量处理效果更显著。从营养品质分析结果看出,施稀土后块茎含水量均较对照低,淀粉含量提高 0.3% ~1.04% ,并以花期喷施者效果最好。黑龙江省安达市土肥站魏永刚等人通过采用哈尔滨火石厂生产的固体硝酸稀土(含稀土氧化物 R_2O_3 37.2%)拌种和叶面喷施,也取得了类似的增产和提高淀粉含量的效果。

多元微肥用量过大、施肥时间过于集中,会影响马铃薯产量。施用时应根据当地土壤条件,因地制宜。叶面喷施以两次为宜,如已拌种,则应在生育中后期进行叶面喷施。

微量元素肥料有很强的针对性,应注意研究与土壤条件和作物相适宜的肥料配方,形成不同作物的专用配方(肥料),有针对性地施用,方能取得较好的增产效果。

从目前生产水平看,尽管微量元素肥料的增产幅度还不大,但随着耕作栽培技术的不断改进和提高,作物的单产将继续增加,对土壤微量元素的消耗不断增大,因此,补充作物所需的微量元素势在必行。

10.5　马铃薯缺素症及防治

马铃薯各个生育期的营养需求特性不同,如果在某一阶段水肥跟不上,就会造成植株发育不良,进而影响产量。

10.5.1　对养分需要量的测算

准确估计作物需肥量的一个先决条件,是要了解作物在不同产量水平下对养分的反应和栽培作物的土壤营养状况。有根据地估计出土壤磷和钾的营养状况是可以做到的,至于土壤氮素营养状况,目前尚未找到合适的评价分析方法。据研究,作物体内氮、磷、钾营养元素的含量,在一定程度上可以反映农作物的营养状况。因此,分析作物组织中营养元素的多少,可作为诊断其营养水平的一个客观指标。马铃薯一般是以植株倒数第 4 片叶(即已充分展开的最上一片叶)的叶柄作为分析材料,用化学速测方法测定其硝酸态氮及无机磷、无机钾的含量。通常是取一定量叶片的新鲜组织,磨碎加水浸提后,用硝酸试粉法测定其硝酸态氮的含量,用钼兰比色法测定无机磷的含量;用火焰光度法测定钾的含量(如无火焰光度计,可用甲醛 – 四苯硼钠比浊法测定钾)。

速测的结果,应与作物的临界营养浓度范围相比较,以判断该样本所代表的作物营养状况的优劣,即所测数值在临界营养范围之内的,表示营养正常,所测数值达不到营养临界范围的,表示营养不足,超过营养临界范围的,表示营养过多。据 Geraldson 等人在美国加利福尼亚州测定,马铃薯的氮、磷、钾营养状况的诊断指标见表 10 – 14。

由于土壤、气候条件、作物品种和生育阶段的不同,表 10 – 14 中所列诊断指标可能有较大变动,所以仅供参考。各地应根据试验确定最适合的指标,以便为合理施肥和管理提供可靠的依据。

表 10 - 14　　　　　**马铃薯营养诊断的指标(氮、磷:ppm , 钾:%)**

生育时期	营养元素	在倒数第 4 叶叶柄干物质中的含量		
		不足	中等	充足
初期	$NO_3 - N$	8000	10000	12000
	$PO_4 - P$	1200	1600	2000
	K	9	10	12
中期	$NO_3 - N$	6000	7500	9000
	$PO_4 - P$	800	1200	1600
	K	7	8	9
后期	$NO_3 - N$	3000	4000	5000
	$PO_4 - P$	500	800	1000
	K	4	5	6

10.5.2　马铃薯缺素症及防治

10.5.2.1　缺氮

1. 症状

图 10 - 12　马铃薯缺氮症

开花前显症。植株矮小,叶色淡绿,继而发黄,到生长后期,基部小叶的叶缘完全失绿而皱缩,有时呈火烧状,叶片脱落(图 10 - 12)。

2. 病因

多发生在有机质含量较低,酸度足以抑制硝化作用的砂质土上。

3. 防治方法

为防止缺氮,提倡施用酵素菌沤制的堆肥或腐熟有机肥,采用配方施肥技术。生产上发现缺氮时马上埋施发酵好的人粪,也可将尿素或碳酸氢铵等混入 10 ~ 15 倍腐熟有机肥中,然后施于马铃薯两侧,覆土、浇水。也可在栽后 15 ~ 20d 结合施苗肥,每亩施入硫酸铵 5kg 或人粪尿 750 ~ 1000kg。栽后 40d 施长薯肥,每亩用硫酸铵 10kg 或人粪尿 1000 ~ 1500kg。

10.5.2.2　缺磷

1. 症状

早期缺磷影响根系发育和幼苗生长;孕蕾至开花期缺磷,叶部皱缩,呈深绿,严重时基部叶变为淡紫色,植株僵立,叶柄、小叶及叶缘朝上,不向水平展开。缺磷过多时,薯块内部易发生铁锈色痕迹(图 10 - 13)。

2. 病因

常出现在重质土壤上,是因固结作用使磷成为不可给的状态;轻质土壤上天然含磷量低,此外,前茬收获物消耗也可引起缺磷。

3. 防治方法

为防止缺磷,可采用基肥每亩施过磷酸钙 15～25kg,混入有机肥中,施于 10cm 以下耕作层中;开花期每亩施过磷酸钙 15～20kg;也可叶面喷洒 0.2%～0.3% 的磷酸二氢钾或 0.5%～1% 的过磷酸钙水溶液。

10.5.2.3　缺钾

1. 症状

显症较晚。一般到块茎形成期才呈现出来。叶片皱缩,边缘和叶尖萎缩呈枯焦状,枯死组织棕色,叶脉间具青铜色斑点,茎上部节间缩短,茎叶过早干缩(图 10－14)。

图 10－13　马铃薯缺磷症　　　　　　　　　　　图 10－14　马铃薯缺钾症

2. 病因

淋溶的轻砂质土、腐质土、泥炭土易缺钾,常不能满足马铃薯的生长需要。

3. 防治方法

为防止缺钾,可在基肥混入 200kg 草木灰。栽后 40d 施长薯肥时用草木灰 150～200kg 或硫酸钾 10kg 兑水浇施。也可在收获前 40～50d,喷施 1% 硫酸钾,隔 10～15 天一次,连用 2～3 次。也可喷洒 0.2%～0.3% 浓度的磷酸二氢钾或 1% 草木灰浸出液。

10.5.2.4　缺硼

1. 症状

生长点与顶芽尖端死亡,侧芽生长迅速,节间短,全株呈矮丛状,叶片增厚,边缘向上卷曲,根短且粗,褐色,根尖易死亡,块茎小,表面上常现裂痕(图 10－15)。

图 10－15　马铃薯缺硼症

2. 病因

土壤酸化、硼素被淋失或石灰施用过量,均会出现缺硼。

3. 防治方法

为防止缺硼,可在苗期至始花期每亩穴施硼砂 0.25～0.75kg,也可在始花期喷施 0.1% 硼砂液。

10.5.2.5　缺铁

1. 症状

幼龄叶片轻微失绿,小叶的尖端边缘处长期保持其绿色,褪色的组织出现清晰的浅黄色至纯白色,褪绿的组织向上卷曲(图 10－16)。

2. 病因

土壤中磷肥多或偏碱性,影响铁的吸收和运转,出现缺铁症状。

3. 防治方法

为防止缺铁,可于始花期喷洒 0.5%～1% 硫酸亚铁溶液 1 次或 2 次。

10.5.2.6　缺锰

1. 症状

叶片脉间失绿,有的品种呈淡绿色。缺锰严重的叶脉间几乎变为白色,症状首先在新生的小叶上出现,后沿脉出现很多棕色的小斑点,后小斑点从叶面枯死脱落,致叶面残缺不全(图 10－17)。

图 10－16　马铃薯缺铁症　　　　　　图 10－17　马铃薯缺锰症

2. 病因

土壤黏重,通气不良的碱性土易缺锰。

3. 防治方法

为防止缺锰,可在叶面喷洒 1% 硫酸锰水溶液 1～2 次。

10.5.2.7　缺镁

1. 症状

下部叶片色浅,褪绿始于最下部叶片的尖端或叶缘,并在叶脉间向小叶的中部扩展,后叶脉间布满褪色的坏死区域,叶簇增厚或叶脉间向外突出,叶片变脆(图 10－18)。

2. 病因

多发生在具有较高酸度的土壤中或施用含有某些高浓度含氮营养物质的矿质肥料,可提高镁化合物的溶解度而造成缺镁。

3. 防治方法

为防止缺镁,首先注意施足充分腐熟的有机肥,改良土壤理化性质,使土壤保持中性,必要时也可施用石灰进行调节,避免土壤偏酸或偏碱。采用配方施肥技术,做到氮、磷、钾和微量元素配比合理,必要时测定土壤中镁的含量,当镁不足时,施用含镁的完全肥料,应急时,可在叶面喷洒 1%~2% 浓度的硫酸镁水溶液,隔 2 天 1 次,每周喷 3~4 次。

10.5.2.8　缺硫

1. 症状

显症较迟。叶片、叶脉普遍黄化,与缺氮类似,但叶片不干枯,植株生长受抑,严重时,叶片上现斑点(图 10-19)。

图 10-18　马铃薯缺镁症

图 10-19　马铃薯缺硫症

2. 病因

长期或连续施用不含硫的肥料,易出现缺硫。

3. 防治方法

为防止缺硫,施用硫酸铵等含硫的肥料。

10.5.2.9　缺钙

1. 症状

早期缺钙顶芽小叶叶缘出现淡绿色色带,后坏死,皱缩或扭曲,严重时顶芽或腋芽死亡;块茎的髓中有坏死斑点(图 10-20)。

2. 病因

生长在几乎不含有钙化合物的轻砂质土壤上的马铃薯常比重质土壤上的较早出现缺钙症状。

3. 防治方法

为防止缺钙,要据土壤诊断,施用适量石灰,应急时叶面喷洒 0.3%~0.5% 氯化钙水溶液,每 3~4 天 1 次,共 2~3 次。此外,

图 10-20　马铃薯缺钙症

还可施用惠满丰液肥,每亩用量为 450mL,稀释 400 倍,喷叶 3 次即可,也可喷施绿风 95 植物生长调节剂 600 倍液,促丰宝 R 型多元复合液肥 700 倍液或"垦易"微生物活性有机肥 300 倍液。

【参考文献】

[1] 高炳德,等. 马铃薯施用磷肥技术研究[J]. 马铃薯杂志,1987(3).

[2] 高炳德,等. 马铃薯氮肥施用技术研究[J]. 马铃薯杂志,1988(2).

[3] 王仕琨. 马铃薯施锌和硼效应的试验[J]. 马铃薯杂志,1990(2).

[4] 潘连公,等. 马铃薯施多元微肥试验研究初报[J],马铃薯杂志,1990(1).

[5] 李永清. 马铃薯测土施用氮磷化肥的研究[J]. 马铃薯杂志,1991(2).

[6] 蔡继善. 马铃薯在不同生育时期追施磷肥效果简报[J],马铃薯杂志,1991(3).

[7] 解惠光,等. 稀土元素对马铃薯产量和品质的影响[J],马铃薯杂志,1987(3).

[8] 庞万福. 在栗钙土壤上种植马铃薯施钾肥的效果试验[J],马铃薯杂志,1989(3).

[9] 魏永刚,等. 稀土元素对马铃薯产量及淀粉含量的影响[J],马铃薯杂志,1989(3).

[10] 高炳德. 马铃薯产量形成与环境条件Ⅲ,产量形成与营养条件的关系[J],马铃薯杂志,1986(1).

[11] 高炳德. 应用 P-示踪法对马铃薯合理施用磷肥的研究[J]. 马铃薯,1983(4).

[12] 陈尚达. 氮、磷、钾配合施用对马铃薯的肥效研究[J]. 马铃薯,1981(2).

[13] 高炳德. 应用氮肥效应回归方程式确定马铃薯最佳施肥量的研究[J],马铃薯,1984(1).

[14] 高炳德. 马铃薯营养特性的研究[J]. 马铃薯,1984(4).

[15] 王林萍,门福义,刘梦芸. 马铃薯高产群体淀粉、氮、磷、钾积累数学模型[J]. 内蒙古农牧学院学报,1991(3).

[16] 刘飞,诸葛玉平,陈增明,等. 控释肥对马铃薯产量、氮素利用率及经济效益的影响[J]. 中国农学通报,2011(12).

[17] 易九红,刘爱玉,王云高,等. 钾对马铃薯生长发育及产量、品质影响的研究进展[J]. 作物研究,2010(01).

[18] 邓小强,范贵国,周世龙. 氮、钾肥运筹对马铃薯经济性状与产量的影响[J]. 中国土壤与肥料,2011(02).

[19] 罗爱花,陆立银,王一航. 大中微量元素配施对陇薯 5 号养分吸收及品质的影响[J]. 长江蔬菜,2011(06).

[20] 久兰,孙锐锋,何佳芳,等. 种植模式和氮肥形态对威芋 3 号马铃薯产量及品质的影响[J]. 中国马铃薯,2011(01).

[21] 邓兰生,林翠兰,龚林,等. 滴灌施用不同氮肥对马铃薯生长的影响[J]. 土壤通报,2011(01).

[22] 董茜,郑顺林,李国培,等. 施氮量及追肥比例对冬马铃薯块茎品质形成的影响[J]. 西南农业学报,2010(05).

[23] 张西露,刘明月,伍壮生,等. 马铃薯对氮、磷、钾的吸收及分配规律研究进展[J]. 中国马铃薯,2010(04).

［24］张庆元. 柴达木地区不同氮磷钾配比与马铃薯叶片光合特性的关系［J］. 安徽农业科学,2010(21).

［25］吴巍,赵军. 植物对氮素吸收利用的研究进展［J］. 中国农学通报,2010(13).

［26］周娜娜. 不同氮水平对马铃薯产量构成和土壤$NO_3—N$含量的影响［J］. 中国马铃薯,2010(2).

［27］W. M. Iritani,那凤琴. 1916—1991年马铃薯生理学研究进展［J］. 杂粮作物,1992(3).

［28］张子义,樊明寿. 旱作马铃薯养分资源管理研究进展［J］. 内蒙古农业大学学报(自然科学版),2009(3).

［29］范敏,金黎平,刘庆昌,等. 马铃薯抗旱机理及其相关研究进展［J］. 中国马铃薯,2006(2).

［30］曹辰兴,蒋先明. P_{333}喷洒时期及次数对马铃薯生长和产量的影响——P_{333}在马铃薯上应用的研究之二［J］. 中国马铃薯,1989(2).

［31］佟树坤,胡军祥. 对马铃薯氮素营养管理的研究［J］. 种子世界,2010(5).

［32］高君霞. 陇东地区马铃薯生产环境分析与发展对策［J］. 甘肃农业,2007(3).

［33］李虎,唐启源. 我国水稻氮肥利用率及研究进展［J］. 作物研究,2006(5).

［34］王钰,马菊琴,李宏堂. 马铃薯机械化抗旱栽培技术试验研究［J］. 内蒙古农业科技,2009(5).

［35］成少华,唐明星,陈晓玲,等. 氮素对棉花生长发育及产量影响的研究综述［J］. 江西农业学报,2010(9).

［36］邓兰生,林翠兰,龚林,等. 滴灌施用不同氮肥对马铃薯生长的影响［J］. 土壤通报,2011(1).

［37］孙磊,谷浏涟,刘向梅,等. 氮肥施用时期对马铃薯氮素积累与分配的影响［J］. 中国马铃薯,2011(6).

［38］杨艳荣. 氮肥对马铃薯生长发育的影响［J］. 吉林蔬菜,2012(1).

［39］陈瑞英,蒙美莲,梁海强,等. 不同水氮条件下马铃薯产量和氮肥利用特性的研究［J］. 中国农学通报,2012(3).

［40］童依平,蔡超,刘全友,等. 植物吸收硝态氮的分子生物学进展［J］. 植物营养与肥料学报,2004(4).